"十四五"高等职业教育计算机类专业系列教材

Web前端开发技术基础教程

（HTML5+CSS3+Bootstrap）

吴斌新　杨　琴　蔡洧轩◎主编

U0180568

中国铁道出版社有限公司
CHINA RAILWAY PUBLISHING HOUSE CO., LTD.

内 容 简 介

本书详细介绍了 Web 前端开发中的 HTML5、CSS3 和 JavaScript 三大基础技术，以及由 JavaScript 衍生出来的 jQuery（包含 jQuery UI 和 jQuery mobile），并在此基础上全面引入 Bootstrap 开发框架，将 Bootstrap 各项技术分散在各个章节之中。

本书主要包括 Web 前端开发技术概述、文本样式、盒子模型、超链接与导航、图像与多媒体、容器元素、元素定位与桌面端排版、移动端页面布局、CSS 动态效果、JavaScript 互动页面、jQuery 页面特效、响应式布局与 Bootstrap 框架等内容。

本书以任务为导向，结合 Web 前端开发工作领域的前沿技术，将 Web 前端开发中需要掌握的知识系统地分布在各个任务之中。学生在操作中可真正体会到 Web 前端开发的思路和技巧，具有很强的操作性。

本书提供了所有案例和任务的素材、源代码、过程文件和结果文件，还提供了课件供读者参考学习和使用。本书适合作为高等职业院校各专业"网页设计与制作"课程的教材，也可作为前端开发的培训教材，还可作为相关技术人员的参考用书。

图书在版编目（CIP）数据

Web 前端开发技术基础教程：HTML5+CSS3+Bootstrap/吴斌新，杨琴，蔡洧轩主编.—北京：中国铁道出版社有限公司，2023.2
"十四五"高等职业教育计算机类专业系列教材
ISBN 978-7-113-29890-6

Ⅰ.①W… Ⅱ.①吴…②杨…③蔡… Ⅲ.①超文本标记语言-程序设计-高等职业教育-教材②网页制作工具-高等职业教育-教材 Ⅳ.①TP312.8 ②TP393.092.2

中国版本图书馆 CIP 数据核字（2022）第 245016 号

书　　名：Web 前端开发技术基础教程（HTML5+CSS3+Bootstrap）
作　　者：吴斌新　杨　琴　蔡洧轩

策　　划：翟玉峰　谢世博　　　　　　　　　　编辑部电话：（010）83525088
责任编辑：翟玉峰　包　宁
编辑助理：谢世博
封面设计：尚明龙
责任校对：苗　丹
印　　制：樊启鹏

出版发行：中国铁道出版社有限公司（100054，北京市西城区右安门西街 8 号）
网　　址：http://www.tdpress.com/51eds/
印　　刷：国铁印务有限公司
版　　次：2023 年 2 月第 1 版　2023 年 2 月第 1 次印刷
开　　本：880 mm×1230 mm　1/16　印张：19.5　字数：642 千
书　　号：ISBN 978-7-113-29890-6
定　　价：56.00 元

前　言

随着互联网技术的蓬勃兴起，从桌面端到移动端到元宇宙，无论载体如何变化，互联网内容产品的需求始终巨大。Web 前端开发面向互联网产品，具有巨大的发展潜力，前景方兴未艾，人才需求旺盛。

为适应当前职业教育的需要，培养符合 Web 前端开发岗位的专门人才，本书面向高职高专计算机数字媒体技术相关专业的学生，立足"以服务为宗旨，以就业为导向"的国家职业教育发展目标，基于 Web 前端开发的工作过程而编写，突出在知识、能力、素质等方面的培养。

本书以 Web 前端开发工作领域为主线组织章节，将 Web 前端开发的三大技术：HTML5、CSS3、JavaScript（包含 jQuery、jQuery UI 和 jQuery mobile）连同 Bootstrap 开发框架分散在各个章节之中。全书共 12 章，除第 0 章 Web 前端开发技术概述外，其余 11 章分别对应 Web 前端开发工作岗位的 11 个工作领域。

本书以任务为导向，将每一章分为四个小节，前三小节按知识点介绍、案例讲解、任务实践进行组织，第四小节"小试牛刀"为课后实践的内容。每一小节的任务在进行工作过程具体步骤之前都有任务描述、任务要求和任务分析，把本任务体现的主题、实现方式和涉及的新技能、新知识融入其中。从而达到深入浅出、循序渐进引导学生学习的目的。

本书由吴斌新、杨琴、蔡洧轩主编，吴斌新、杨琴具有在职业院校从事数字媒体技术教学的丰富经验，蔡洧轩为数字媒体企业负责人，具有丰富的媒体开发和运营经验。本书由吴斌新负责全书的统稿，以及第 0 章、第 8 章至第 11 章的编写，杨琴负责本书第 1 章至第 6 章的编写，蔡洧轩负责第 7 章的编写。书中部分内容参考了网络资料，由于参考内容来源广泛，篇幅有限，恕不一一列出，在此一并表示感谢。

本书在编写过程中，由于时间仓促，疏漏和不足在所难免，希望广大读者批评指正。意见反馈和交流邮箱：wubx@sziit.edu.cn。

编　者
2022 年 10 月

全书结构

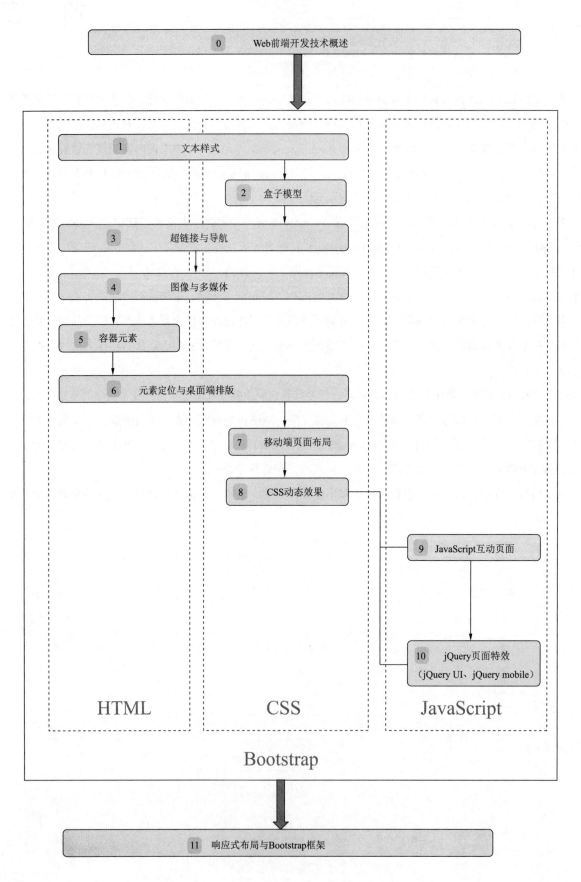

目 录

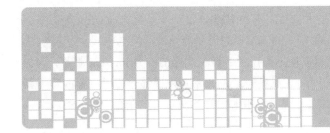

第 **0** 章

Web 前端开发技术概述

引言

    Web 前端开发的主要职责是使用脚本代码实现前端界面。Web 前端开发技术有三驾马车：HTML、CSS 以及 JavaScript。本章通过实例总体介绍 HTML、CSS 以及 JavaScript 的基本概念和实现方法，介绍其基本应用规则，使读者对 Web 前端开发有一个整体认识。

内容结构图

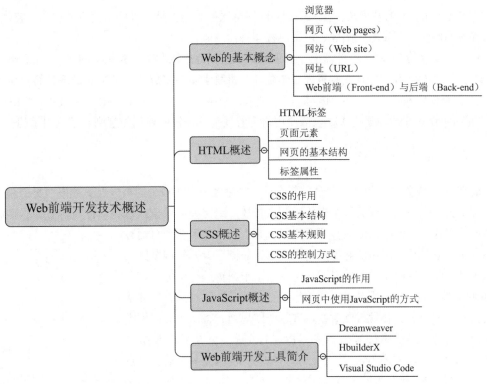

学习目标

- ➤ 了解 Web 的基本概念；
- ➤ 理解 Web 前端开发的基本含义；
- ➤ 掌握 HTML、CSS、JavaScript 在 Web 前端开发中的基本应用方法；
- ➤ 能初步使用常用的 Web 开发工具。

0.1 Web 的基本概念

Web 前端开发是网站的前台代码实现。Web 前端开发技术包括基本的 HTML 和 CSS 以及 JavaScript 等。掌握 Web 前端开发技术首先要理解 Web 运作的原理。下面从理解 Web 的基本概念开始介绍。

Web（World Wide Web，全球广域网）又称万维网，是目前使用最广泛、最受欢迎的一种 Internet 服务，为浏览者在 Internet 上查找和浏览信息提供了图形化的、易于访问的直观界面。Web 主要由两部分构成：Web 服务器和 Web 客户机。Web 服务器上保存着网页、数据库等网站数据，负责生成和发送网页。用户在客户机上通过 Web 浏览器下载和浏览网页。

0.1.1 浏览器

Web 浏览器是用于访问 Web 服务的工具，用户的客户端需要有浏览器才能与服务器建立联系，查看网页。浏览器有许多种，目前最常用的有：微软 Edge、火狐 Firefox、谷歌 Chrome、苹果 Safari 和欧朋 Opera 浏览器。这五大浏览器都各自有浏览器内核作为渲染引擎，负责读取网页内容、整理信息、计算网页的显示方式并显示页面。网页制作完成之后需要经过这五大浏览器内核的兼容性测试才能上线。

0.1.2 网页（Web pages）

Web 是建立在 Internet 上的基于超文本和 HTTP 的网络服务。网页是万维网上信息的载体，它是一种超文本，集成了需要对外发布的文字、表格、图像、声音、视频等信息。

网页以文件的形式存储在 Web 服务器上。网页的格式遵循万维网联盟（W3C）的 Web 标准规范。万维网联盟又称 W3C 理事会，1994 年 10 月在麻省理工学院计算机科学实验室成立，是国际最著名的标准化组织之一。W3C 最重要的工作是制定和发展了一系列标准 Web 规范，包括 HTML、CSS、XML、XHTML 和 DOM。这些规范描述了 Web 的通信协议和其他构建模块，包括使用语言的规范，开发中使用的规则和解释引擎的行为等。

0.1.3 网站（Web site）

网站是存放在 Web 服务器上的完整信息的集合体。它包含一个或多个网页以及支撑该网页的相关文件。这些网页以一定的方式链接在一起，成为一个整体，用来描述一组完整的信息或达到某种期望的展示效果。

网站是网页的集合，一个网站由很多网页组成。其中网站的第一个页面称为主页，又称首页。它是整个网站的起始点和汇总点，是浏览者开始浏览网站的地方。浏览者从这里走进网站，开始对网站内的一个个网页进行浏览。首页的命名由 Web 服务器规定，一般用 index.html 作为首页名字。除首页外的其他文件和文件夹由开发者命名。开发者要对站点进行整体规划，将文件分门别类放置。开发完成后将源代码迁移到 Web 服务器指定的位置，交给 Web 服务器发布。图 0-1 所示为一个典型的 Web 站点规划。首页为 index.html，放在站点最外面；code 文件夹用于存放其他网页；css 文件夹用于存放外部样式表；images 文件夹用于存放图像文件；js 文件夹用于存放 JavaScript 文件。

图 0-1 一个典型的 Web 站点规划

0.1.4 网址（URL）

URL（Uniform Resource Locator，统一资源定位器）用于指定要取得的 Internet 上资源的位置与方式，即各个网页在 Internet 上的地址。其功能相当于人们在实际生活中写信的通信地址，因此也可把 URL 称为网址。例如，在浏览器地址栏中输入 http://www.cctv.com/，浏览器向 Internet 发出浏览央视网的请求，央视网的 Web 服务器收到用户的浏览请求后，会把网站上的主页通过 HTTP（超文本传输协议）方式送到用户客户端浏览器的临时文件夹中。用户在客户端通过浏览器打开该页面即可进行浏览。整个过程如图 0-2 所示。

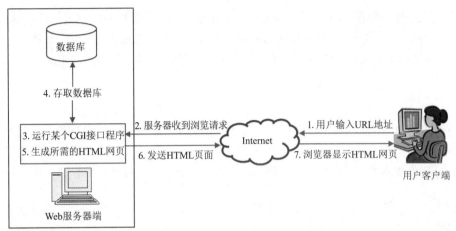

图 0-2　Web 服务器与客户端运作机制

URL 的一般格式为：

传输协议：//服务器域名/路径/文件名

- http 是超文本传输协议，网页在 Internet 上传输时都需要使用该协议；
- //表示计算机，即 Web 服务器的名字或 IP 地址；
- /表示文件在计算机（Web 服务器）中存放的目录路径。

网站首页的文件名是 Web 服务器设定的，用户并不了解需要浏览的网站首页叫什么文件名，因而 URL 在浏览器中输入时是可省略首页文件名的，例如，央视网 http://www.cctv.com/首页文件名为 index.shtml，在浏览器中只输入前面的服务器域名即可，http（超文本传输协议）也会由浏览器自动加入。

0.1.5　Web 前端（Front-end）与后端（Back-end）

Web 服务器与客户端运作机制如图 0-2 所示，可总结为以下七个步骤：

① 用户通过浏览器输入 URL 地址，在 Internet 上搜索 Web 服务器；

② 服务器收到浏览请求；

③ 服务器端运行某个 CGI 公共网关接口程序，如 PHP、Python 脚本等；

④ 存取数据库；

⑤ 生成所需的 HTML 网页；

⑥ 服务器端发送 HTML 页面；

⑦ 用户通过浏览器显示 HTML 网页。

在这个过程中，步骤 3、步骤 4 和步骤 5 用到了 CGI 公共网关接口程序和数据库，这部分属于后端开发，需要构建并维护服务器、应用数据库等，是服务器端的编程。而前端开发是指直接编写与用户接触的那部分的代码，并通过建立框架，构建沉浸性的用户体验。包括网页的内容、界面以及互动与特效等，是属于用户层面的脚本编写。

Web 前端开发技术最基本的是 HTML、CSS 和 JavaScript 三大支柱。网页的本质是文本，HTML 通过一系列标签去定义这些文本，称为标签元素。HTML 标签元素控制了网页的结构和内容。CSS 对 HTML 标签元素加以控制，使标签元素呈现出各种各样的表现效果。CSS 控制了网页的样子，让网页有自己独有的外观，决定了网页的表现形式。JavaScript 实现了网页的互动和特效，它决定了网页的行为功能。

Web 前端开发本质上都是基于 HTML、CSS 和 JavaScript 的。为提高开发效率，还出现了基于 HTML、CSS 和 JavaScript 的前端开发框架，比如 Bootstrap，是美国 Twitter 公司开发的简洁、直观、强悍的前端开发框架，使得 Web 开发更加快捷。

0.2 HTML 概述

HTML 指的是超文本标记语言（Hyper Text Markup Language）。所谓超文本是指超越文本限制，在文本中可以加入图片、声音、动画、多媒体等，还可以加入超链接，即可从一个文件跳转到另一个文件。

得力于 W3C 建立的标准和规范，HTML 经历了多个版本的发展，最新版本为 HTML5。

0.2.1 HTML 标签

根据 HTML 规范所写出来的文件称为 HTML 文件，即网页文件。标准网页文件的扩展名为.html 或.htm。

网页是一个文本文件，可以使用任何一个文本编辑器进行编写。

案例 0-1：用记事本输入下面一段纯文本，然后保存为 chunxiao.txt。将文件的扩展名改为 html，即变成网页文件 chunxiao.html。

```
春晓
  春眠不觉晓，
  处处闻啼鸟。
  夜来风雨声，
  花落知多少。
```

用浏览器打开 chunxiao.html，效果如图 0-3 所示。由于该网页不带任何 HTML 标签，因此该网页没有换行，没有转段，不能改变其在文档中的位置，更不能改变字体、颜色、大小等样式。

图 0-3　浏览器显示的不带标签的"春晓"页面

HTML 定义了一系列标签来规定文本的属性和其在文档中的位置，并对文本进行分类和控制。HTML 标签是由尖括号包围元素名称组成，分单独出现的标签和成对出现的标签两种。

① 单独标签的格式为<元素名称>，它的作用是在相应的位置插入功能元素。如
标签表示在该标签所在位置插入一个换行符。

② 大多数标签是成对出现的，有首标签和尾标签。首标签的格式为<元素名称>，尾标签的格式为</元素名称>。完整格式为：

```
<元素名称>要控制的文本</元素名称>
```

案例 0-2：用一对<h1>标签控制标题"春晓"，用三个
标签控制换行。参考代码如下：

```
<h1>春晓</h1>
  春眠不觉晓，<br>
  处处闻啼鸟。<br>
  夜来风雨声，<br>
  花落知多少。
```

用浏览器打开该网页，效果如图 0-4 所示。带尖括号的标签名称本身并不会在浏览器中显示出来，而是起到控制文本的作用：标题"春晓"被加粗放大，自成一行；诗歌正文被三个换行标记分成了四行。

图 0-4　设置了<h1>标签和
标签的"春晓"页面

成对标签仅对包含在其中的文档发生作用。如<h1>标签的作用是设置 1 号标题文字并换行，其界定的范围仅限于<h1>…</h1>之间的部分，即"春晓"两字。

0.2.2　页面元素

当用一组 HTML 标签将一段文字包含在中间时，这段文字与包含文字的 HTML 标签称为一个元素。如"<h1>春晓</h1>"整体称为一个 h1 元素。不同的元素实现不同的功能。W3C 制定了 Web 标准，定义了许多标签。这些标签作用在网页文本上，构成一个个网页元素。

元素可以嵌套，如在一对<p>标签中嵌套了<h1>标签，这是正确的写法：

```
<p><h1>春晓</h1></p>
```

元素不能交叉，如果有交叉则是不正确的写法，例如：

```
<p><h1>春晓</p></h1>
```

0.2.3　网页的基本结构

在 HTML 中，由于元素可以嵌套，因此，整个 HTML 文件就像一个大元素，包含了许多小元素。在 Web 标准中，网页元素要遵循基本的结构。HTML 基本结构的最外层标签是<html>，称为根标签，它是所有元素的源头，往下层层包含。上层元素是下层元素的"父元素"，下层元素是上层元素的子元素。其基本结构如图 0-5 所示。

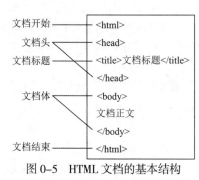

图 0-5　HTML 文档的基本结构

案例 0-3：将古诗"春晓"制作成标准的符合 HTML5 规范的网页，其代码如下：

```
<!DOCTYPE html>
<html>
    <head>
        <meta charset="utf-8">
        <title>唐诗《春晓》</title>
    </head>
    <body>
        <h1>春晓</h1>
            春眠不觉晓，<br>
            处处闻啼鸟。<br>
            夜来风雨声，<br>
            花落知多少。
    </body>
</html>
```

<!DOCTYPE>标签位于文档最前面的位置，用来描述文档类型，告知浏览器文档使用哪种 HTML 规范。上述代码中第一行<!DOCTYPE html>声明了该网页是一个 HTML5 网页。文档声明之后才是 HTML 文档的内容，在 html 元素中，包含了 head 元素与 body 元素。

1．body 元素

<body>标签所建立的元素内容是网页的主体。body 元素包含文档的所有内容，如文本、超链接、图像、表格和列表等，是网页在浏览器中呈现的内容。

2．head 元素

<head>标签用于定义 HTML 文档的头部。文档的头部元素描述了文档的各种属性和信息，包括文档的标题、引用的脚本、指示浏览器在哪里找到样式表、提供元信息等。绝大多数文档头部包含的数据都不会真正作为内容显示给读者。下面这些标签可置于 head 元素内：<base>、<link>、<meta>、<script>、<style>以及<title>。案例 0-3 中 head 元素包含了 meta 元素和 title 元素。

3．title 元素

<title>标签定义了网页的标题。title 元素的内容会以标题的形式出现在浏览器窗口中。案例 0-3 按 HTML5 规范修改结构之后，设置了 title 元素：<title>唐诗《春晓》</title>，浏览器窗口中会出现网页的标题"唐诗《春晓》"。当浏览者需要收藏某个网页供以后调用时，网页的标题就会出现在收藏夹中。如果没有设置<title>，浏览器窗口标题会以 URL 代替。

4．meta 元素

<meta>是 html 的一个辅助性标签，位于文档的头部。meta 元素可提供相关页面的元信息（meta-information），比如针对搜索引擎和更新频度的描述和关键词、网页的作者等。<meta>标签可以反复多次使用。以下代码告知浏览器此页面属于 utf-8 汉字字符编码格式：

```
<meta charset="utf-8">
```

以下代码用于说明网页的作者：

```
<meta name="Author" content="Benson Woo">
```

以下代码告诉搜索引擎网页搜索的关键字：

```
<meta name="keywords" content="Web 前端、HTML、CSS、JavaScript、培训">
```

以下代码会使浏览器在网页显示 3 s 后自动跳转到央视网：

```
<meta http-equiv="refresh" content="3;url=http://www.cctv.com">
```

0.2.4 标签属性

上述<meta>标签中使用 charset 属性、name 属性、http-equiv 属性、content 属性来说明 meta 的各种功能。

尽管标签可以对网页和文本进行控制，但很多时候需要对标签的功能做进一步拓展、补充、提供参数等，仅有标签名称难以描述需要实现的功能。于是在 HTML 标签名后面增加了标签属性。格式为：

```
<标签名属性名="属性值"属性名="属性值"...>
```

属性提供了有关 HTML 元素的更多信息，拓展了标签的功能。属性属于标签的一部分，需要包含在标签尖括号中。多个属性之间用空格隔开。

全局属性可与所有 HTML 元素一起使用。如标签的 title 属性能让鼠标放到该标签所在的元素时显示 title 中的提示内容，能增加用户体验。全局属性列表见表 0-1。

表 0-1　全局属性列表

属　　性	说　　明	属　　性	说　　明
accesskey	规定激活元素的快捷键	hidden	规定元素仍未或不再相关
class	规定元素的一个或多个类名（引用样式表中的类）	id	规定元素的唯一 id
contenteditable	规定元素内容是否可编辑	lang	规定元素内容的语言
contextmenu	规定元素的上下文菜单。上下文菜单在用户单击元素时显示	spellcheck	规定是否对元素进行拼写和语法检查
data-*	用于存储页面或应用程序的私有定制数据	style	规定元素的行内 CSS 样式
dir	规定元素中内容的文本方向	tabindex	规定元素的 tab 键次序
draggable	规定元素是否可拖动	title	规定有关元素的额外信息
dropzone	规定在拖动被拖动数据时是否进行复制、移动或链接	translate	规定是否应该翻译元素内容

案例 0-4：给<body>标签增加 bgcolor 属性，给页面添加蓝色背景颜色；给<body>标签增加 text 属性，改变网页文字的颜色为白色。这两个属性没有先后次序之分，用空格隔开。页面效果如图 0-6 所示，代码如下：

```
<body bgcolor="blue" text="#FFFFFF">
```

图 0-6　给 body 标签增加 bgcolor 属性和 text 属性的效果

0.3　CSS 概述

CSS（Cascading Style Sheets，层叠样式表）的最新版本为 CSS3.0。样式就是一系列格式。对网页来说，像文字的大小、颜色以及图片位置等，都是网页显示信息的样式。CSS 样式作为一种技术统称，用来进行网页风格设计、外观控制。其宗旨就是将网页结构和样式分离。

0.3.1　CSS 的作用

微　课
CSS 的作用

在上一节中给<body>标签添加 bgcolor 属性和 text 属性来改变网页的背景颜色和文字颜色。如果要赋予<body>标签更多的功能，则要进一步添加属性。这样一来，HTML 标签就变得很臃肿。尖括号所包含的标签变得很长，不方便开发者阅读代码。CSS 解决了这个难题，它尽可能减少了标签中的属性数量，把控制标签功能的任务交给样式表去处理，使 HTML 文档变得简洁的同时，将网页的内容和表现分离开来。

案例 0-5：在<head>元素中插入一对<style>标签，里面是 CSS 样式表。在 CSS 样式表中设置 body 的样式，通过 CSS 中实现页面背景和文字颜色的改变。<body>标签不带任何属性，其效果与图 0-6 所示相同，完整代码如下：

```
<!DOCTYPE html>
<html>
    <head>
        <meta charset="utf-8">
        <title>唐诗《春晓》</title>
        <style>
        body{
            background-color: blue;
            color:#FFFFFF;
        }
        </style>
    </head>
    <body>
        <h1>春晓</h1>
            春眠不觉晓, <br>
            处处闻啼鸟。<br>
            夜来风雨声, <br>
            花落知多少。
    </body>
</html>
```

将 HTML 结构和 CSS 样式分离开来，使 Web 前端开发在工作过程上有更明细的分工。网页设计人员能够对网页的样式、布局施加更多的控制；网络编辑人员也能更专注于网页的内容。HTML 文件中只存放文本信息，可以保持简单明了的初衷，有利于网页内容的编辑，提高了页面浏览速度，使网页易于维护和改版，并保持视觉的一致性。

微 课

CSS 基本结构

0.3.2　CSS 基本结构

CSS 规则由选择器和声明部分构成。选择器是指需要改变样式的对象，声明是指为所选择的对象设置什么样式。每条声明由一个样式属性和一个值组成。属性和值被冒号分开，每一条声明后面以分号结束，使用花括号来包围。选择器和声明的结构如图 0-7 所示。

格式：

```
selector {property: value; }
```

图 0-7　选择器和声明的结构

案例 0-6：对唐诗《春晓》网页实施如下 CSS 样式，使 h1 元素变为红色，大小变为 14 px。在 CSS 中，h1 是选择器，color:red;font-size:14px;是两组声明，分别用来设置字符颜色和字符大小。唐诗《春晓》网页的效果如图 0-8 所示，样式代码如下：

```
<style>
body{ background-color:#CC6633;color:#FFFFFF;}
    h1{color:red;font-size:14px;}
</style>
```

图 0-8　改变 h1 元素的样式

微 课

CSS 基本规则

0.3.3　CSS 基本规则

CSS 样式的基本规则包括：继承原则、就近原则和覆盖原则。

1. 继承原则

CSS 继承是指子标记会继承父标记的所有样式风格。在案例 0-5 中，通过 CSS 设置 body 元素的样式为蓝底白字。h1 元素作为 body 元素的子元素，其继承了 body 的样式，所以 h1 元素的内容"春晓"也是蓝底白字，如图 0-6 所示。

2. 就近原则

如果子标记与父标记的样式声明有冲突，按就近原则以子标记的样式为最终样式。在案例 0-6 中，虽然 body 元素的样式定义为蓝底白字，但 h1 元素将文字颜色重新定义为红色，两者有冲突，根据就近原则，h1 元素的内容"春晓"以红色呈现，效果如图 0-8 所示。

3. 覆盖原则

如果相同的规则被重复定义，则以最后一次定义的为准，即后面定义的样式会覆盖前面定义的样式。这种情况应尽量避免。

案例 0-7：以下代码中 h1 元素被定义了两次，并且第二次定义时又对文字颜色重复进行了声明。在第一次声明中 h1 为红色，在第二次声明中一开始为绿色，最后又定义为黄色，最终 h1 的颜色为黄色，代码如下：

```
<style>
body{background-color:blue;color:#FFFFFF;}
    h1{color:red;font-size:14px;}
    h1{color:green;color:yellow}
</style>
```

0.3.4　CSS 的控制方式

CSS 控制网页标签有以下三种控制方式：

- 内嵌样式 Inline：在标签属性上嵌入样式以控制网页元素；
- 内部样式表 Embedding：在网页头元素上创建样式表以控制网页；
- 外部样式表 Linking：使用外部样式表文件控制多个网页。

其中，各控制方式的优先级：内部样式表>内嵌样式>外部样式表。

微　课

CSS 的控制方式

1．内嵌样式（Inline Style）

内嵌样式是写在标签里面的样式，只对所在的标签有效。在标签中将样式表以 style 属性值的形式嵌入，从而控制该标签。例如：

```
<h1 style="font-family:'黑体'; color:#360; font-size:36px">春晓</h1>
```

内嵌样式不能实现内容和样式分离，一般不推荐使用。

2．内部样式表（Internal Style Sheet）

内部样式表是写在 HTML 文档的 head 元素里面，并且由<style>…</style>所定义的样式表。内部样式表只对所在的网页有效。

3．外部样式表（External Style Sheet）

外部样式表就是将样式表独立保存为扩展名为.css 的样式表文件，供多个网页使用。样式表文件可以在任何文本编辑器中进行编辑。网页使用外部样式表需要在头元素中将 CSS 文件链接进来。格式为：

```
<link href="样式表文件 " type="text/CSS" rel="stylesheet">
```

案例 0-8：把案例 0-6 的内部样式表改为外部样式表，将其样式表单独保存为文件 poem.css，该文件存放在 CSS 文件夹中。代码如下：

```
body{background-color:#CC6633; color:#FFFFFF;}
    h1{color:red;font-size:14px;}
```

网页 chunxiao.html 要建立与外部样式表文件 poem.css 的链接才能让样式表控制指定的元素。方法是在网页头元素插入<link>标签，代码如下：

```
<link href="css/poem.css " type="text/CSS" rel="stylesheet">
```

完成之后，用浏览器浏览。效果如图 0-6 所示，与采用内部样式表的效果完全相同。用同样的结构再新建一个网页，输入唐诗《江雪》的内容，然后链接外部样式表 poem.css。唐诗《江雪》和《春晓》具有相同的样式，效果如图 0-9 所示。代码如下：

```
<!DOCTYPE html>
<html>
    <head>
        <meta charset="utf-8">
        <title>唐诗《江雪》</title>
        <link href="../css/poem.css " type="text/CSS" rel="stylesheet">
    </head>
    <body>
        <h1>江雪</h1>
```

```
        千山鸟飞绝，<br>
        万径人踪灭。<br>
        孤舟蓑笠翁，<br>
        独钓寒江雪。<br>
    </body>
</html>
```

图 0-9　诗歌《江雪》的效果

　　一个外部 CSS 文件可以被很多网页共用。一个网站通常采用外部样式表进行页面控制，使网站页面保持一致的风格。外部样式表便于修改。如果要修改样式，只需要修改 CSS 文件，而不需要修改每个网页，这减少了许多工作量。例如，在 poem.css 中修改 h1 元素的颜色为绿色，则采用外部样式表 poem.css 的两个网页的诗歌标题同时变为绿色，大大提高了 Web 开发效率。

0.4　JavaScript 概述

　　JavaScript（简称 JS）是一种基于 ECMA-262 标准的轻量级、解释型程序设计语言，用它可制作网页的行为。HTML5 中的很多功能都需要 JavaScript 语言的支持才能实现。JavaScript 是一种运行于客户端浏览器上的脚本，与用户的操作系统无关，具有跨平台的特点。

　　在 JavaScript 的基础上，有不少第三方的 JS 库。jQuery 就是一个经典的 JS 库。从 jQuery 又衍生出 jQuery UI 和 jQuery mobile 开发框架。

● 微 课

JavaScript 的
作用

0.4.1　JavaScript 的作用

　　JavaScript 在万维网上应用广泛，主要用来向 HTML 页面添加互动行为。包括：表单数据的验证、Web 的特效、App 功能的实现等。下面用一个简单的案例实现 JavaScript 页面互动功能。

　　案例 0-9：唐诗《春晓》网页用 CSS 设置为蓝底白字，诗歌标题"春晓"为 h1 元素，效果如图 0-10 所示。在网页中加入 JavaScript 脚本。单击标题"春晓"后，标题"春晓"的文字大小改为 16 px，并呈现白底红字，效果如图 0-11 所示。代码如下：

```
<html>
    <head>
    <meta charset="utf-8">
    <title>唐诗《春晓》</title>
    <style>
        body{ background-color: blue;color:#fff;}
    </style>
    <script type="text/javascript">
    function setFontSize(size){
        document.getElementById('bc').style.fontSize=size+'px';
        document.getElementById('bc').style.backgroundColor='#FFFFFF';
        document.getElementById('bc').style.color='red';
    }
```

```
      </script>
   </head>
   <body>
      <h1 onClick="setFontSize(16)" id='bc'>春晓</h1>
      春眠不觉晓, <br>处处闻啼鸟。<br>夜来风雨声, <br>花落知多少。

   </body>
</html>
```

图 0-10　CSS 设置为蓝底白字　　　　图 0-11　"春晓"的文字大小改为 16 px, 白底红字

0.4.2　网页中使用 JavaScript 的方式

在网页中使用 JavaScript 一般有 3 种途径, 分别是: 在 HTML 文档中嵌入脚本、在标签行为属性中嵌入脚本以及使用外部 JavaScript 文件。

1. 在 HTML 文档中嵌入脚本

在 HTML 文档中嵌入脚本就是将 JavaScript 的脚本程序包含在 HTML 中, 使其成为 HTML 文档的一部分。插入脚本的位置用一对<script>…</script>标签将 JavaScript 脚本放入其中。案例 0-9 就采用了这种方式: JavaScript 互动脚本放在 head 元素内, 在 h1 标签中通过 onClick 动作触发该脚本。

2. 在标签行为属性中嵌入脚本

在标签行为属性中嵌入脚本就是直接将 JavaScript 脚本作为 HTML 标签的行为属性值。这种方式适合简短的脚本。将案例 0-9 改为直接在<h1>标签的 onClick 行为属性中定义脚本, 代码如下:

```
<h1 onClick="document.getElementById('bc').style.fontSize='16px';
   document.getElementById('bc').style.backgroundColor='#FFFFFF';
   document.getElementById('bc').style.color='red';" id='bc'>
春晓
</h1>
```

3. 使用外部 JavaScript 文件

使用外部 JavaScript 文件就是将 JavaScript 脚本存放在一个脚本文件中, 扩展名为.js, 然后在 HTML 网页中调用。其理念和外部样式表的理念一样, 都是为了重复使用, 减少代码冗余。在 HTML 网页中调用外部 JS 文件的格式为:

```
<script type="text/javascript" src="外部 JS 文件"></script>
```

<script>…</script>标签之间不能有任何代码, 一般会在头元素中调用。

案例 0-10: 制作外部 JS 文件控制网页"春晓"的页面互动。

首先将案例 0-9 中<script>元素的内容单独保存为一个 JS 文件 chunxiao.js, 该文件保存在 js 文件夹中。chunxiao.js 的代码如下:

```
function setFontSize(size){
   document.getElementById('bc').style.fontSize=size+'px';
   document.getElementById('bc').style.backgroundColor='#FFFFFF';
   document.getElementById('bc').style.color='red';
}
```

微　课

网页中使用
JavaScript

然后在网页 chunxiao.html 的头元素中导入这个外部 JS 文件，代码如下：

```
<script type="text/javascript" src="js/chunxiao.js"></script>
```

在<h1>标签中通过 onClick 行为属性触发脚本，即单击标题"春晓"后，标题"春晓"的文字大小改为 16 px，并呈现白底红字。<h1>标签代码如下：

```
<h1 onClick="setFontSize(16)" id='bc'>春晓</h1>
```

0.5　Web 前端开发工具简介

HTML 是一个文本文件，任何文本编辑工具都可以进行 HTML 的开发。然而不同的编辑工具有不同的专长，采用什么样的 Web 前端开发工具进行前端开发，需要理解该工具软件最适用于什么任务，这有助于产生一个高质量的、可升级的站点。

0.5.1　Dreamweaver

Dreamweaver 简称 DW，中文名称为"梦想编织者"，最初为美国 Macromedia 公司开发，2005 年被 Adobe 公司收购。DW 是集网页制作和管理网站于一身的所见即所得网页代码编辑器。利用对 HTML、CSS、JavaScript 等内容的支持，Web 前端开发人员可以在几乎任何地方快速制作和进行网站建设。

0.5.2　HbuilderX

HBuilder 是 DCloud（数字天堂）推出的一款支持 HTML5 的国产开发工具，HBuilderX 是其新一代产品，它将集成开发环境 ide 和编辑器进行完美结合，通过完整的语法提示和代码输入法、代码块等，大幅提升 HTML、JS、CSS 的开发效率，又提供了轻量、高效的字处理能力。HBuilderX 支持中国流行的小程序开发和优化，为国人提供更高效的开发工具，特别适合移动端 Web 开发。

0.5.3　Visual Studio Code

Visual Studio Code 简称 VS Code，是 Microsoft 针对编写现代 Web 和云应用的跨平台源代码编辑器，它具有对 JavaScript、TypeScript 和 Node.js 的内置支持，并具有丰富的其他语言（如 C++、C#、Java、Python、PHP、Go 等）和运行时（如.NET 和 Unity）扩展的生态系统。该编辑器支持多种语言和文件格式的编写。

小　　结

本章首先介绍了 Web 的基本概念。从 WWW 到浏览器，从网页、网站、网址到 Web 前端和后端。这些基本概念的理解对于今后 Web 开发具有十分重要的意义；本章重点对 Web 前端开发技术中的 HTML、CSS、JavaScript 的概念、作用、基本结构进行了概要性介绍。通过案例去理解 HTML、CSS、JavaScript 在 Web 前端开发的应用机制；最后介绍了常用的 Web 前端开发工具。

思考与练习

1. 简述 Web 前端的基本概念。
2. 举例说明 HTML、CSS、JavaScript 之间的关系。
3. HTML 标签属性与 CSS 属性有何异同？
4. 网页的基本结构是怎样的？
5. 试用 Dreamweaver、HbuilderX、Visual Studio Code 分别制作一个简单的网页。

第 **1** 章

文 本 样 式

📖 引言

　　文字是除了图像之外传达信息最直观、最清晰的载体。我们在设计页面时，首先涉及的是网站文字的大小、字体样式、颜色等属性设置与运用问题。这些问题可以归结为：针对什么元素？如何选择这些元素？以及这些元素设置什么样式三个问题。本章从基本的 HTML 文本控制标签开始，介绍如何运用 CSS 的选择器设置各种文字样式，使页面变得细腻和充满美感。最后介绍 Bootstrap，让文字排版变得更加简单。

📚 内容结构图

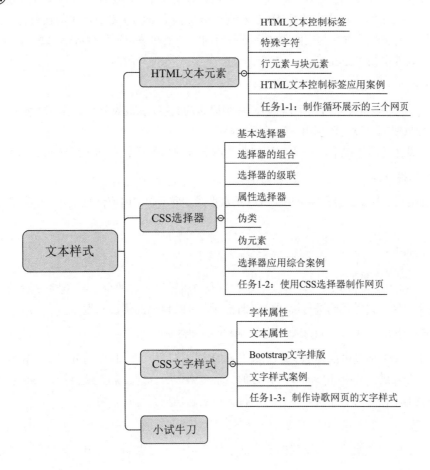

🔭 学习目标

　　➢ 了解 HTML 文本控制标签的类型和作用；

　　➢ 理解 CSS 基本选择器、属性选择器、伪类和伪元素的基本原理；

➢ 掌握 CSS 基本选择器的组合与级联；

➢ 能运用 CSS 文字样式和 Bootstrap 进行页面文字的排版。

1.1 HTML 文本元素

● 微 课

HTML 文本元素

Web 中的文本显示样式直接影响着网站整体的视觉效果。选择合适的字体大小、字体样式和字体颜色将会为网页加分不少。合适的文字显示样式，能为网页创造价值。文字显示样式虽然只是 Web 前端中的一小部分内容，甚至会觉得不那么显眼，然而正是这些不起眼的细节，支撑着页面的整体质量，这些细节值得我们深入研究。

HTML 文本元素是网页中最基本的元素，它通过一系列与文本相关的标签来控制。

1.1.1 HTML 文本控制标签

HTML 文本控制标签包括：换行标签
、分段控制标签<p>、水平分隔线标签<hr>、注释标签、标题文字标签<hn>、署名标签<address>、引文标签<blockquote>、原样显示文字标签<pre>、粗体标签<b>、斜体标签<i>、下划线标签<u>、标记标签<mark>等。

1．换行标签

换行标签
是单独使用的标签。HTML 文件中任何位置使用了
标签，在浏览器显示时，该位置之后的文字将显示于下一行。使用编辑软件编辑 HTML 文档时，直接按【Enter】键所产生的换行，在浏览器中并不会视为换行符号。因此，若要将某位置后的文字显示于下一行时，必须在该位置使用
标签，才能达到换行的效果。

在 Dreamweaver 软件中按【Shift+Enter】组合键可以产生一个
标签。

2．分段控制标签<p>…</p>

分段控制标签<p>…</p>所标识的文字，代表同一个段落的文字。在浏览器中，不同段落文字之间除了换行外，还会有一个空白行加以间隔，以便区别出文字的不同段落。

在 Dreamweaver 设计视图中按【Enter】键可以将文本分成前后两段，自动生成两对 p 标签。

3．水平分隔线标签<hr>

<hr>标签是单独使用的标签，会在网页中生成一条水平线，将不同的内容信息分开，使文字看起来清晰、明确。

4．注释标签

注释标签的格式如下：

```
<!--注释的内容-->
```

注释标签用来在 HTML 文档中插入注释文字。尖括号内用感叹号加两个 "–" 号形成注释。注释的内容不会被浏览器显示。使用注释可以对代码进行说明，有助于开发者对代码的阅读和编辑。

5．标题文字标签<h1>、<h2>、<h3>、<h4>、<h5>、<h6>

标题文字标签用于设置网页中的标题文字。被设置的文字将以黑体、粗体的方式显示在网页中。标题文字标签是成对出现的，共分六级，其中<h1>标签所包含的文字是第一级标题，最大最粗；<h6>标签所包含的文字是最后一级标题，最小最细。标题文字元素要单独占一行，标题总是从新一行开始。

6．文字样式标签

在有关文字的显示中，会使用一些特殊的字形或字体产生一定的强调、突出、区别以及提示等效果。这些标签的功能描述见表 1–1。

表 1-1　文字样式标签列表

标 签 名 称	功 能 描 述	标 签 名 称	功 能 描 述
`<b>…</b>`标签	以粗体方式显示	`<big>…</big>`标签	规定文本以大号字显示
`<i>…</i>`标签	以斜体方式显示	`<samp>…</samp>`标签	显示一段计算机常用的字体，即宽度相等的字体
`<u>…</u>`标签	给文本加下划线	`<kbd>…</kbd>`标签	由用户输入文本，通常显示为较粗的宽体字
`<em>…</em>`标签	用于强调的文本，一般显示为斜体字	`<var>…</var>`标签	用来表示变量，通常显示为斜体字
`<strong>…</strong>`标签	用于特别强调的文本，显示为粗体字	`<dfn>…</dfn>`标签	表示一个定义或说明，通常显示为斜体字
`<cite>…</cite>`标签	用于引证和举例，通常是斜体字	`<sup>…</sup>`标签	用来标识带有上标的变量
`<code>…</code>`标签	用来指出这是一组代码	`<sub>…</sub>`标签	用来标识带有下标的变量
`<small>…</small>`标签	规定文本以小号字显示	`<mark>…</mark>`标签	定义带有记号的文本为背景黄色

1.1.2　特殊字符

在 HTML 文件中，有些字符没有办法直接显示出来，比如空格，需用符号 代替；还有一些键盘上没有的字符，比如说"©"。也要使用特殊字符才可以表达出来；而有些字符在键盘上虽然可以得到，但在 HTML 中有其特殊的含义，如">"等，也必须用一些代码表示它们，以免发生混淆。表 1-2 列出了这些特殊字符在 HTML 中的替换代码。

表 1-2　特殊字符一览表

HTML 源代码	显 示 结 果	描　　　述
&lt;	<	小于号或显示标记
&gt;	>	大于号或显示标记
&amp;	&	可用于显示其他特殊字符
&quot;	"	引号
&reg;	®	已注册
&copy;	©	版权
&trade;	™	商标
		不断行的空白

1.1.3　行元素与块元素

所谓块元素，是以另起一行开始渲染的元素，如前面介绍的标题文字元素 h1~h6。块元素单独占据整行空间，可以设置宽度和高度。所谓行元素是指行内的元素，不会另起一行，没有宽度和高度。块元素可以嵌套行元素，而行元素一般不可以嵌套块。

1．行标签`<span>`

`<span>`标签在行内定义一个区域，一行内可以被`<span>`划分成好几个区域。通过定义 span 元素的样式实现各种区域的不同效果。`<span>`标签不影响页面整体布局。

2．块标签`<div>`

`<div>`标签用块的形式组合文档中的元素，以便通过样式来格式化它们。`<div>`标签在页面内定义一个区域，通过定义 div 元素的样式从而实现该区域的某种效果。例如，下面的代码中，块元素 div 包含 span 元素：

```
<div><span>黄色背景</span></div>
```

设置 div 元素的样式为灰色背景，span 元素的样式为黄色背景，代码如下：

```
div{ background-color:grey;}
span{ background-color:yellow;}
```

在浏览器中运行以上代码的效果是：灰色背景条占满了 div 整行的宽度，而作用于 span 元素的黄色背景仅仅出现在文字"黄色背景"之中。

1.1.4　HTML 文本控制标签应用案例

案例 1-1：运用文本控制标签<p>标签、
标签、<h2>标签、<h4>标签、<i>标签、<hr>标签、<mark>标签、<small>标签制作"水调歌头"诗词页面。效果如图 1-1 所示。

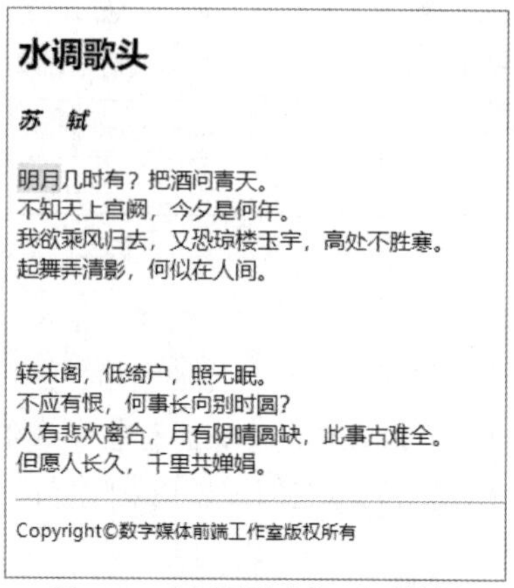

水调歌头

苏　轼

明月几时有？把酒问青天。
不知天上宫阙，今夕是何年。
我欲乘风归去，又恐琼楼玉宇，高处不胜寒。
起舞弄清影，何似在人间。

转朱阁，低绮户，照无眠。
不应有恨，何事长向别时圆？
人有悲欢离合，月有阴晴圆缺，此事古难全。
但愿人长久，千里共婵娟。

———————————————

Copyright©数字媒体前端工作室版权所有

图 1-1　"水调歌头"页面效果

本案例使用<p>标签将诗词正文分为两个段落；每个段落用
标签分成 4 行；诗词标题"水调歌头"使用<h2>标签；作者"苏轼"使用<h4>标签，中间用了 4 个空格符号；诗歌正文开头使用注释标签进行说明；"明月"二字用<mark>标签标识，呈现黄色背景；诗歌结束用<hr>分隔线；页脚用<small>标签将文字变小，并显示版权符号"©"。参考代码如下：

```
<body>
    <h2>水调歌头</h2>
    <h4><i>苏    轼</i></h4>
    <!-以下为诗歌正文->
    <p><mark>明月</mark>几时有？把酒问青天。<br/>
    不知天上宫阙，今夕是何年。<br/>
    我欲乘风归去，又恐琼楼玉宇，高处不胜寒。<br/>
    起舞弄清影，何似在人间。</p>
    <p>转朱阁，低绮户，照无眠。<br/>
    不应有恨，何事长向别时圆？<br/>
    人有悲欢离合，月有阴晴圆缺，此事古难全。<br/>
    但愿人长久，千里共婵娟。</p>
    <hr>
    <small>&copy;copyright 前端制作工作室</small>
</body>
```

微 课

任务 1-1

1.1.5　任务 1-1：制作循环展示的三个网页

1. 任务描述

制作三个样式相同的页面，内容分别为唐诗《江雪》《鹿柴》《登鹳雀楼》。效果如图 1-2 所示。用浏览器打开页面时，"江雪"显示 3 s 后自动跳转显示"鹿柴"，"鹿柴"显示 3 s 后自动跳转显示"登鹳雀楼"，"登鹳雀楼"显示 3 s 后自动跳转显示"江雪"，不断往复循环。

2. 任务要求

要综合运用所学的 HTML 标签知识以及 CSS 样式知识完成 3 个页面的制作。要能在实践中运用文本控制标签，并巩固上一章学习的内容，做到温故而知新。

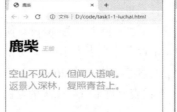

图 1-2　三个样式相同的唐诗页面

3. 任务分析

要制作三个风格相同的网页，最好是采用外部样式表。用一个 CSS 样式表文件进行统一控制。制作时，先做好一个网页，另外两个网页只要更改页面内容即可。

诗歌的标题加黑加粗，用<h3>标签，并在样式表中设置<h3>标签的大小；作者名字放在诗歌标题后面，要用空格符号分隔，作者用<i>标签进行倾斜，然后在样式表中设置颜色和大小；诗歌内容用一个<p>标签进行控制，然后在样式表中设置颜色和大小。

要实现页面跳转，要参照第 0 章 0.2.3 节 meta 元素的内容。设置<meta>标签的"http-equiv='refresh'"属性，然后在 content 属性中设置页面停留时间和跳转地址，content 属性格式为：

```
content="停留时间;url='跳转地址'"
```

4. 工作过程

步骤 1：站点规划。

（1）新建文件夹作为站点，站点内建立 css 文件夹，用于保存外部样式表文件。

（2）新建网页，将网页命名为 task1-1-jiangxue.html 保存在站点所在的目录。

（3）新建样式表文件，将文件命名为 tangshi.css，保存在 css 文件夹中。

步骤 2：在网页文件中建立外部样式表链接。

在网页文件 task1-1-jiangxue.html 的头元素中插入<link>标签，将样式表文件 tangshi.css 链接到网页中。代码如下：

```
<link href="css/tangshi.css " type="text/CSS" rel="stylesheet">
```

步骤 3：设置网页标题。

在网页文件 task1-1-jiangxue.html 的头元素中修改 title 元素，将 title 元素的内容修改为"江雪"，代码如下：

```
<title>江雪</title>
```

步骤 4：制作诗歌标题和作者。

（1）在 body 中输入诗歌标题和作者，二者中间插入两个空格符号"江雪 柳宗元"；

（2）把诗歌标题和作者作为一个整体用一对<h3>标签包裹，使之加粗加黑；

（3）在 h3 元素内嵌入<i>标签包裹"柳宗元"三个字，使之倾斜。代码如下：

```
<h3>江雪   <i>柳宗元</i></h3>
```

步骤 5：制作诗歌正文。

诗歌正文为一个 p 元素，第一句后面添加一个换行标签
。完成标签设置后，用浏览器打开网页，效果如图 1-3 所示。

图 1-3　完成标签设置后的效果

步骤 6：使用 CSS 控制标签样式。

（1）在样式表文件 tangshi.css 中设置 h3 元素字体大小为 40 px，使诗歌标题"江雪"放大。

（2）在样式表文件 tangshi.css 中设置 i 元素字体大小为 16 px，使作者名字变小，同时设置文字颜色为浅灰色。

（3）在样式表文件 tangshi.css 中设置 p 元素字体大小为 26 px，使正文文字放大，同时设置文字颜色为深灰色。

用浏览器打开网页，效果如图 1-4 所示。样式表文件 tangshi.css 的代码如下：

```
h3{font-size: 40px;}
i{color:#ccc;font-size:16px;}
p{color: #999; font-size: 26px;}
```

图 1-4　完成 CSS 样式设置后的效果

步骤 7：制作另外两个页面。

（1）将 task1-1-jiangxue.html 保存，完成"江雪"页面的制作。

（2）将 task1-1-jiangxue.html 另存为 task1-1-luzhai.html。保持原有标签不变，修改文字内容，将"鹿柴"的诗文内容输入，保存之后完成"鹿柴"页面的制作。

（3）用同样的方法完成"登鹳雀楼"页面的制作，文件名为 task1-1-dgql.html。

步骤 8：实现三个页面循环跳转。

（1）在 task1-1-jiangxue.html 的头元素中加入一个<meta>标签。设置<meta>标签使"江雪"页面显示 3 s 后自动跳转显示"鹿柴"，代码如下：

```
<meta http-equiv="refresh" content="3;url=task1-1-luzhai.html">
```

（2）用同样的方法设置"鹿柴"（task1-1-luzhai.html）显示 3 s 后自动跳转显示"登鹳雀楼"（task1-1-dgql.html），"登鹳雀楼"（task1-1-dgql.html）显示 3 s 后自动跳转显示"江雪"（task1-1-jiangxue.html）。

步骤 9：将所有文件保存，完成后实现三个页面循环跳转显示。

1.2　CSS 选择器

上一节中主要通过 HTML 标签对文字进行控制，如果要让文字有更多细节上的变化，要用到 CSS。CSS 选择器是连接 HTML 元素和 CSS 样式的桥梁。它指明要选择哪些元素进行样式设置。CSS 选择器有标签选择器、类选择器、id 选择器、属性选择器、伪类选择器、伪元素等。选择器还有组合、级联等多种写法。

1.2.1　基本选择器

● 微 课

基本选择器

CSS 基本选择器有标签选择器、类选择器和 id 选择器三种。

1. 标签选择器

CSS 标记选择器就是选择 HTML 页面中的某个标签采用何种 CSS 样式，在网页文档中凡是出现这个标签的地方都会采用这个样式。例如：

```
h1{font-size:40px;}
```

上面这个样式的作用是将网页中所有的 h1 元素的大小设置为 40 px。如果要对不同的 h1 元素用不同的样式加以区别，则要进行选择器分类。

2. 类选择器

类选择器（class）就是对元素进行分类选择。类选择器以小数点来定义，类名的第一个字符不能使用数字。用类选择器定义样式的一般格式为：

```
.类名{样式列表}
```

某个类定义好样式之后，在元素中用标签属性 class="类名"进行类的应用（注意类在应用时名字前面不要加"点"）。

（1）例如在样式表中定义两个类，分别设置不同的文字颜色，代码如下：

```
.cent1 {color: green;}
.cent2 {color: blue}
```

分别将这两个类应用到不同的<i>标签中，代码如下：

```
<i class="cent2">静夜思</i>
<i class="cent1">江雪</i>
```

这两个 i 元素将使用不同的样式，"江雪"用的是 cent1 类，颜色为绿色；"静夜思"用的是 cent2 类，颜色为蓝色。

（2）类可以重复使用，下面的代码中 cent1 类还用于 span 元素：

```
<span class="cent1">登鹳雀楼</span>
```

在上面的例子中，所有拥有 cent1 类的 HTML 元素均为绿色文字，i 元素 "江雪" 和 span 元素 "登鹳雀楼"都应用了 cent1 类。这意味着两者都将遵守 cent1 选择器中的规则。

可使用 "标签名.类名" 的形式定义选择器，以便在不同的标签中使用类。如果类的前面加上标签名，则类的作用范围仅限于该标签，如设置 "span.cent1" 的样式代码如下：

```
span.cent1 {background:yellow;}
```

其结果是仅 span 元素 "登鹳雀楼" 背景颜色为黄色，而 "江雪" 是 i 元素，虽然采用 cent1 类，但与 span.cent1无关，不会变为黄色背景。

（3）一个元素可以应用多个类，在 class 的属性值中将多个类的类名用空格隔开即可。例如，在样式表中定义一个新的类：

```
.tt{font-size: 25px;}
```

在 span 元素中可以同时应用 cent1 类和 tt 类，应用之后 "登鹳雀楼" 颜色为绿色的同时，大小为 25 px。代码如下：

```
<span class="cent1 tt">登鹳雀楼</span>
```

3. id 选择器

类选择器可以被重复使用，如果要给某个元素量身定制唯一的样式，则需要用到 id 选择器。id 选择器以 "#"开头来定义。用 id 选择器定义样式的一般格式为：

```
#id名{样式列表}
```

某个 id 定义好样式后，在元素中用标签属性 id="id 名"进行应用（注意在应用时名字前面不要加 "#"）。id 具有唯一性，是不能重复的。id 属性只能在每个 HTML 文档中出现一次，如果需要多次重复应用某个样式，就用 class。所以在 HTML 文档中，id 一般在页面结构中使用，如导航、主体内容、版权等。id 选择器可以加上标签名作限定，格式为：

```
标签名#id名
```

例如，在样式表中定义了两个 id 选择器的样式，代码如下：

```
#red {color:red;}
#green {color:green;}
```

在 HTML 文档中将以上两个 id 选择器定义的样式分别应用在两个 i 元素中，代码如下：

```
<i id="red">宋词</i>
<i id="green">元曲</i>
```

id 属性为 red 的 i 元素 "宋词" 显示为红色，id 属性为 green 的 i 元素 "元曲" 显示为绿色。

1.2.2　选择器的组合

当选择器的样式声明完全一样时，可以将这些选择器进行组合，使代码进行简化。

1．群组选择器

群组选择器用逗号分隔样式声明完全一致的选择器。例如，设置 p 元素和 h5 标题元素的大小都为 20 px，代码如下：

```
p {font-size:20px;}
h5{font-size:20px;}
```

写成群组的形式，用逗号分开选择器进行组合声明，代码如下：

```
p,h5{font-size:20px;}
```

2．通用选择器

通用选择器"*"号可以代表网页中所有元素。如果要对网页中所有元素定义一个初始的样式，可以使用通用选择器。例如，设置网页文字的初始颜色为#333，代码如下：

```
*{color:#333;}
```

1.2.3　选择器的级联

选择器的级联是指选择器依据元素在其位置的上下层标签级别关系来定义，分为子元素选择器和后代选择器两种。

1．子元素选择器

选择器通过大于号">"连接父元素和子元素。例如，在 HTML 文档中外层为 div 元素，id 为 top（可表示为 div#top）。div#top 里面又包含一个 div 元素，采用类选择器，class 为 kk（可表示为 div.kk）。div.kk 有 1 个 h2 元素、1 个 span 元素和 2 个 i 元素。代码如下：

```
<div id="top">
    <div class="kk">
        <h2>
            <span>唐诗</span>
            <i id="red">宋词</i>
            <i id="green">元曲</i>
        </h2>
        <span class="cent1 tt">登鹳雀楼</span>
        <i class="cent2">静夜思</i>
        <i class="cent1">江雪</i>
    </div>
</div>
```

要将"静夜思"和"江雪"的大小变为 25 px，可用下面的代码进行设置：

```
div>i{font-size:25px;}
```

以上样式表示 div 元素的子元素 i 的大小为 25 px。"宋词"和"元曲"也是 i 元素，但不是 div 的子元素，因而不受此样式控制。

2．后代选择器

选择器通过空格连接元素和其后代元素。例如：

```
div.kk i{background:yellow;}
```

以上样式设置的结果是：所有处于 div.kk 元素下的 i 元素加上黄色背景，即"登鹳雀楼""静夜思""宋词""元曲"都加上黄色背景。类选择器和 id 选择器一样可被用作级联，上面的样式也可写成：

```
#top.kk i{background:yellow;}
```

表示 id 为 top 下的类名为 kk 的元素下面的 i 元素加上黄色背景。

1.2.4　属性选择器

在 CSS 理念中,标签中的属性越少越好。然而有些标签属性很难用其他手段代替,所以 CSS 针对标签属性专门设计了属性选择器,对带有指定属性的 HTML 元素设置样式。属性选择器的一般格式为:

```
标签名[属性=属性值]
```

属性选择器

标签名可以省略,属性值也可以省略,表示选择指定某类属性或属性值的标签。

例如,下列代码中有 6 个元素,3 个元素带有 title 属性。代码如下:

```
<h3 title="唐诗">登鹳雀楼</h3>
<h4>王之涣</h4>
<p>白日依山尽, </p>
<p>黄河入海流。</p>
<p title="黄河">欲穷千里目</p>
<p title="唐诗">更上一层楼</p>
```

(1)为带有 title 属性的所有标签元素设置文字颜色为蓝色,代码如下:

```
[title]{color:blue;}
```

此样式将诗名"登鹳雀楼"以及"欲穷千里目,""更上一层楼。"显示为蓝色。

(2)为带有 title="唐诗"属性的所有标签元素设置背景颜色为灰色,代码如下:

```
[title="唐诗"]{background:#CCC;}
```

此样式将 h3 元素"登鹳雀楼"以及 p 元素"更上一层楼。"显示为背景颜色浅灰色。

(3)为带有 title="唐诗"属性的 h3 标签元素设置文字颜色为蓝色,代码如下:

```
h3[title="唐诗"]{font-size:30px;}
```

满足选择器条件的只有"登鹳雀楼",设置大小为 30 px。

1.2.5　伪类

在 CSS 中,可以使用类选择器把相同元素定义成不同的样式。而伪类选择器是以固定名称的形式为选择器添加特殊的效果。这些效果原本可以通过一个实际的类来实现。所以,伪类的作用是用来代替真正的类,目的是让 HTML 文档结构保持简介,标签中尽量不出现标签属性,使样式与内容彻底分离。

伪类

伪类用一个半角英文冒号(:)隔开选择符和伪类。一般格式为:

```
选择器:伪类 {样式列表}
```

例如,HTML 文档内有一个<div>块元素,其中包含 h3、h4、h5 等若干元素,代码如下:

```
<div id="jys" >
    <h3>静夜思</h3>
    <h4><i>李白</i></h4>
    <h5>床前明月光, </h5>
    <h5>疑是地上霜。</h5>
    <h5>举头望明月, </h5>
    <h5>低头思故乡。</h5>
</div>
```

下面用结构性伪类:nth-child、:nth-last-child、:first-child、:last-child、:only-child、:nth-of-type、:nth-last-of-type、:first-of-type、:last-of-type、:only-of-type、:empty 进行设置。

1. 子元素伪类

子元素伪类包括:nth-child、:nth-last-child、:first-child、:last-child 与:only-child,用来表示该元素为第几个子元素。

(1):nth-child(length)

格式:

```
子元素: nth-child(参数);
```

取值:

● 具体数字 length:表示父元素下的第 length 个子元素。

- n："n"为关键字不能更改，表示父元素下的全体子元素。
- n*length：n 的倍数选择。
- n+length：选择大于 length 后面的元素。
- -n+length：选择小于 length 前面的元素。
- n*length+1：表示隔几选。
- even：表示隔选偶数行，相当于 $2n$。
- odd：表示隔选奇数行，相当于 $2n+1$。

功能：:nth-child 选择某个元素下的一个或多个子元素，该子元素处于父元素下的第 length 个（其中，length 为正整数）。

例如，让"疑是地上霜，"显示为绿色，样式代码如下：

```
h5:nth-child(4) {color: green;}
```

"疑是地上霜，"所在的 h5 元素是 div#jys 元素的第 4 个子元素，所以 length 为 4。

如果要将 div#jys 元素下奇数行是 h5 的子元素用草绿色背景作样式，可使用伪类":nth-child(2n+1)"，等同于":nth-child(odd)"。代码如下：

```
h5:nth-child(2n+1) {background: lime;}  /*与 h5:nth-child(odd){background: lime;}等效*/
```

（2）:nth-last-child

:nth-last-child 是从最后一个子元素开始倒数来选择特定子元素。取值选择项与:nth-child 相同。例如，设置文字"床前明月光，"为红色，可表述为设置父元素（div 元素）下的倒数第四个子元素 h4 的文字颜色为红色，代码如下：

```
h5:nth-last-child(4){color:red;}          /*与 h5:nth-child(3){ color:red;}等效*/
```

（3）:first-child

:first-child 是用来选择某个处于父元素下的第一个子元素，其功能相当于 nth-child(1)。例如，下面的代码设置父元素（div 元素）下的第一个子元素（h3 元素）的文字颜色为绿色，大小为 30 px。

```
h3:first-child {color: green; font-size: 30px;}  /*与 h3:nth-child(1){ color:blue;}等效*/
```

（4）:last-child

:last-child 和:nth-last-child(1)效果是一样的，都表示的是选择最后一个子元素。

（5）:only-child

:only-child 表示的是一个元素是它的父元素的唯一的子元素，该子元素没有兄弟元素。如作者"李白"所在的 i 元素是 h3 元素的唯一子元素，可用:only-child 将"李白"设置为绿色，代码如下：

```
h4>i:only-child{color:green;}
```

2．元素类别伪类

元素类别伪类包括：:nth-of-type、:nth-last-of-type、:first-of-type、:last-of-type、:only-of-type，用来表示该元素为第几个同类别元素。

（1）:nth-of-type

:nth-of-type 用于选择指定的元素，取值与:nth-child 相同。例如将第 4 个 h5 元素（即"低头思故乡。"）的背景设置为紫色，代码如下：

```
h5:nth-of-type(4) {background:#C6F;}
```

（2）:nth-last-of-type

:nth-last-of-type 用于倒数选择指定的元素，从最后一个元素开始。

（3）:first-of-type

:first-of-type 用于选择指定的第一个元素。

（4）:last-of-type

:last-of-type 用于选择指定的最后一个元素。

（5）:only-of-type

:only-of-type 表示一个元素有很多个子元素，而其中只有一个子元素是唯一的，那么使用这种选择方法就可以选择这个唯一的子元素。例如，给 div#jys 下的 h3 元素（"静夜思"）加上黄色背景，使用:only-of-type 表示，代码如下：

```
#jys h3:only-of-type {background:yellow;}
```

上面的代码中，h3 元素的兄弟元素没有另外的 h3 元素，所以 h3 可以用:only-of-type 表示。

1.2.6 伪元素

微 课
伪元素

CSS 伪元素是以固定名称的形式向某些选择器设置特殊效果，这些效果原本可以通过一个实际的元素来实现。

CSS 用两个半角英文冒号（::）隔开选择符和伪元素。一般格式为：

```
选择器::伪元素{样式列表}
```

伪元素只有 4 个，即::first-line、::first-letter、::before、::after。

1. ::first-letter

::first-letter 伪元素用于向文本的首字符设置样式。例如，将 p 元素的第一个字符的大小设置为 48 px，代码如下：

```
p::first-letter {font-size: 48px;}
```

::first-letter 伪元素只能用于块级元素，是指块状元素的第一个字符。

2. ::first-line

::first-line 伪元素用于设置文本在浏览器中的首行样式。::first-line 伪元素只能用于块级元素。例如，要设置每个段落在浏览器中第一行文本为蓝色，代码如下：

```
p::first-line { color: blue;}
```

3. ::before 和::after

伪元素::before 可以在元素的内容前面插入新内容。伪元素::after 可以在元素的内容之后插入新内容。这两个伪元素能够在 CSS 层面给 HTML 元素的内容前面或内容后面插入内容。这两个伪元素要和 content 属性配合使用。content 属性用于定义插入的具体内容，其属性值为要插入的文本或图像。例如，在 HTML 文档中有一个 h4 元素，代码如下：

```
<h4>李白</h4>
```

给该 h4 元素前面和后面插入内容，使之在浏览器中显示"作者李白.[唐]"，即在 h4 元素内容前面插入"作者"，在 h4 元素内容后面插入".[唐]"。CSS 样式代码如下：

```
#jys h4::before {content: "作者 ";}
#jys h4::after {content: ".[唐]"; }
```

1.2.7 选择器应用综合案例

案例 1-2：应用 CSS 选择器制作"中国古诗词"网页。页面分为标题、"登鹳雀楼"和"静夜思"三部分。标题部分使用了通用选择器、标签选择器、类选择器、id 选择器，通过组合、级联等方式进行样式设置。"登鹳雀楼"部分使用了属性选择器进行样式设置。"静夜思"部分使用了伪类和伪元素进行样式设置。效果如图 1-5 所示。

参考代码如下：

```
<head>
    <meta charset="utf-8">
    <title>案例 1-2</title>
    <style type="text/css">
        /*以下使用通用选择器、标签选择器、类选择器、id 选择器，通过组
合、级联等方式进行样式设置*/
        *{ color:#333;}
        h1{font-size:40px;}
```

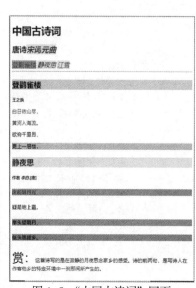

图 1-5 "中国古诗词"网页

```
            h2{font-size:30px;}
            .cent1 {color: green;}
            .cent2 {color: blue}
            .tt{font-size:25px;}
            #red {color: red;}
            #green {color: green;}
            p,h5{font-size:20px;}
            div>i{font-size:25px;}
            div.kk i{background: yellow;}
            span.cent1 {background:#F90;}
            /*以下使用属性选择器进行样式设置*/
            [title] {color: blue;}
            [title="唐诗"] {background:#CCC;}
            h3[title="唐诗"] {font-size: 30px;}
            /*以下使用伪类和伪元素进行样式设置*/
            h5:nth-child(4) {color: green;}
            h5:nth-child(2n+1) {background: lime; }
            h5:nth-last-child(4){color:red;}
            h3:first-child {color: green; font-size: 30px;}
            h4>i:only-child {color: green;}
            h5:nth-of-type(4) {background:#C6F;}
            #jys h3:only-of-type {background:yellow;}
            #jys h4::before {content: "作者 ";}
            #jys h4::after {content: ".[唐]";}
            p.sx::first-letter {font-size: 48px;}
            p.sx::first-line {color: blue;}
    </style>
</head>
<body>
<div id="top">
    <h1>中国古诗词</h1>
        <div class="kk">
        <h2><span>唐诗</span><i id="red">宋词</i><i id="green">元曲</i></h2>
        <span class="cent1 tt">登鹳雀楼</span>
        <i class="cent2">静夜思</i>
        <i class="cent1">江雪</i>
    </div>
</div>

<h3 title="唐诗">登鹳雀楼</h3>
<h4>王之涣</h4>
<p>白日依山尽，</p>
<p>黄河入海流。</p>
<p title="黄河">欲穷千里目，</p>
<p title="唐诗">更上一层楼。</p>

<div id="jys">
        <h3>静夜思</h3>
        <h4><i>李白</i></h4>
        <h5>床前明月光，</h5>
        <h5>疑是地上霜。</h5>
        <h5>举头望明月，</h5>
        <h5>低头思故乡。</h5>
</div>
```

```
<p class='sx'>赏：这首诗写的是在寂静的月夜思念家乡的感受。诗的前两句，是写诗人在作客他乡的特定环境中一
刹那间所产生的。
</p>
</body>
```

1.2.8 任务 1-2：使用 CSS 选择器制作网页

1. 任务描述

使用 CSS 选择器制作网页。页面从上到下包括头部标题、诗歌"念奴娇·赤壁怀古"、译文和页脚四部分，效果如图 1-6 所示。

2. 任务要求

要综合运用本节所学的 CSS 选择器知识完成页面的制作；要能在实践中运用各种 CSS 选择器控制 HTML 元素；巩固上一节学习的内容，做到温故而知新。

3. 任务分析

本任务页面整体结构如图 1-7 所示，用 7 个元素从上到下按顺序先后排列，外围用 div#container 包裹。诗歌分为上下两阕，中间用空行分隔。每个元素按图 1-6 所示的效果通过不同的选择器进行大小、颜色和背景的样式设置。

图 1-6 "中国古诗词"效果图

"中国古诗词"：id=top
诗歌标题：id=t0
诗歌上阕：id=t1
空行
诗歌下阕：id=t2
译文
页脚

图 1-7 页面整体结构

4. 工作过程

步骤 1：站点规划。

（1）新建文件夹作为站点。

（2）新建网页，设置<title>为"任务 1-2"；将网页命名为 task1-2.html，保存到站点所在的目录。

步骤 2：建立网页的基本结构。

网页 task1-2.html 最外层为 div#container，其中包含 7 个子元素，网页基本代码如下：

```
<div id="container">
    <div id="top"></div>
    <div id="t0"></div>
    <div id="t1"></div>
    <p> </p>
    <div id="t2"></div>
    <div class="yi"></div>
    <div id="footer"></div>
</div>
```

步骤 3：设置网页文字的总体样式。

页面最外层为 div#container，设置文字颜色为灰色。这是里面所有文字的初始颜色。样式代码为：

```
#container{color:#666;}
```

步骤 4：制作页头和页脚。

（1）在 div#top 内插入 h1 元素，输入"中国古诗词"，并在 h1 元素前换行，在 h1 元素后增加一个空行，使标题离 div#top 上下沿一定的距离，代码如下：

```
<div id="top">
    <br>
    <h1>中国古诗词</h1>
     
</div>
```

（2）在 div#footer 内输入页脚内容，并在页脚内容前换行，在页脚内容后换行并增加一个空格，使页脚内容离 div#footer 上下沿一定的距离，代码如下：

```
<div id="footer">
    <br>
    Copyright&copy;数字媒体前端工作室版权所有
    <br> 
</div>
```

（3）设置 div#top 和 div#footer 相同的背景和文字颜色样式，样式代码为：

```
#top,#footer{ background-color:#930; color:#CCC;}
```

步骤 5：输入诗歌的内容。

（1）将诗歌内容按诗歌标题部分、上阕和下阕，分别放在 div#t0 元素、div#t1 元素、div#t2 元素内。

（2）用 span 加 title 属性设置部分诗歌文字的注解，在浏览时当鼠标悬停能出现对应的文字注解。代码如下：

```
<div id="t0">
    <h2>念奴娇·赤壁怀古</h2>
    宋.<span  title="苏东坡">苏轼</span>
</div>
<div id="t1">
    <h4>大江东去，浪淘尽，千古风流人物。</h4>
    <h4><span title="过去遗留下来的营垒">故垒</span>西边，人道是，三国
    <span title="指三国时吴国名将周瑜">周郎</span>赤壁。</h4>
    <h4>乱石穿空，惊涛拍岸，卷起千堆<span title="水浪">雪</span>。</h4>
    <h4>江山如画，一时多少豪杰。    </h4>
</div>
<p> </p>
<div id="t2">
    <h4>遥想公瑾当年，小乔初嫁了，雄姿英发。</h4>
    <h4>羽扇纶巾，谈笑间，<span title="指曹操的水军战船">樯橹</span>灰飞烟灭。</h4>
    <h4>故国神游，多情应笑我，早生华发。</h4>
    <h4>人生如梦，<span title="尊：通"樽"，酒杯">一尊</span>还酹江月。</h4>
</div>
```

（3）设置含 title 属性的文字样式为黄底蓝字，样式代码为：

```
[title]{background-color:yellow;color:blue;}
```

步骤 6：设置译文的样式。

（1）在 div#yi 元素内输入译文。

（2）用 span 标签加一个类设置译文第一个字的样式，HTML 代码如下：

```
<div class="yi">
    <span class="first">译:</span>大江之水滚滚不断向东流去...
    <br> 
</div>
```

（3）设置译文样式，样式代码为：

```
.first{ font-size:40px;}
.yi{ background-color:#CCC;}
```

步骤 7：文件保存，完成制作。

1.3　CSS 文字样式

CSS 关于网页文字的基本样式包括字体、大小和颜色。除此之外要完成基本的文本编辑排版，一般还需要设置字的粗细、字符间隔、行距、缩进等。

微　课 ●
字体属性

1.3.1　字体属性

字体属性是与 font 相关的属性，包括 font-style、font-variant、font-weight、font-size、line-height、font-family 等。

1. 字体风格 font-style 属性

格式：

```
font-style: inherit| normal| italic| oblique
```

取值：

- inherit：从父元素继承；
- normal：文本正常显示；
- italic：文本斜体显示；
- oblique：文本倾斜显示。

功能：该属性用于设置字体风格。

2. 字体变形 font-variant 属性

格式：

```
font-variant: inherit| normal| small-caps
```

取值：

- inherit：从父元素继承；
- normal：文本正常显示；
- small-caps：小型大写字母。

功能：该属性用于设置字体变形。

3. 字体加粗 font-weight 属性

格式：

```
font-weight: inherit| normal| 100 ~ 900
```

取值：

- inherit：从父元素继承；
- 100~900：9 级加粗度；
- Normal：文本正常显示，等价于 400；
- Bold：等价于 700；
- Bolder：更粗的字体加粗；
- Lighter：加粗度下移。

功能：该属性用于设置文本的粗细，可以将文本设置为粗体。关键字 100~900 为字体指定了 9 级加粗度。

4. 字体大小 font-size 属性

格式：

```
font-size:<字体大小>
```

取值：直接输入绝对或相对值。

功能：该属性用于设置文本字体的大小。如果没有规定字体大小，普通文本（如段落）的默认大小是 16 px。网页中常用的字号有：常用微软 14 px/16 px 作为正文，小号字体是 12 px，大号字体是 18 px、20 px、26 px、30 px。App 导航主标题字号：34 px/36 px，苹果默认标题字号为 34 px，而有些软件也会用到 36 px，更加强页面位置关系，比如微信导航标题字号为 36 px，导航字体醒目易于对应页面位置。在内文展示中字号大小：正文字号 32 ~ 34 px，副文是 24 ~ 28 px，最小字号不低于 20 px。

em 是 W3C 推荐使用的尺寸单位。1 em 等于当前元素的直系父块元素的字体尺寸，em 的值会相对于父块元素的字体大小改变。如果没有直系父块元素，em 则为当前页面 body 的字体尺寸（默认 1 em 等于 16 px）。例如，p.tt 分别位于 div.f1 元素内和 p.f1 元素内。代码如下：

```
<body>
    <div class="f1"><p class="tt">文字大小 0.5 em 为父 div 大小 40 px 的一半，即 20 px</p></div>
    <p class="f1"><p class="tt">文字大小 0.5 em 为 body 默认大小 16 px 的一半，即 8 px</p></p>
</body>
```

设置 f1 类和 tt 类的样式如下：

```
.f1{font-size:40px;}
.tt{font-size:0.5em;}
```

由于 div.f1 是块元素，所以它里面的 p.tt 的大小 0.5 em 是 div 块元素大小 40 px 的一半，即 20 px；而 p.f1 下的 p.tt 的大小 0.5 em 是 body 默认大小 16 px 的一半，即 8 px。效果如图 1-8 所示。

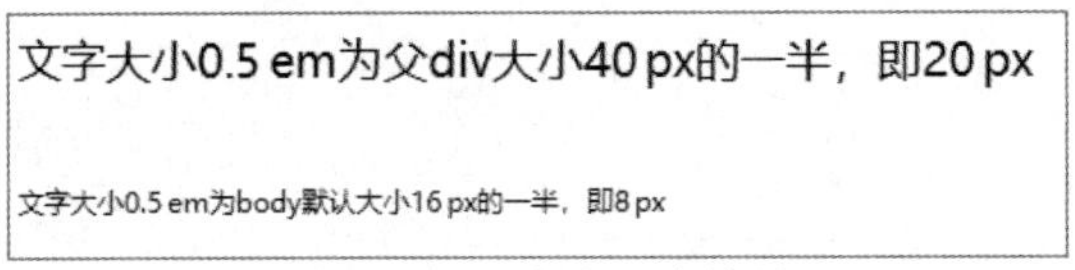

图 1-8　em 大小示意效果

5. 行间距 line-height 属性

格式：

```
line-height:<行间距>
```

取值：直接输入绝对数量或相对值。

功能：该属性用于设置文本行与行的距离。设置 line-height 的另外一个作用是实现文字垂直居中。当 line-height 值与块元素的高度 height 值相同时，可以实现文字在块元素内垂直居中。

6. 文本字体 font-family 属性

格式：

```
font-family:< 字体系列>
```

取值：

* 通用字体系列：包括 Serif 字体、Sans-serif 字体、Monospace 字体、Cursive 字体、Fantasy 字体 5 种；
* 特定字体系列：具体的字体系列，如汉字"宋体"等。

功能：该属性用于定义文本的字体系列。如果要给元素指定一系列类似的字体，需要把这些字体按照优先顺序排列，然后用逗号进行分隔。例如：

```
p {font-family: Times, TimesNR, 'New Century Schoolbook',Georgia, 'New York', serif;}
```

根据上面样式字体列表，系统会按所列的顺序查找这些字体。如果列出的所有字体都不可用，就会简单地选择一种通用的 serif 字体。

7. font 简写属性

格式：

```
font:font-style|font-variant|font-weight|<font-size>|/line-height |<font-family>
```

取值：按格式所列属性顺序排列属性值，中间用空格分隔。font-size 和 font-family 必须有值。

功能：font 属性是简写属性，在一个声明中设置所有字体属性。

1.3.2　文本属性

文本属性就是跟 text 相关的属性。这类属性有不少，有些要与其他属性一起配合才能更好地进行表现。本章介绍字符转换属性、文本缩进属性、水平对齐属性、文本阴影属性、文字换行属性、单词间隔属性和字符间隔属性。

1．字符转换 text-transform 属性

格式：

```
text-transform: none| inherit| uppercase| lowercase| capitalize
```

取值：

- None：对文本不做任何改动；
- Inherit：从父元素继承；
- Uppercase：将文本转换为全大写；
- Lowercase：将文本转换为全小写；
- Capitalize：只对每个单词的首字母大写。

功能：该属性用于处理文本的大小写。

2．文本缩进 text-indent 属性

格式：

```
text-indent: <缩进值>
```

取值：直接输入绝对值或相对值。

功能：该属性用于设置段落的缩进，通过使用 text-indent 属性，所有元素的第一行都可以缩进一个给定的长度，甚至该长度可以是负值。可以为所有块级元素应用 text-indent，但无法将该属性应用于行内元素。

3．水平对齐 text-align 属性

格式：

```
text-align: inherit| center| left | right | justify
```

取值：

- inherit：从父元素继承；
- center：居中对齐文本；
- left：左对齐文本；
- right：右对齐文本；
- justify：两端对齐文本。

功能：该属性用于设置一个元素在水平方向的对齐方式，默认值为 left。

4．文本阴影 text-shadow 属性

格式：

```
text-shadow: <x-length> <y-length> <opacity> <color>
```

取值：

- x-length：指定阴影的水平位移；
- y-length：指定阴影的垂直位移；
- opacity：指定模糊效果的作用距离；
- color：指阴影颜色。

功能：该属性用于设置文本阴影及模糊效果，四个取值用空格分隔。下面的代码给文字加上桃红色阴影效果：

```
<div style="text-shadow:#F36 0.125em  0.125em 0.3125em;">冬天，静谧的镜泊湖</div>
```

阴影颜色可放在前面，也可放在后面。上面的代码设置阴影的 x 偏移量为 0.125 em，y 偏移量为 0.125 em，模

糊量为 0.3125 em，颜色为#F36。效果如图 1-9 所示。

5．文本装饰 text-decoration 属性

格式：

```
text-decoration: none |underline |overline |line-through| blink
```

取值：

- none：关闭原本应用到一个元素上的所有装饰；
- underline：对元素加下划线；
- overline：在文本的顶端画一个上划线；
- line-through：在文本中间画一个贯穿线；
- blink：让文本闪烁。

功能：该属性用于设置文本的装饰，none 值会关闭原本应用到一个元素上的所有装饰。

6．文字换行 word-wrap 属性

格式：

```
word-wrap: normal | break-word
```

取值：

- normal：只在允许的断字点换行；
- break-word：内容将在边界内换行。如果需要，词内换行（word-break）也会发生。

功能：该属性用于设置或检索当前行超过指定容器的边界时是否断开转行。

7．单词间隔 word-spacing 属性

格式：

```
word-spacing:<间隔值>
```

取值：直接输入绝对值或相对值。

功能：该属性可以改变单词之间的标准间隔。默认值为 0。word-spacing 属性接受一个正长度值或负长度值。设置一个正值，那么单词之间的间隔就会增加；设置一个负值，会把它拉近。

8．字符间隔 letter-spacing 属性

格式：

```
letter-spacing:<间隔值>
```

取值：直接输入绝对值或相对值。

功能：该属性可以改变字符（汉字）之间的标准间隔，其可取值包括所有长度，默认值为 0。

9．文字颜色 color 属性

格式：

```
color:颜色值|颜色代号|HSL()|HSLA()|RGB()|RGBA()
```

取值：

- 颜色值：6 位或 3 位的十六进制颜色值；
- 颜色代号：如 red、yellow、green、blue 等；
- 颜色函数 HSL()：HSL(色调,饱和度,亮度)；
- 颜色函数 HSLA()：HSLA(色调,饱和度,亮度,透明度)；
- 颜色函数 RGB()：RGB(红色,绿色,蓝色)；
- 颜色函数 RGBA()：RGBA(红色,绿色,蓝色,透明度)；

功能：该属性用于设置文字颜色。其中，HSL()与 HSLA()通过对色调（H）、饱和度（S）、亮度（L）三个颜色通道和透明度（A）的变化以及它们相互之间的叠加得到各式各样的颜色。例如：HSL(120,100%,75%)是一种绿色，HSLA(120,100%,75%,0.6)为一种柔和的浅绿色。HSL()与 HSLA()颜色函数取值见表 1-3。

表 1-3　HSL()与 HSLA()颜色函数取值表

值	描　　述
色调（Hue）	取值为 0～360 的整数，0 表示红色，120 表示绿色，240 表示蓝色
饱和度（Saturation）	取值为 0%～100%的值，0%为灰色，100%为全色
亮度（Lightness）	取值为 0%～100%的值，0%为暗，100%为白色
透明度（alpha）	取值为 0～1 的值，0 为完全透明，1 为完全不透明

RGB()与 RGBA()通过颜色通道和透明度（A）的变化和叠加得到各式各样的颜色。例如，RGB(122,230,110)是一种绿色，RGBA(122,230,110,0.4)为一种柔和的浅绿色。RGB()与 RGBA()颜色函数取值见表 1-4。

表 1-4　RGB()与 RGBA()颜色函数取值表

值	描　　述
红色（red）	取值为 0～255 的整数，或为 0%～100%的值，255 表示红色
绿色（green）	取值为 0～255 的整数，或为 0%～100%的值，255 表示绿色
蓝色（blue）	取值为 0～255 的整数，或为 0%～100%的值，255 表示蓝色
透明度（alpha）	取值为 0～1 之间的值，0 为完全透明，1 为完全不透明

10.　文本空白控制 white-space 属性

格式：

```
white-space: normal |pre |nowrap|pre-wrap| pre-line
```

取值：

- normal：默认值，空白会被浏览器忽略；
- pre：空白会被浏览器保留，其行为方式类似 HTML 中的<pre>标签；
- nowrap：文本不会换行，文本会在同一行上继续，直至遇到
标签为止；
- pre-wrap：保留空白符序列，但是正常进行换行；
- pre-line：合并空白符序列，但是保留换行符。

功能：该属性用于指定元素内的空白如何处理。

微 课

Bootstrap 文字排版

1.3.3　Bootstrap 文字排版

Bootstrap 是由 Twitter 推出的基于 HTML、CSS、JavaScript 的前端开发框架，具有简洁、直观的特点，目前最新版本为 Bootstrap5。

1.　Bootstrap 基本应用

bootstrap.min.css 是 Bootstrap5 的核心 CSS 文件。应用 Bootstrap5 编写 HTML 页面，首先需要在头元素中引入核心 CSS 文件。如果只是使用 Bootstrap 的 CSS 样式和组件，那么只需要在头元素中引用 bootstrap.min.css 即可；如果要实现页面互动特效，如弹窗、提示、下拉菜单等，则还需引用 popper.min.js 以及 Bootstrap5 的核心 JavaScript 文件 bootstrap.min.js。这三个必要文件可以通过网络直接引用，HTML 头元素中插入的代码如下：

```
<link rel="stylesheet" href="https://cdn.staticfile.org/twitter-bootstrap/5.1.1/css/bootstrap.min.css">
<script src="https://cdn.staticfile.org/popper.js/2.9.3/umd/popper.min.js"></script>
<script src="https://cdn.staticfile.org/twitter-bootstrap/5.1.1/js/bootstrap.min.js">
</script>
```

bootstrap.bundle.js（未压缩版）或 bootstrap.bundle.min.js（压缩版）包含了捆绑的插件（如 popper.min.js）及其他依赖脚本，所以也可以直接使用以下代码：

```
<link rel="stylesheet" href="https://cdn.staticfile.org/twitter-bootstrap/5.1.1/css/bootstrap.min.css">
```

```
<script src="https://cdn.staticfile.org/twitter-bootstrap/5.1.1/js/bootstrap.bundle.min.js">
</script>
```

以上 Bootstrap5 核心文件可从 Bootstrap 官网下载。

下载完成之后解压，包含 css 和 js 两个子文件夹，构成了 Bootstrap 框架的基本配置文件。其中 bootstrap.min.css 在 css 文件夹内，bootstrap.bundle.min.js 在 js 文件夹内。然后直接在 HTML 网页中引用，参考代码如下：

```
<link rel="stylesheet" href="css/bootstrap.min.css">
<script src="js/bootstrap.bundle.min.js"></script>
```

2．Bootstrap 排版预定义类

Bootstrap 通过一系列预定义的类实现文字排版，在 HTML 文档头元素中引用 bootstrap.min.css 即可使用这些排版预定义类。常用的排版预定义类的功能见表 1-5。

表 1-5　Bootstrap 常用排版预定义类

类	功　　能	类	功　　能
.display-1	比 display-2 大的大号字	.text-success	深绿色文字
.display-2	比 display-3 大的大号字	.text-info	天蓝色文字
.display-3	比 display-4 大的大号字	.text-warning	米黄色文字
.display-4	比 h1 大的大号字	.text-danger	红色文字
.h1~.h6	h1 到 h6 号大小的字	.text-secondary	灰色文字
.lead	更大更粗、行高更高的文本	.text-dark	深灰色文字
.small	父文本的 85% 大小，颜色更浅的字	.text-body	默认颜色，即黑色
.text-start	左对齐	.text-light	浅灰色文本
.text-center	居中	.text-white	白色文本
.text-end	右对齐	.bg-primary	蓝色背景
.text-justify	设定文本对齐，段落中超出屏幕部分文字自动换行	.bg-success	深绿色背景
.text-nowrap	段落中超出屏幕部分不换行	.bg-info	天蓝色背景
.text-lowercase	设定文本小写	.bg-warning	米黄色背景
.text-uppercase	设定文本大写	.bg-danger	红色背景
.text-capitalize	设定单词首字母大写	.bg-secondary	灰色背景
.text-muted	柔和的文本	.bg-dark	深灰色背景
.text-primary	蓝色文字	.bg-light	浅灰色背景

1.3.4　文字样式案例

案例 1-3：应用文字属性和 Bootstrap 预定义类制作网页。文章标题使用 Bootstrap 预定义类 ".bg-info" 和 ".display-4" 设置背景和文字大小，自定义类 ".tit" 设置文章标题位于页面的中间，使用文字阴影制作模糊的背景，字符间距使用负值让标题文字更加紧凑；文章分三段，每段文字大小为 0.875 em，首行缩进两个字符，调整适当的字距和行距。

作者使用 Bootstrap 预定义类 ".text-center" 进行居中。

日期使用 Bootstrap 预定义类 ".text-light" 和 ".bg-info"，样式为浅色文字天蓝色背景。整个页面使用 em 作为大小单位，受页面 body 的初始大小值的控制。效果如图 1-10 所示。

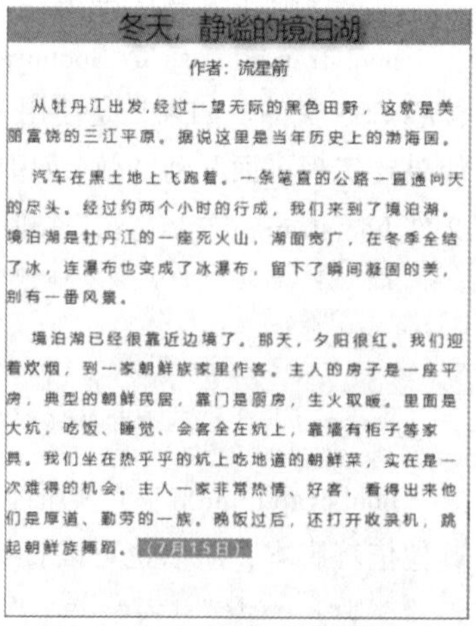

参考代码如下：

```
<!doctype html>
```

图 1-10　文字样式案例网页

```
<html>
    <head>
        <meta charset="utf-8">
        <title>案例1-3</title>
        <link rel="stylesheet" href="css/bootstrap.min.css">
        <style type="text/css">
        .tit {
            text-shadow:#F36 0.125em  0.125em 0.3125em;
            letter-spacing: -0.0625em;
            text-align: center;
        }
        .artical {
            font-size: 0.875em;
            line-height: 2em;
            text-indent: 1.725em;
            letter-spacing:0.3em;
        }
        body{font-size: 1.5em;}
        </style>
    </head>
    <body>
        <p class="tit bg-info display-4">冬天，静谧的镜泊湖</p>
        <address class="text-center">作者：流星箭</address>
        <p class="artical">从牡丹江出发…</p>
        <p class="artical">汽车在黑土地上飞跑着…</p>
        <p class="artical">境泊湖已经很靠近边境了…晚饭过后，还打开收录机，跳起朝鲜族舞蹈。
        <span class="text-light bg-info">（7月15日）</span></p>
    </body>
</html>
```

1.3.5　任务 1-3：制作诗歌网页的文字样式

1．任务描述

制作唐诗《黄鹤楼》页面，诗歌标题、作者、诗歌正文、赏析各部分的样式各不相同。诗歌标题制作成立体字效果，作者栏使用阴影模糊，效果如图 1-11 所示。

2．任务要求

要综合运用本节所学的文字样式完成页面制作；要能在实践中运用文字阴影制作出立体字和模糊字，熟练掌握常用文字样式的应用。

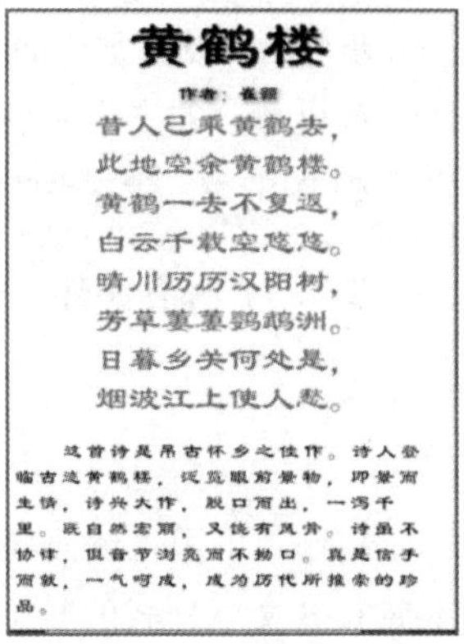

3．任务分析

本任务标题用立体字效果。使用文字阴影 text-shadow 属性，将模糊值参数设置为 1 px，然后将阴影稍微错开，就能达到比较锐利的文字重叠效果，也就是立体字效果；作者栏使用模糊阴影，将模糊值参数设置为一个较大的值，就能产生模糊阴影效果。

图 1-11　《黄鹤楼》页面

4．工作过程

步骤 1：站点规划。

（1）新建文件夹作为站点。

（2）新建网页，设置<title>为"任务 1-3"；将网页命名为 task1-3.html，保存在站点所在的目录。

步骤 2：建立网页的基本结构。

（1）输入"黄鹤楼"全文。

（2）将诗歌标题、作者、正文分别用三个 div 元素加以控制，网页基本代码如下：

```
<body>
    <div  id="title">黄鹤楼</div>
    <div  id="author">作者：崔颢</div>
    <div class="poem">
    昔人已乘黄鹤去，<br>
    此地空余黄鹤楼。<br>
    黄鹤一去不复返，<br>
    白云千载空悠悠。<br>
    晴川历历汉阳树，<br>
    芳草萋萋鹦鹉洲。<br>
    日暮乡关何处是，<br>
    烟波江上使人愁。<br>
    </div>
    <p>这首诗是吊古怀乡之佳作...</p>
</body>
```

（3）统一设置页面的初始样式，字体为"隶书"，水平居中。样式代码如下：

```
body{text-align:center;font-family: "隶书";}
```

步骤 3：设置标题样式。

标题"黄鹤楼"字体大小为 80 px。红色阴影的模糊值设置为 1 px，与黑色文字形成反差。阴影往右下方偏移 2 px，达到立体字效果。样式代码如下：

```
#title {font-size:80px;
    color: #000;
    text-shadow:2px 2px 1px #F33;
}
```

步骤 4：设置"作者"样式。

"作者"字体大小为 24 px，红色阴影的模糊值为 6 px，形成较大的模糊。阴影往右下方偏移 2 px，达到模糊字效果。样式代码如下：

```
#author {font-size: 24px;
    color: #000;
    text-shadow:2px 2px 6px #F33;
}
```

步骤 5：设置正文样式。

正文大小为 40 px，颜色为草绿色。样式代码如下：

```
.poem{ font-size: 40px;color: #690; }
```

步骤 6：设置赏析部分的样式。

赏析部分的文字大小为 24 px，行间距 30 px，字间距 5 px，首行缩进两个字符的位置。

```
p{font-size:24px; line-height:30px; letter-spacing:5px; text-indent:60px;
text-align:left;}
```

步骤 7：保存文件，完成制作。

1.4 小 试 牛 刀

制作"中国古诗词-静夜思"网页的文本样式。参考效果如图 1-12 所示。通过对内页的设计和制作，使读者掌握 CSS 文字样式的制作技巧。

参考步骤：

步骤 1：站点规划。

（1）新建文件夹作为站点。

（2）新建网页，设置<title>为"小试牛刀 1"；将网页命名为 ex1-0.html，并保存在站点所在的目录。

图 1-12　网页参考效果

步骤 2：建立网页的基本结构。

（1）输入"静夜思"全文。

（2）将页面分为头部、诗歌"静夜思"全文以及底部诗歌导航三部分，分别用三个 div 元素进行控制。

（3）设置页面 body 的文字初始颜色为灰色，使页面文字看起来更柔和。

步骤 3：页面头部的制作。

（1）设置网页头部"中国古诗词"字体大小为 42 px，背景颜色为米黄色，文字颜色为白色加灰色阴影，水平居中，设置行间距 100 px，实现垂直居中。

（2）设置导航文字大小为 30 px，黄绿色背景，设置行间距，实现垂直居中。

（3）设置当前导航选项"唐诗"大小为 40 px，文字颜色为金黄色。

步骤 4：设置诗歌"静夜思"的样式。

（1）诗歌整体居中对齐，正文大小为 30 px，字间距为 8 px，行间距为 50 px。

（2）诗歌标题大小为 32 px，作者大小为 24 px。

步骤 5：设置底部诗歌导航的样式。

（1）设置底部诗歌导航的背景颜色为红色，设置行间距，实现文字垂直居中。

（2）诗歌导航文字大小为 30 px，浅灰色。

（3）当前选项"静夜思"大小为 36 px，加粗，颜色为黑色。

步骤 6：保存文件，完成制作。

小　结

本章首先介绍 HTML 元素中与文本相关的元素，这些元素能对文本进行初步的控制，但是要实现有更复杂、更丰富细节的文本样式，还需要通过 CSS 文字样式。要熟练掌握 CSS 文字样式的各种属性，还要熟练掌握各种 CSS 选择器，能根据具体情况灵活使用。Bootstrap 是前端框架，能通过预定义类快捷设置样式。

在 Web 前端制作领域，有能力管理文本的样式很重要。在制作过程中需要注意的是，不应当通过调整文本大小使段落看上去像标题，或者使标题看上去像段落。必须始终使用正确的 HTML 标题，例如使用<h1>～<h6>标记标题、使用<p>标记段落。学习时要注意掌握其制作技巧和细节处理，要将 HTML 元素、CSS 选择器与 CSS 样式属性有机地结合在一起，灵活地实现文字创意设计。

思考与练习

1．设有如下样式：

```
body{font-size:30px;}
.zw{ font-size:0.8em; }
```

若要正文首行缩进 2 个字符，text-indent:要设置为什么值？

2. 在浏览器中运行以下代码后，在页面中这行文本是什么颜色？

```html
<style type="text/css">
    div{ color:blue; /* 蓝色 */ }
    #d1 #d2 div{ color:yellow; /* 黄色 */ }
    #d1 div{ color:red; /* 红色 */ }
    div#d3{ color:green; /* 绿色 */ }
</style>
<div><div id="d1">
    <div id="d2">
    <div id="d3"> 请说出这行文本的颜色 </div>
</div>
```

3. 研究央视网普通新闻页面的文字样式，按照此样式制作一个网站内页。

4. 如何对网页设置垂直居中的样式？

5. 什么是伪元素，和伪类有何不同？

6. 设计并制作图 1-13 所示的页面，使用伪类选择器实现隔行显示不同颜色的背景。

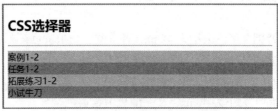

图 1-13 隔行背景页面效果图

7. 使用 CSS 文本装饰属性、字体风格属性、行间距属性、文字阴影属性实现图 1-14 所示的页面。

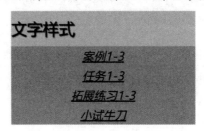

图 1-14 文字阴影页面效果图

第 2 章

盒 子 模 型

引言

CSS 块状元素除了内容（content）之外，还包含内边距（padding）、边框（border）、外边距（margin）三个属性，每个属性都包括上、右、下、左四个部分，这四部分可同时设置，也可分别设置。我们用日常生活中的盒子来定义这种模型，称为盒子模型。本章首先介绍盒子模型的基本属性，然后进一步探讨盒子阴影、圆角边框、背景颜色渐变、背景图像等盒子美化的问题，最后介绍行内块盒子以及盒子模型下的文字溢出处理。

内容结构图

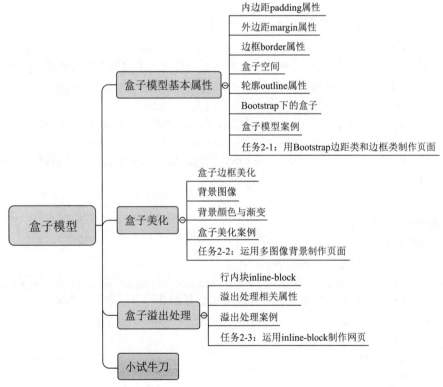

学习目标

➤ 了解盒子模型的基本构成和基本属性；

➤ 理解盒子模型的基本概念；

➤ 掌握盒子阴影、圆角边框、背景颜色渐变、背景图像等盒子美化的实现方法；

➤ 能熟练处理各种盒子的溢出问题，能运用行内块盒子进行页面排版。

2.1　盒子模型基本属性

盒子模型的基本结构如图 2-1 所示，CSS 元素框的最内部分是实际的内容（content），直接包围内容的是内边距（padding）。内边距呈现了元素的背景。内边距的边缘是边框（border）。边框以外是外边距（margin），外边距默认是透明的，因此不会遮挡其后的任何元素。

● 微 课

盒子模型基本属性

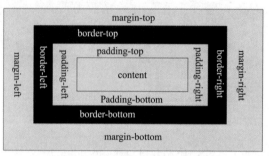

图 2-1　盒子模型的基本结构

盒子模型基本属性包括内边距、边框和外边距，可以应用于一个元素的所有边，也可以应用于单独的边。块元素都有自己的内边距默认值和外边距默认值。

2.1.1　内边距 padding 属性

格式：

```
padding:<length>
```

取值：长度值或百分比值。

功能：padding 属性定义元素的内边距（padding），即元素边框与元素内容之间的区域。padding 属性接受长度值或百分比值，但不允许使用负值。例如，设置所有 h1 元素的四边都有 10 px 的内边距（padding），代码如下：

```
h1 {padding: 10px;}
```

padding 还可以按照上、右、下、左的顺序分别设置各边的内边距，各边均可以使用不同的单位或百分比值：

```
h1 {padding: 1em 0.25em 2em 2em;}
```

padding 属性是各个单边内边距属性的简写。CSS 单边内边距属性可分别对四个单边设置内边距，分别为：

- 上内边距：padding-top；
- 右内边距：padding-right；
- 下内边距：padding-bottom；
- 左内边距：padding-left。

下面的规则与上面的简写规则是完全相同的：

```
h1 {padding-top:1em;padding-right:0.25em;padding-bottom:2em;padding-left:2em;  }
```

如果内边距上下的值相同，左右的值也相同，可以使用值复制进行书写简化，例如：

```
p {padding: 0.5em 1em 0.5em 1em;}
```

可以简化成如下代码：

```
p {padding: 0.5em 1em;}
```

2.1.2　外边距 margin 属性

格式：

```
margin: <length> | auto
```

取值：长度值或百分比值，允许使用负值，可以设置为 auto。

功能：margin 属性定义边框以外的那部分边距，默认值为 0，所以如果没有为 margin 声明一个值，就不会出现外边距（margin），但是，在实际中，浏览器对许多元素已经提供了预定的 margin。例如，浏览器会给 p 元素默认 margin，在每个段落元素的上面和下面生成"空行"效果。如果要覆盖默认的 p 元素样式，代码如下：

```
p {margin:10%;}
```

以上代码在 p 元素的各个边上设置了 10% 的外边距。百分数是相对于父元素的 width 计算的。上面这个例子为 p 元素设置的外边距（margin）是其父元素的 width 的 10%。

与 padding 一样，margin 也可以按照上、右、下、左的顺序分别设置各边的外边距，代码如下：

```
h1 {margin:10px 0 15px 5px;}
```

1. 单边 margin

margin 属性是各个单边外边距属性的简写。CSS 单边外边距属性可分别对四个单边设置外边距，分别为：

- 上外边距：margin-top；
- 右外边距：margin-right；
- 下外边距：margin-bottom；
- 左外边距：margin-left。

下面的代码是单边规则，与简写规则的效果完全相同：

```
h1 {margin-top:10px;margin-right:0;margin-bottom:15px;margin-left:5px;}
```

如果外边距上下的值相同，左右的值也相同，可以使用值复制进行书写简化，例如：

```
p {margin: 0.5em 1em 0.5em 1em;}
```

可以简化成如下代码：

```
p {margin: 0.5em 1em;}
```

2. margin 调整元素位置

调整 margin 可以调整元素的整体位置，例如给元素左边加上正的 margin，元素将向右移动，如果给元素左边加上负的 margin，元素将向左移动。表 2-1 列出了不同 margin 取值对元素位置的影响。

表 2-1　margin 取值元素移动方向表

给元素左边加 margin		给元素右边加 margin		给元素上边加 margin		给元素下边加 margin	
margin 正值	margin 负值	margin 正值	margin 负值	margin 正值	margin 负值	margin 正值	margin 负值
向右移动	向左移动	向左移动	向右移动	向下移动	向上移动	向上移动	向下移动

如果元素设置了宽度，设置其左右 margin 值为 auto，该元素将相对于父元素居中。例如，设置宽度为 100 px 的 div 在水平方向居中，代码如下：

```
div{width:100px;margin:0 auto;}
```

3. margin 的合并

当两个水平外边距相遇时，合并后的外边距的宽度等于两个发生合并的外边距的宽度之和，即前一个块元素 margin-right 的值加上后一个块元素 margin-left 的值；当两个垂直外边距相遇时，它们将形成一个外边距。合并后的外边距的高度等于两个发生合并的外边距的高度的较大者。例如当一个元素出现在另一个元素上面时，第一个元素的下外边距（margin-bottom）与第二个元素的上外边距（margin-top）会发生合并，如图 2-2 所示。

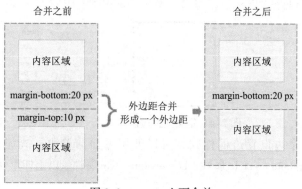

图 2-2　margin 上下合并

2.1.3　边框 border 属性

元素的边框（border）是围绕元素内容和内边距（padding）的一条或多条线。border 属性规定元素边框的样式、宽度和颜色。

格式：

```
border: <style><width><color>
```

取值：

- style：边框样式；
- width：边框宽度；
- color：边框颜色。

功能：该属性用于设置元素边框的样式、宽度和颜色，是 border-style、border-width 和 border-color 属性的简写。三个取值不分顺序，中间用空格隔开。

可以分别设置上、右、下、左四条单边的样式、宽度和颜色。border-top 属性设置元素上边框；border-right 属性设置元素右边框；border-bottom 属性设置元素下边框；border-left 属性设置元素左边框。以上这四个属性的属性值与 border 属性相同。

1. 边框样式

格式：

```
border-style:none|dotted|dashed|solid|double
```

取值：

- none：不显示边框，为默认值；
- dotted：点线；
- dashed：虚线；
- solid：实线；
- double：双线。

功能：该属性用于显示边框和指定边框样式。

说明：边框形状 border-style 控制着边框的显示，如果没有设置边框形状，就不会有边框的显示。例如，要给宽度和高度都为 100 px 的 div 元素加上单线，如图 2-3 所示，代码如下：

```
div {width:100px;height:100px;border-style: solid;}
```

可以为一个边框按上、右、下、左的顺时针顺序定义 4 个样式。例如，给 div 四条边定义四种边框样式：上边框实线、右边框点线、下边框虚线、左边框双线，如图 2-4 所示，样式设置如下：

```
div {width:100px;height:100px;border-style: solid dotted dashed double;}
```

如果上下边的样式相同，左右边的样式也相同，可以使用值复制进行书写简化。例如：设置 div 上下边为实线，左右边为双线，如图 2-5 所示，代码如下：

```
div {width:100px;height:100px;border-style: solid double;}
```

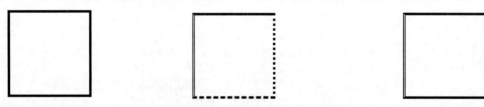

图 2-3　定义单线边框样式　　　图 2-4　定义四种边框样式　　　图 2-5　div 上下边实线左右边双线

如果希望为元素框的某个边设置边框样式，可以使用下面的单边样式属性：border-top-style 属性、border-right-style 属性、border-bottom-style 属性、border-left-style 属性，以上四个属性的属性取值与 border-style 属性相同。

2．边框颜色

格式：

```
border-color: 颜色值|颜色代号|HSL()|HSLA()|RGB()|RGBA()
```

取值：与文字颜色取值相同。

功能：CSS 使用 border-color 属性设置边框颜色。可以为一个边框按上、右、下、左的顺时针顺序定义 4 个边不同的颜色。例如给 div 元素加上 4 条不同颜色的边框，上边框是蓝色，右边框是 rgb(25%,35%,45%)所定义的颜色，下边框颜色代号为#909090，左边框为红色，代码如下：

```
div{border-style: solid;border-color: blue rgb(25%,35%,45%) #909090 red;  }
```

如果上下边颜色相同，左右边颜色也相同，可以使用值复制进行书写简化。例如，设置 div 元素的上下边框是蓝色，左右边框是红色，代码如下：

```
div {border-style: solid;border-color: blue red;}
```

默认的边框颜色是元素本身的前景色。如果没有为边框声明颜色，它将与元素的文本颜色相同。另一方面，如果元素没有任何文本，那么该元素的边框颜色就是其父元素的文本颜色（因为 color 可以继承）。

如果希望为元素框的某一个边设置边框颜色，可以使用单边颜色属性：border-top-color 属性、border-right-color 属性、border-bottom-color 属性、border-left-color 属性，以上这四个属性的取值与 border-color 属性相同。

3．边框粗细

格式：

```
border-width: <size> | thin|medium |thick
```

取值：

- <size>：粗细值；
- thin：定义细边框；
- medium：默认值，定义中等的边框；
- thick：定义粗边框。

功能：该属性用于为边框指定粗细。可以为一个边框按上、右、下、左的顺时针顺序分别定义 4 个边的粗细。例如，给 P 元素四条边加上不同粗细的边框，可用如下代码：

```
p { border-style:solid; border-width: 3px 5px 3px 5px;}
```

如果上下边的粗细相同，左右边的粗细也相同，可以使用值复制进行书写简化。上面的例子也可以简写为：

```
p { border-style: solid;border-width: 3px 5px;}
```

如果希望为元素框的某一个边设置边框粗细，可以使用下面的单边粗细属性：border-top-width 属性、border-right-width 属性、border-bottom-width 属性、border-left-width 属性，以上这四个属性的取值与 border-width 属性相同。

2.1.4　盒子空间

盒子空间指的是盒子占据的尺寸大小。盒子的外边距 margin、内边距 padding、边框宽度 border-width 和内容区域的大小都会影响盒子的空间尺寸。

微 课

盒子空间

1．宽度 width 属性

格式：

```
width: <length>
```

功能：该属性用于设置块元素的宽度，默认是设置块元素内容区域的宽度。

2．高度 height 属性

格式：

```
height: <length>
```

功能：该属性用于设置块元素的高度，默认是设置块元素内容区域的高度。

3. 盒子尺寸 box-sizing 属性

格式：

```
box-sizing 属性
```

取值：

- content-box：width 属性和 height 属性为块元素内容区域的宽度和高度（默认值）；
- border-box：width 属性和 height 属性为块元素边框外沿之间的宽度和高度。

功能：该属性改变容器的盒模型组成方式，默认值为 content-box。在此模式下，width 属性和 height 属性是指块元素内容区域的宽度和高度，即 content 的宽度和高度。由于内容 content 的宽度和高度固定，改变 padding 值会改变元素的宽度和高度。元素实际占用的空间是：

$$元素占用的宽度=margin+border+padding+width$$
$$元素占用的高度=margin+border+padding+height$$

例如，设置 div 元素的 width 为 200 px，padding 为 2 px，边框粗细为 1 px，该 div 实际占据页面的宽度是：
1 px（左边框）+2 px（左内边距）+200 px（width）+2 px（右内边距）+1 px（右边框）=206 px

代码如下：

```
div{width:200px; padding:2px;border:1px solid red}
```

当取值为 border-box 时，width 属性和 height 属性是指块元素边框外沿之间的宽度和高度。由于元素边框外沿之间的宽度和高度固定，padding 的增加会改变 content 的宽度和高度。元素实际占用的空间是：

$$元素占用的宽度=margin+width$$
$$元素占用的高度=margin+height$$

例如，设置 div 元素的 width 为 200 px，padding 为 2 px，边框粗细为 1 px，采用 border-box 为盒模型组成方式，该 div 实际占据页面的宽度为 200 px。代码如下：

```
div{width:200px; padding:2px;border:1px solid red;box-sizing:border-box;}
```

2.1.5 轮廓 outline 属性

● 微 课

轮廓 outline 属性

轮廓（outline）是绘制于元素周围的一条线，位于边框边缘的外围，可起到突出元素的作用。轮廓像元素周围的一道光，它不占用元素的空间，不影响本元素和其他元素的位置。

格式：

```
outline: <style><width><color>
```

取值：

- outline-style：指定轮廓样式；
- outline-width：指定轮廓粗细；
- outline-color：指定轮廓颜色。

功能：该属性指定元素轮廓的样式、颜色和宽度。是 outline-style、outline-width 和 outline-color 属性的简写。三个取值不分顺序，中间用空格隔开。

1. 轮廓样式

格式：

```
outline-style: border-style:none|dotted|dashed|solid|double
```

取值：与边框样式 border-style 相同。

功能：该属性用于设置一个元素整个轮廓的样式。

2. 轮廓颜色

格式：

```
outline-color:颜色值|颜色代号|HSL()|HSLA()|RGB()|RGBA()
```

取值：与文字颜色取值相同。

功能：该属性用于设置一个元素整个轮廓中可见部分的颜色。

3．轮廓粗细

格式：

```
outline-width: <size> | thin|medium |thick
```

取值：与 border-width 取值相同。

功能：该属性设置元素整个轮廓的粗细。

4．轮廓偏移

格式：

```
outline-offset:<length>
```

取值：定义轮廓距离容器的值。

功能：该属性可以让轮廓偏离容器边缘，即可以调整外框与容器边缘的距离。

微 课

Bootstrap 下的
盒子

2.1.6　Bootstrap 下的盒子

Bootstrap 默认的盒子模型组成方式是 border-box。padding 与 border 不会影响元素的整体位置。Bootstrap 使用预定义的边距类和边框类定义元素的样式。

1．边距类

边距包括内边距 padding 和外边距 margin。在 Bootstrap 中可以使用 ".p-size" 类和 ".m-size" 类设置内外边距。size 的取值范围为 0~5，见表 2-2。

表 2-2　类 ".m-size" 和类 ".p-size" 的取值

取　值	外边距类名	内边距类名	功　能　描　述
0	.m-0	.p-0	size 为 0 可消除 margin 或 padding
1	.m-1	.p-1	将 margin 或 padding 设置为 0.25 rem
2	.m-2	.p-2	将 margin 或 padding 设置为 0.5 rem
3	.m-3	.p-3	将 margin 或 padding 设置为 1 rem
4	.m-4	.P-4	将 margin 或 padding 设置为 1.5 rem
5	.m-5	.p-5	将 margin 或 padding 设置为 3 rem
auto	.m-auto		设置 margin 为自动

此外还可以对其中的上边（用 t 代表）、下边（用 b 代表）、左边（用 s 代表）、右边（用 e 代表）进行组合设置。表 2-3 列出了各个边距代表的类名及其功能。

表 2-3　各个边距代表的类名及其功能

类　　名	功　能　描　述	类　　名	功　能　描　述
.mt-size	设置 margin-top	.me-size	设置 margin-right
.pt-size	设置 padding-top	.pe-size	设置 padding-right
.mb-size	设置 margin-bottom	.mx-size	同时设置 margin-left 和 margin-right
.pb-size	设置 padding-bottom	.px-size	同时设置 padding-left 和 padding-right
.ms-size	设置 margin-left	.my-size	设置 margin-top 和 margin-bottom
.ps-size	设置 padding-left	.py-size	设置 padding-top 和 padding-bottom

2. 边框类

Bootstrap 边框首先要从预定义类中进行定义。表 2-4 列出了 Bootstrap 提供的边框定义类。在一个空间上定义了边框后，Bootstrap 还可以删除特定的边框。

表 2-4　Bootstrap 边框定义类和框线消除类

作用范围	四　　周	左　　边	右　　边	上　　边	下　　边
边框定义类	.border	.border-start	.border-end	.border-top	.border-bottom
框线消除类	.border-0	.border-start-0	.border-end-0	.border-top-0	.border-bottom-0

Bootstrap 框线粗细通过预定义类.border-size，即.border-1、.border-2、.border-3、.border-4、.border-5 进行设置，其中，size 取值与边距类 size 取值相同。

边框颜色可以通过主题颜色进行设置，即.border-primary（蓝色）、.border-success（深绿色）、.border-info（天蓝色）、.border-warning（米黄色）、.border-danger（红色）、.border-secondary（灰色）、.border-dark（深灰色）、.border-white（白色）、.border-light（浅灰色）。

2.1.7　盒子模型案例

案例 2-1：制作图 2-5 所示的页面。总共有 5 个 div 块元素，每个 div 都设置为 width: 100 px；height: 100 px。box1 四周加上 3 px 的边框线，所以 box1 的实际宽度为 106 px，高度也为 106 px。

box2 采用背景颜色展示 div 的尺寸空间，由于没有加边框，所以 box2 的宽度、高度都为 100 px，背景颜色的范围就是 div 的实际尺寸。

box3 加上了上内边距 padding-top 和左内边距 padding-left，里面的内容分别向下和向左移动，同时也加了 3 px 的边框线。由于设定了 box-sizing:border-box，整个 box3 的尺寸维持 width 值和 height 值，与 box2 的尺寸相同。

box4 也加上了内边距 padding-top 和左内边距 padding-left，同时也加了 3 px 的边框线。由于 box4 没有设定 box-sizing:border-box，所以 box4 的实际尺寸扩大了，宽度是：左内边距 20 px+左边框线 3 px+width 的宽度 100 px+右边框线 3 px，共计 126 px。高度是：上内边距 20 px+上边框线 3 px+height 的高度 100 px+下边框线 3 px，也是 126 px。box4 有 30 px 的上外边距，而 box3 设置 29 px 的下外边距，box4 与 box3 进行外间距的垂直合并，取较大的值，实际间距为 30 px。

box5 使用 margin 调整位置，margin-top 为负值向上移动，margin-left 为正值向右移动。box 四周加上红色虚线边框，同时加上黄色实线轮廓，用 outline-offset：30 px 设定轮廓线偏移边框线 30 px，如图 2-6 所示，轮廓线与 box4 有交叉，但不影响 box4 的位置。

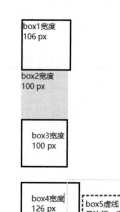

图 2-6　盒子模型案例页面

代码如下：

```
<!doctype html>
<html>
    <head>
        <meta charset="utf-8">
            <title>案例 2-1</title>
            <style type="text/css">
                .box{width: 100px;height: 100px;}
                .t1{ border:3px black solid;}
                .t2{ background-color:#FF0;}
                .t3{border:3px black solid; box-sizing:border-box;
                    margin-bottom:29px; padding-left:20px; padding-top:20px; }
                .t4{ border:3px black solid;
```

```
                    margin-top:30px; padding-left:20px; padding-top:20px;}
            .t5{box-sizing:border-box; border:#C03 3px dashed;
                padding:5px;margin-top:-100px;margin-left:130px;
                outline:2px solid yellow;outline-offset:30px;}
        </style>
    </head>
<body>
        <div class="box t1">box1 宽度 106px</div>
        <div class="box t2">box2 宽度 100px</div>
        <div class="box t3">box3 宽度 100px</div>
        <div class="box t4">box4 宽度 126px</div>
        <div class="box t5">box5 虚线是边框，实线是轮廓</div>
    </body>
</html>
```

2.1.8　任务 2-1：用 Bootstrap 边距类和边框类制作页面

1. 任务描述

padding 和 margin 体现了页面排版的细节。就是这小小的细节决定了页面的制作质量。本任务制作图 2-7 所示的诗歌页面。页面从上到下分为标题、诗歌上阕、下阕、韵译、评析五部分。

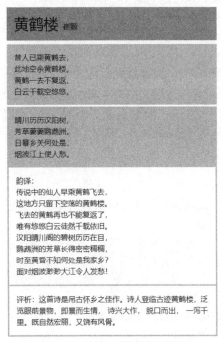

图 2-7　诗歌"黄鹤楼"页面

2. 任务要求

使用 Bootstrap 的预定义类完成整个页面的制作。要能在实践中运用 Bootstrap 预定义的边距类进行位置微调；要掌握 Bootstrap 边框类给元素加框线；要不断巩固第 1 章学习的内容；能使用 Bootstrap 进行文本控制。

3. 任务分析

本任务首先在头元素链接导入 bootstrap.min.css。最外层用 div.container 进行包裹，里面从上到下分别用三个 div 控制诗歌标题、上阕、下阕；然后用两个 p 元素控制"韵译"和"评析"。诗歌标题和正文用不同的背景颜色加以区分，使用预定义的边距类进行内容的位置微调。"韵译"和"评析"使用边框类加上边框，使用预定义的边距类进行内容的位置微调。

4．工作过程

步骤 1：站点规划。

（1）新建文件夹作为站点。

（2）将 Bootstrap 基本文件复制到站点中，其中，基本样式文件 bootstrap.min.css 放置在 css 文件夹中。

（3）新建网页，设置<title>为"任务 2-1"；将网页命名为 task2-1.html，保存到站点所在的目录。

步骤 2：建立网页的基本结构。

（1）网页 task2-1.html 最外层为 div.container，里面包含 5 个子元素。

（2）输入网页的内容，代码如下：

```
<div class="container">
    <div>黄鹤楼<span>崔颢</span></div>
    <div>昔人已乘黄鹤去，<br>…白云千载空悠悠。</div>
    <div>晴川历历汉阳树，<br>…烟波江上使人愁。</div>
    <p>韵译：<br/> 传说中的仙人早乘黄鹤飞去，…</p>
    <p>评析：这首诗是吊古怀乡之佳作。…</p>
</div>
```

步骤 3：样式基本配置。

（1）将头元素导入 Bootstrap 基本样式文件 bootstrap.min.css，代码如下：

```
<link rel="stylesheet" href="css/bootstrap.min.css">
```

（2）设置最外层宽度为 480 px，代码如下：

```
.container{width:480px;}
```

步骤 4：设置标题和作者的样式。

（1）标题所在的 div 使用预定义类 bg-info 设置成天蓝色背景；通过 py-3 设置上内边距和下内边距，使文字和上下边间隔一定的距离；通过 ps-3 设置左边距，使文字和左边间隔一定的距离。

（2）使用预定义类 h2 设置 div 的文字大小，使用预定义类 h6 设置"崔颢"的文字大小。代码如下：

```
<div class="bg-info py-3 ps-3 h2">黄鹤楼
    <span class="h6">崔颢</span>
</div>
```

步骤 5：设置诗歌上阕的样式。

诗歌上阕所在的 div 使用预定义类 bg-warning 设置成米黄色背景；通过 p-3 设置内边距，诗歌上阕文字将和边间隔一定的距离。代码如下：

```
<div class="bg-warning p-3">昔人已乘黄鹤去，<br>此地空余黄鹤楼。<br>
                黄鹤一去不复返，<br>白云千载空悠悠。
</div>
```

步骤 6：设置诗歌下阕的样式。

诗歌下阕所在的 div 使用预定义类 bg-warning 设置成米黄色背景；通过 p-3 设置内边距，使用 mt-1 加上外边距，使诗歌上阕和下阕稍微分隔开。代码如下：

```
<div  class="bg-warning p-3 mt-1">晴川历历汉阳树，<br>芳草萋萋鹦鹉洲。<br>
                日暮乡关何处是，<br>烟波江上使人愁。<br>
</div>
```

步骤 7：设置"韵译"的样式。

（1）使用 border-start 和 border-end 给"韵译"所在的 p 元素加左边框和右边框，使用 border-warning 类设置边框颜色为米黄色，设置框线粗细为 border-3。

（2）使用 p-3 调整内边距，使用 mb-0 删除 p 元素默认的底部 margin，代码如下：

```
<p class="border-warning border-start border-end border-3 p-3 mb-0">韵译：<br />
```

步骤 8：设置"评析"的样式。

（1）使用 border 给"评析"所在的 p 元素加边框，使用 border-warning 类设置边框颜色为米黄色，设置框线粗细为 border-3。

（2）使用 p-3 调整内边距，使用 mb-2 给 p 元素底部加 margin，代码如下：

```
<p class="border border-warning border-3 p-3 mb-2">
```

步骤 9：保存文件，完成制作。

2.2　盒 子 美 化

块状元素就是一个矩形盒子，可以通过不同的边框效果。不同的背景颜色和背景图像进行美化。

2.2.1　盒子边框美化

盒子边框的美化可以通过圆角边框效果和盒子阴影效果实现。将两者结合在一起可以产生多种边框美化效果。

1. 圆角边框效果

格式：

```
border-radius: <length>
```

取值：由浮点数和单位标识符组成的长度值，不可为负值。

功能：该属性用于设置圆角边框。

border-radius 属性是一个简写属性，可以分别设置以下四个属性对每个角进行设计：左上角 border-top-left-radius 属性、右上角 border-top-right-radius 属性、左下角 border-bottom-left-radius 属性、右下角 border-bottom-right-radius 属性，以上这四个属性的取值与 border-radius 属性相同。例如，制作图 2-8 所示的圆角效果，代码如下：

```
div{border-radius:50px;height:400px;width:400px;background-color: #3CF;}
```

2. 盒子阴影效果

格式：

```
box-shadow: <x-length> <y-length> <opacity> <color>
```

取值：与 text-shadow 属性相同（见 1.3.2）。

功能：该属性用于设置块的阴影效果。阴影偏移值以及阴影模糊值可取正负值。例如，制作图 2-9 所示的边框阴影效果，代码如下：

```
div{border-radius:50px;height:400px;width:400px;background-color: #3CF;
    box-shadow:5px 4px 6px #000;}
```

　　　　图 2-8　圆角边框效果　　　　　　　图 2-9　边框阴影效果

2.2.2　背景图像

盒子使用图像作背景，能产生丰富多彩的美化效果。CSS 通过 background-image 属性设置图像背景，与图像背景相关的属性还有背景图像重复属性、背景图像位置属性、背景图像关联定位属性、背景图像大小属性、多重背景图像和背景图像作用区域等属性。

1. 图像背景样式

格式：

```
background-image: url（图像文件名及其路径）
```

功能：该属性使用图像作为背景。

微　课

盒子边框美化

微　课

背景图像

2．背景图像重复

格式：

```
background-repeat: no-repeat | repeat |repeat-x| repeat-y
```

取值：

- no-repeat：背景图像不重复；
- repeat：背景图像重复；
- repeat-x：背景图像在水平方向重复；
- repeat-y：背景图像在垂直方向重复。

功能：在页面上对背景图像进行平铺。默认值 repeat 导致图像从一个元素的左上角开始在水平垂直方向上都平铺。repeat-x 和 repeat-y 分别导致图像只在水平或垂直方向上重复，no-repeat 则不允许图像在任何方向上平铺。

利用小图片做背景，并进行某个方向的重复可以制作成特殊的图片边框。当这个背景图片向水平方向重复时，会形成由图片组成的横线，当这个背景图片向垂直方向重复时，会形成由图片组成的竖线。

3．背景图像位置

格式：

```
background-position: <left|right|center|数值><top|bottom|center|数值>
```

取值：

- top：背景图像位于上方；
- bottom：背景图像位于下方；
- left：背景图像位于左边；
- right：背景图像位于右边；
- center：背景图像位于水平或垂直方向的中间。

功能：该属性用来改变图像在背景中的位置。位置值不超过两个，一个对应水平方向，另一个对应垂直方向。位置关键字可以按任何顺序出现，例如，关键字 top right 与 right top 是等价的，都是使图像放置在元素内边距区的右上角。如果只出现一个关键字，则认为另一个关键字是 center。

background-position 还可以使用长度值，或使用百分数值。如果只提供一个百分数值，所提供的这个值将用作水平值，垂直值将设为 50%，这一点与关键字类似。background-position 的默认值是 0% 0%，在功能上相当于 top left。

4．背景关联定位

格式：

```
background-attachment: fixed | scroll
```

取值：

- fixed：背景图像固定；
- scroll：背景图像随文档滚动。

功能：设置背景图像与元素位置的关系。如果文档比较长，那么当文档向下滚动时，背景图像也会随之滚动。当文档滚动到超过图像的位置时，图像就会消失。可以通过 background-attachment 属性防止这种滚动。通过这个属性，可以声明图像相对于可视区是固定的（fixed），因此不会受到滚动的影响。background-attachment 属性的默认值是 scroll，在默认情况下，背景会随文档滚动。

5．背景图像大小

格式：

```
background-size:<length|percentage><length|percentage>
```

取值：

- length：由浮点数字和单位标识符组成的长度值，不可为负值；

- percentage：取值为 0% ~ 100% 的值，不可为负值。

功能：该属性用于设置背景图片的大小，以像素或百分比显示。当指定为百分比时，大小会由所在区域的宽度、高度决定。

6. 多重背景图像

格式：

```
background-image: w1, w2, w3,…, wn
background-repeat: x1, x2, x3,…, xn
background-size: y1, y2, y3,…, yn
background-position: s1, s2, s3,…, sn
```

功能：多重背景图像是把多个图像放到一个块元素里作背景。多个背景图像之间的参数用逗号隔开。图像 URL、图像位置、图像重复参数必须一一对应；如果有多个背景图像，而其他属性只有一个（例如只有一个 background-repeat），表明所有背景图片应用该属性值。

7. 背景图像作用区域

格式：

```
background-origin: border-box|padding-box |content-box
```

取值：

- border-box：从 border 区域开始显示背景图像；
- padding-box：从 padding 区域开始显示背景图像；
- content-box：从 content 区域开始显示背景图像。

功能：该属性用于设置背景图像的参考位置，默认值为 padding-box。

2.2.3　背景颜色与渐变

微 课
背景颜色与渐变

盒子背景颜色及颜色渐变是盒子美化的重要手段。背景颜色渐变包括线性渐变和径向渐变两大类，能创作出美观的效果。

1. 背景颜色属性

格式：

```
background-color:颜色值|颜色代号| HSL()| HSLA()| RGB()| RGBA()| transparent
```

取值：transparent 表示继承父元素的背景颜色，其余与文字颜色取值相同。

功能：该属性用于设置元素的背景颜色。其默认值为 transparent，有"透明"之意。也就是说，如果一个元素没有指定背景色，那么背景就是透明的，这样其祖先元素的背景才能可见。有时需要硬性指定背景透明，则需设置 background-color: transparent。

2. 背景颜色作用区域

格式：

```
background-clip:border-box|padding-box |content-box
```

取值：

- border-box：从 border 区域开始显示背景颜色；
- padding-box：从 padding 区域开始显示背景颜色；
- content-box：从 content 区域开始显示背景颜色。

功能：该属性用来确定背景颜色的作用区域，默认值为 border-box，即从 border 区域开始显示背景颜色。

3. 背景线性渐变

格式 1：

```
background-image: linear-gradient(<angle> |to <side-or-corner>, color-stop1, color-stop2, ...)
```

格式 2：

```
background: linear-gradient(<angle> |to <side-or-corner>, color-stop1, color-stop2, ...)
```

取值：

- angle：指定一个渐变方向，45deg 代表 45°角；
- side-or-corner：指定渐变方向，包括 top、right、left、bottom；
- color-stop：颜色节点，指定渐变的起止颜色，由颜色值和停止位置组成。停止位置为可选项，使用百分比指定。

功能：该属性对容器背景颜色进行线性渐变。渐变相当于对背景图片使用 background-image 属性。首先需要指定一个渐变方向、渐变的起始颜色、渐变的结束颜色，通过这三个参数即可制作一个最简单、最普通的渐变效果。例如：

```
background: linear-gradient(red 10%, green 85%, blue 90%)
```

10%表示 red 的颜色中心线在线性渐变方向 10%的位置；85%表示 green 的颜色中心线在线性渐变方向 85%的位置；90%表示 blue 的颜色中心线在线性渐变方向 90%的位置；10% ~ 85%是 red-green 的过渡色；85% ~ 90%是 green-blue 的过渡色。

4. 重复线性渐变

格式 1：

```
background-image:repeating-linear-gradient(<angle> |to <side-or-corner>,color-stop1,color-stop2,
color-stop3,...)
```

格式 2：

```
background:repeating-linear-gradient(<angle> |to <side-or-corner>,color-stop1,color-stop2,
color-stop3,...)
```

功能：该属性用于设置线性渐变颜色节点的重复显示。

5. 背景径向渐变

格式 1：

```
background-image:radial-gradient(shape size at position, start-color, ...,last-color)
```

格式 2：

```
background:radial-gradient(<shape><size> at <position>, start-color, ..., last-color);
```

取值：

- shape：定义形状，它可以是值 circle 或 ellipse，其中，circle 表示圆形，ellipse 表示椭圆形，默认值为 ellipse；
- size：定义渐变的大小，它可以是以下四个值：closest-side、farthest-side、closest-corner、farthest-corner；
- position：颜色中心点位置，包括水平方向和垂直方向两个值。

功能：该属性产生由其中心开始对容器背景进行渐变。创建一个径向渐变必须至少定义两种颜色节点。颜色节点是要呈现平稳过渡的颜色。同时，也可以指定渐变的中心、形状（原形或椭圆形）、大小。

默认情况下，渐变的中心是 center（表示在中心点），渐变的形状是 ellipse（表示椭圆形），渐变的大小是 farthest-corner（表示到最远的角落）。

2.2.4 盒子美化案例

案例 2-2：制作图 2-10 所示网页，页面基本结构包含 12 个 div 元素。前 9 个 div 宽度与高度都是 100 px，设置圆角半径为 50 px；将 div 变为圆形，然后再使用 box-shadow 加上阴影效果。

第 1 个 div 使用一个 5 px×5 px 的背景图并扩大到容器的 100%尺寸所呈现的效果。

第 2 个 div 使用线性渐变，没有指定渐变方向，默认从上到下实施渐变。

第 3 个 div 指定向右渐变，并且指定颜色节点的位置为 red 20%、blue 50%，即红色中心线在 20%的位置，蓝色中心线在 50%的位置。

第 4 个 div 通过 "to bottom right" 设定渐变方向为右下角。

第 5 个 div 设定渐变角度为 18° 角。

第 6 个 div 采用了 7 种颜色节点，呈现多彩渐变的背景颜色。

第 7 个 div 按红黄绿三色进行重复线性渐变。其中第一个渐变循环中，黄色中心线位置在整个高度的 10% 处，绿色中心线在 20% 处，剩下的红色是区域。

第 8 个 div 从里到外红绿蓝三色实施径向渐变。

第 9 个 div 从里到外红绿蓝三色按指定位置实施径向渐变。

第 10 个 div 按默认形状椭圆进行径向渐变，调整渐变形状和位置，调整背景作用范围为 padding，设置 background-clip:padding-box。

第 11 个 div 按默认形状椭圆进行径向渐变，调整渐变形状和位置，调整背景作用范围为 border，设置 background-clip:border-box。

第 12 个 div 按默认形状椭圆进行径向渐变，调整渐变形状和位置，调整背景作用范围为 content，设置 background-clip:content-box 使背景范围为 content。

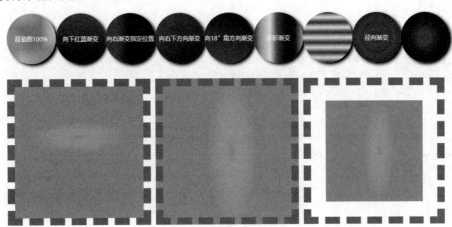

图 2-10　案例 2-2 页面

代码如下：

```html
<!doctype html>
<html>
<head>
    <meta charset="utf-8">
    <title>案例2-2</title>
    <style type="text/css">
        .st {width: 100px;height: 100px; line-height:100px;
            color:#FFF; font-size:12px; text-align:center;
            border-radius:50px;box-shadow:5px 4px 6px #000;}
        .st1{ background-image:url(bg4.jpg);background-size:100% 100%;}
        .st2{background: linear-gradient(red, blue); margin-top:-100px; margin-left:100px;}
        .st3{background: linear-gradient(to right, red 20%, blue 50%);
            margin-top:-100px; margin-left:200px;}
        .st4{background: linear-gradient(to bottom right, red , blue);
            margin-top:-100px;margin-left:300px; }
        .st5{background: linear-gradient(18deg, red, blue);
            margin-top:-100px;margin-left:400px; }
        .st6{background: linear-gradient(to right, red,orange,yellow,green,blue,indigo,violet);
            margin-top:-100px;margin-left:500px; }
        .st7{background: repeating-linear-gradient(red, yellow 10%, green 20%);
            margin-top:-100px;margin-left:600px; }
        .st8{background: radial-gradient(red, green, blue);
            margin-top:-100px;margin-left:700px; }
```

```
            .st9{background: radial-gradient(red 5%, green 15%, blue 60%);
                margin-top:-100px;margin-left:800px; }
            .st10{width: 200px; height: 200px; margin-top: 30px; padding:30px;
                border: 15px  dashed #666; background-clip:padding-box;
                background-image: radial-gradient(100px 30px at 130px   100px,hsla(120,70%,
60%,.9),hsla (360,60%,60%,.9));}
            .st11{width: 200px;height: 200px;margin-top: -290px;margin-left:300px;padding:30px;
                border: 15px  dashed #666;background-clip:border-box;
                background-image: radial-gradient(50px 150px at 140px   130px,hsla(120,70%,
60%,.9),hsla (360,60%,60%,.9));}
            .st12{width: 200px;height: 200px;margin-top:-290px; margin-left:600px;padding:30px;
                border: 15px  dashed #666;background-clip:content-box;
                background-image: radial-gradient(30px 100px at 140px   130px,hsla(120,70%,
60%,.9),hsla (360,60%,60%,.9));}
            .st12 div{width:200px;height:200px;}
            body {margin: 20px;}
        </style>
    </head>
    <body>
        <div class="st st1">背景图100%</div>
        <div class="st st2">向下红蓝渐变</div>
        <div class="st st3">向右渐变指定位置</div>
        <div class="st st4">向右下方向渐变</div>
        <div class="st st5">向18°角方向渐变</div>
        <div class="st st6">多彩渐变</div>
        <div class="st st7"></div>
        <div class="st st8">径向渐变</div>
        <div class="st st9"></div>
        <div class="st10"></div>
        <div class="st11"></div>
        <div class="st12"><div></div></div>
    </body>
</html>
```

2.2.5 任务 2-2：运用多图像背景制作页面

1. 任务描述

本任务制作的页面为典型的网站内页，分为横幅和文章内容两部分。横幅中的标题通过图像进行呈现，文章内容区的周边用小图像作框线，效果如图 2-11 所示。

任务 2-2

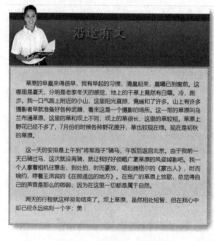

图 2-11　任务 2-2 页面

2. 任务要求

本任务使用多重图像背景去美化盒子。要掌握多图像背景的基本语法及相关应用技巧；结合盒子模型的各类属性，完成基本页面的制作。

3. 任务分析

页面最外层用 div#container 包裹，里面包含横幅 div#banner 与文章内容 div#content。仅在最外层 div#container 设置页面宽度为 572 px，这样，里面的元素都继承这个宽度，就不用再设置宽度了。当 div#content 使用 padding 进行文字内容位置调整时，由于 div#content 没有设置宽度，故 padding 的改变不会导致整体宽度的改变，整体结构保持稳定。在最外层 div#container 设置宽度的同时，设置外边距 margin: 0 auto 可以让 div#container 居中，从而带动页面整体居中。

横幅 div#banner 使用两个图像作背景，分别是 banner.jpg 和 bg1.jpg，其中 bg1.jpg 是事先从 banner.jpg 取出的一个小竖条，这两图像高度都为 167 px。故 div#banner 的高度设定为 167 px，与背景图一致。由于页面的宽度为 572 px，而背景图像 banner.jpg 的宽度为 400 px，剩余的空间就用另一个背景图像 bg1.jpg 横向平铺填满，从而达到扩大背景图的目的。

div#content 使用一个 5 px×5 px 的小图像分别在四个边的位置作背景，分别进行横向重复和纵向重复，从而形成个性化图像边框效果。

4. 工作过程

步骤 1：站点规划。

（1）新建文件夹作为站点；站点内建立 images 文件夹，将本节素材存放在 images 文件夹中。

（2）新建网页，设置<title>为"任务 2-2"；将网页命名为 task2-2.html，保存到站点所在的目录。

步骤 2：建立网页的基本结构。

（1）网页 task2-2.html 最外层为 div#container，里面包含两个 div 元素。

（2）输入网页的内容，代码如下：

```
<div id="container">
    <div id="banner"></div>
    <div id="content">
        <p>草原的早晨来得很早...</p>
        <p>这一天的安排...</p>
        <p>两天的行程就这样匆匆结束了...</p>
    </div>
</div>
```

步骤 3：设置网页的基本样式。

（1）设置 body 的外边距为 0，将 body 默认的 10 px 外边距清除，页面能顶到 body 的最上方。

（2）设置最外层 div#container 的宽度为 572 px；设置 margin: 0 auto;让最外层 div#container 居中。

（3）设置 div#container 带圆角阴影效果。虽然没有设置边框 border 或者背景 background 去显示盒子的范围，但由于有阴影的存在，依然可以有圆角阴影的效果，如图 2-12 所示，代码如下：

```
body {margin: 0px;}
#container {width: 572px;;margin: 0auto;
        border-radius:20px;box-shadow:8px 8px 8px #999}
```

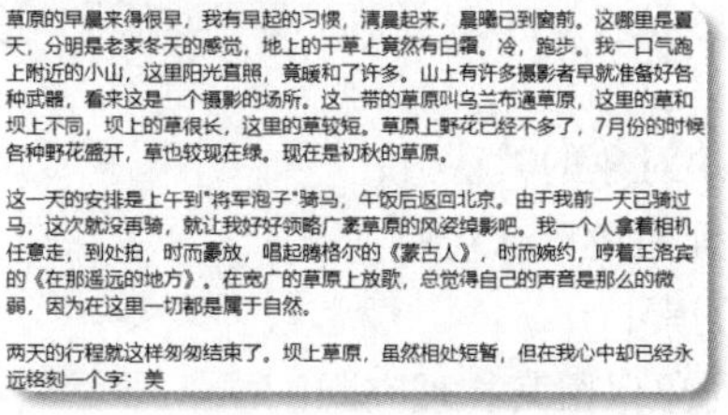

图 2-12　圆角阴影效果

步骤 4：设置横幅的样式。

（1）设置 div#banner 的高度为 167 px，与背景图一致。

（2）div#banner 用 banner.jpg 和 bg1.jpg 两个图像作背景。bg1.jpg 是用 Photoshop 从 banner.jpg 中截取的高度相同的一小部分。设置 banner.jpg 不重复，bg1.jpg 横向平铺，设置这两个背景图的位置都在左上角。代码如下：

```
#banner { height: 167px;
         background-image: url(images/banner.jpg),url(images/bg1.jpg);
         background-repeat: no-repeat,repeat-x;
         background-position: left top;
}
```

步骤 5：设置内容区的样式。

（1）div#content 使用 bg4.jpg 重复四次作背景，bg4.jpg 是 5 px×5 px 的小图像，分别在左上角 x 方向重复，右上角 y 方向重复，左下角 x 方向重复，左上角 y 方向重复，合围产生个性化图像边框。

（2）设置 padding 为 20 px，使文字离边有 20 px 的距离。由于 div#content 没有设定宽度，其宽度是从上一级元素继承，故增加内边距不会影响整体宽度的改变。代码如下：

```
#content {background-image: url(images/bg4.jpg),url(images/bg4.jpg),url(images/bg4.jpg),
url(images/bg4.jpg);
         background-repeat:repeat-x, repeat-y,repeat-x,repeat-y;
         background-position:left top,right top,left bottom,left top;
         padding: 20px;
         line-height: 24px;
         text-indent: 28px;
         background-color:#CCF;
}
```

步骤 6：保存文件，完成制作。

2.3 盒子溢出处理

CSS 使样式和内容分离，设计师设计好页面样式之后，内容就只能迁就版面进行一系列的处理。网页版面由一个个盒子组成，只要在样式中指定了盒子的宽度与高度，就有可能出现某些内容在盒子中容纳不下的情况，这就需要 CSS 进行溢出处理。

●微 课

行内块 inline-block

2.3.1 行内块 inline-block

行内块元素有宽度和高度，但它与其他行元素共享整行空间，不会另起一行。在 1.1.3 中介绍了行元素与块元素的概念。行内元素和其他元素都在同一行上，宽高只与内容有关，不能单独设置；块级元素总是在新行上开始，占据一整行，有自己的宽度和高度；而行内块元素同时具有以上两点，宽高可控，不换行。所以行内块元素又可看作行内的盒子。元素可以通过 display:inline-block 属性转换为行内块显示模式。

1. 显示模式 display 属性

格式：

```
display: block | inline | inline-block| none
```

取值：

- block：将元素转为块状元素，是块对象的默认值；
- inline：将元素转为行元素，是行元素的默认值；
- inline-block：将元素转为行内块元素；
- none：隐藏对象，不为被隐藏的对象保留其物理空间。

功能：该属性用于定义元素的显示模式。display: block 常用于\<a>、\<span>等非块标记，作此设置后这些非块标记就转为块状显示，可以有宽度 width 和高度 height，并且可以有背景。还可以通过把 display 设置为 none，让生成的元素根本没有框。这样的话，该框及其所有内容就不再显示，不占用文档中的空间。还可以通过把 display 设置为 inline-block，该元素就变为行内块。在不换行的前提下，元素可以设置其宽度和高度。

2. 垂直对齐 vertical-align 属性

格式：

```
vertical-align : baseline| top| bottom| middle| sub| supper| text-bottom| text-top
```

取值：

- baseline：元素放置在父元素的基线上；
- top：把元素的顶端与行中最高元素的顶端对齐；
- bottom：把元素的顶端与行中最低元素的顶端对齐；
- middle：中间对齐；
- sub：垂直对齐文本的下标；
- supper：垂直对齐文本的上标；
- text-bottom：把元素的底端与父元素字体的底端对齐；
- text-top：把元素的顶端与父元素字体的顶端对齐。

功能：该属性定义行内元素的基线相对于该元素所在行的基线的垂直对齐，默认值为 baseline。由于行内块元素可以设置自己的高度，行内块元素与同一行的行元素就存在垂直对齐的问题。vertical-align 属性就是用于解决图像等行内块元素与旁边的文字等行元素的垂直对齐问题，允许指定负长度值和百分比值。

2.3.2 溢出处理相关属性

微 课
溢出处理相关
属性

CSS 溢出处理通常需要 overflow 属性指定如何显示盒中容纳不下的内容，同时需要结合 white-space:nowrap 进行文字换行控制（参考 1.3.2 文本属性中的文本空白控制 white-space 属性）。与 overflow 相关的属性还有 overflow-x、overflow-y 和 text-overflow 属性。

1. 溢出处理

格式：

```
overflow: visible|auto|hidden|scroll
```

取值：

- visible：不剪切内容也不添加滚动条；
- auto：此为 body 对象和 textarea 的默认值，在需要时剪切内容并添加滚动条；
- hidden：不显示超过对象尺寸的内容；
- scroll：总是显示滚动条。

功能：该属性设置当对象的内容超过其指定高度或宽度时如何管理内容。如果设为 visible，将导致额外的文本溢出到右边。

2. 横向溢出

格式：

```
overflow-x: visible|auto|hidden|scroll
```

取值：与 overflow 属性相同。

功能：该属性用于设置当对象的内容超过其指定宽度时如何管理内容。

3. 纵向溢出

格式：

```
overflow-y: visible|auto|hidden|scroll
```

取值：与 overflow 属性相同。

功能：该属性用于设置当对象的内容超过其指定高度时如何管理内容。

4．文字溢出

格式：

```
text-overflow:clip | ellipsis
```

取值：

- clip：不显示省略标记（…），而是简单的裁切；
- ellipsis：当对象内文本溢出时显示省略标记（…）。

功能：该属性用于设置使用一个省略标记（…）标识对象内文本的溢出。要实现溢出时产生省略号的效果还须定义：强制文本在一行内显示（white-space:nowrap）及溢出内容为隐藏（overflow:hidden）。该属性常用于网站标题的列表控制。

使用 text-overflow:ellipsis 属性可以实现单行文本的溢出显示省略号（…）。但是该属性并不支持多行文本。WebKit 内核的浏览器可以使用 CSS 扩展属性 -webkit-line-clamp 限制在一个块元素中显示的文本的行数；为了实现该效果，它需要组合其他 WebKit 属性。这些属性包括：

- display:-webkit-box;：必须结合的属性，将对象作为弹性伸缩盒子模型显示；
- -webkit-box-orient：必须结合的属性，设置或检索伸缩盒对象的子元素的排列方式；
- text-overflow:ellipsis;：可以在多行文本的情况下，用省略号 "…" 隐藏超出范围的文本。

例如，将一个盒子的显示范围限定在 7 行，多出的部分用省略号 "…" 隐藏，代码如下：

```
.box1{
    height: 180px;
    overflow: hidden;
    text-overflow:ellipsis;
    display:-webkit-box;
    -webkit-line-clamp:7;
    -webkit-box-orient:vertical;
}
```

2.3.3　溢出处理案例

案例 2-3：制作图 2-13 所示的盒子效果。盒子内容为文章标题列表，包含 200 px 的标题宽度和 100 px 的发表日期宽度。

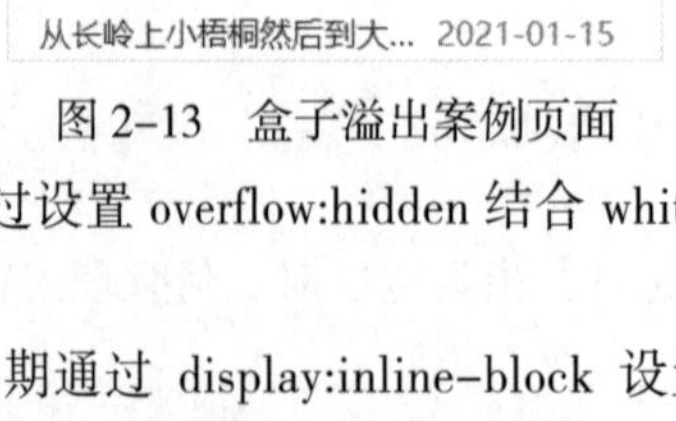

图 2-13　盒子溢出案例页面

盒子 div#box 设定了宽度和高度，通过设置 overflow:hidden 结合 white-space:nowrap，盒子 div#box 只能显示 8 个文章标题，多出的部分被隐藏。

每一行由标题和日期组成，标题和日期通过 display:inline-block 设置为行内块，并设置它们的宽度和高度。在日期处设置垂直对齐 vertical-align:top 解决行内块造成的塌陷问题。

标题超出宽度部分被隐藏，并通过 text-overflow:ellipsis 用省略号进行标识。代码如下：

```
<!doctype html>
```

```html
<html>
<head>
    <meta charset="utf-8">
    <title>案例 2-3</title>
    <link rel="stylesheet" href="https://cdn.staticfile.org/twitter-bootstrap/5.1.1/css/
bootstrap.min.css">
    <style type="text/css">
        #box{width: 330px;height: 300px;
            overflow: hidden;white-space: nowrap;}
        .title{ display:inline-block; width:200px; height:25px;
            overflow:hidden;white-space:nowrap;text-overflow:ellipsis;}
        .time{display:inline-block; width:100px; height:25px; vertical-align:top;}
        body {margin: 20px;}
    </style>
</head>
<body>
    <div id="box" class="border p-3" >
        <h6><span class="title">烟云笼罩的梧桐上</span>
        <span class="time text-secondary">2020-03-09</span></h6>
        <h6><span class="title">一次难忘的端午节夜登小梧桐</span>
        <span class="time text-secondary">2021-12-25</span></h6>
        <h6><span class="title">从桃花源溯溪而上，在山顶观日出</span>
        <span class="time text-secondary">2021-11-12</span></h6>
        <h6><span class="title">绕过传说中难度最大的正坑绝壁</span>
        <span class="time text-secondary">2021-11-15</span></h6>
        <h6><span class="title">麻水凤随笔，纪念我的第二十次登顶</span>
        <span class="time text-secondary">2021-11-01</span></h6>
        <h6><span class="title">泰山涧上大梧桐，百年古道下</span>
        <span class="time text-secondary">2021-10-02</span></h6>
        <h6><span class="title">四十四次登梧桐山，从罗龙界上</span>
        <span class="time text-secondary">2021-02-24</span></h6>
        <h6><span class="title">从长岭上小梧桐然后到大梧桐</span>
        <span class="time text-secondary">2021-01-15</span></h6>
        <h6><span class="title">废旧公路走长岭线</span>
        <span class="time text-secondary">2020-12-25</span></h6>
        <h6><span class="title">老虎涧上大梧桐遇险记</span>
        <span class="time text-secondary">2020-12-25</span></h6>
    </div>
</body>
</html>
```

2.3.4　任务 2-3：运用 inline-block 制作网页

1. 任务描述

制作图 2-14 所示的网页页面。网页分为横幅和内容两部分。内容区共展示三篇文章。左侧一篇，右侧两篇。左右两侧宽度对半。

图 2-14　任务 2-3 页面

微　课 ●⋯⋯⋯
任务 2-3

2. 任务要求

在制作过程中要灵活运用行内块的特点，掌握行内块的使用技巧；文章展示部分需要进行溢出处理；要根据页面的表现特点，选择合适的溢出处理方式，熟练掌握各种溢出处理手段。

3. 任务分析

本任务运用 inline-block 行内块进行页面的制作。在文章展示部分使用两对 <span> 标签通过 display:inline-block 转为行内块，设置这两个行内块的宽度和高度，搭建文章展示部分左右两侧的基本架构。在右侧的行内块 span 元素中放入两个 div 块元素，形成上下两部分。两个 span 行内块元素各自的宽度设置为 400 px，由于行内元素之间存在间隔，总的宽度为两个 span 元素各自的宽度加上它们之间的间隔，所以在横幅部分设置 div#banner 的宽度为 805 px。

在溢出处理方面，左侧文章进行纵向溢出处理，设置 overflow-y:scroll，使超出盒子高度的部分以滚动条的方式呈现。右侧两篇文章采用多行文本的溢出处理，超出指定行数的内容被隐藏，并以省略号提示。

4. 工作过程

步骤 1：站点规划。

（1）新建文件夹作为站点；站点内建立 images 文件夹，将本节素材存放在 images 文件夹中。

（2）新建网页，设置 <title> 为"任务 2-3"；将网页命名为 task2-3.html 保存到站点所在的目录。

步骤 2：建立网页的基本结构。

（1）网页 task2-3.html 分上下两部分，上面为横幅 div#banner，下面为文章内容，使用两个 span 元素，代码如下：

```
<body>
    <div id="banner"></div>
    <span class="left"></span>
    <span class="right"></span>
</body>
```

（2）设置两个 span 元素为行内块元素，宽度都为 400 px，高度为 400 px，代码如下：

```
.left,.right{ display:inline-block;width:400px; height:400px;}
```

步骤 3：设置横幅 div#banner 的样式。

参照任务 2-2 步骤 4 设置 div#banner 的样式，采用两个背景图，宽度为 805 px，代码如下：

```
#banner{width:805px; height:167px;
    background-image:url(images/banner.jpg),url(images/bg1.jpg);
    background-repeat:no-repeat,repeat-x;
}
```

步骤 4：设置左侧文章的样式。

（1）输入左侧文章的内容。

（2）对左侧文本作溢出处理，超出高度的部分滚动显示，代码如下：

```
.left{overflow-y:scroll;color:#069;}
```

步骤 5：设置右侧文章的样式。

（1）右侧插入两个块元素 div.box1 与 div.box2。

（2）在 div.box1 中输入文章的内容。

（3）在 div.box2 中输入文章的内容。

（4）右侧两篇文章采用多行文本的溢出处理，超出指定行数的内容被隐藏，并以省略号提示，代码如下：

```
.box1{height: 180px; padding:10px;line-height:20px;background-color:#0C0;
      overflow: hidden;
      text-overflow:ellipsis;
      display:-webkit-box;
      -webkit-line-clamp:8;
```

```
        -webkit-box-orient:vertical;
    }
.box2{height: 180px; padding:10px;line-height:20px; background-color:#CC3;
    overflow: hidden;
    text-overflow:ellipsis;
    display:-webkit-box;
    -webkit-line-clamp:7;
    -webkit-box-orient:vertical;
    }
p{ text-indent:32px;}
```

步骤 6：保存文件，完成制作。

2.4　小　试　牛　刀

采用九宫格结构制作"诗行天下"栏目页面，页面背景为黑色，九宫格结构为大小不同的内外两层，通过内外两层不同的背景呈现边框效果。九宫格整体为圆角带阴影，效果如图 2-15 所示。

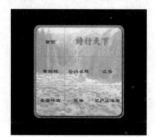

图 2-15　App 头条新闻页面的文字样式

参考步骤：

步骤 1：站点规划。

（1）新建文件夹作为站点。

（2）新建网页，设置 <title> 为"小试牛刀 2"；将网页命名为 ex2-0.html，并保存到站点所在的目录。

步骤 2：建立内外框叠加效果。

（1）设置最外层 div#container 为黑色背景，宽度为 750 px，高度为 1 334 px，水平居中。

（2）九宫格内框为 div#inside，设置宽度、高度均为 390 px，用照片图像作背景，不重复。

（3）九宫格外框为 div#outside，设置宽度、高度均为 390 px，内边距 padding 为 10 px，这样，外框的实际宽度、高度均为 400 px。内框作为外框的内容，离外框的框线边距为 10 px，外框用橙色图像作重复背景，形成橙色图像边框效果。

（4）设置内框 border-radius:25px，四个角为圆角，并加上阴影。

（5）设置外框 border-radius:25px，四个角为圆角。

（6）在外框 div#outside 上面加一个空的 div，设置其高度为 200 px，这样整个九宫格向下移动 200 px。

步骤 3：建立九宫格。

（1）在内框 div#inside 内插入 8 个 div，设置这 8 个框 box-sizing:border-box。

（2）给这 8 个 div 加上框线。

（3）设置各个 div 的宽度和高度，并通过 margin-top 和 margin-left 调整位置；第一排 2 个 div 的高度为 128 px，宽度分别为 128 px 和 262 px，总宽度为 390 px；第二排 3 个 div 的高度均为 128 px，宽度分别为 128 px、128 px 和 134 px，总宽度为 390 px；第三排 3 个 div 的高度均为 134 px，使三排的总高度为 390 px，宽度分别为 128 px、128 px 和 134 px，总宽度为 390 px。

步骤 4：调整九宫格四个角所在框线以圆角呈现。

步骤 5：保存文件。

小　结

本章围绕盒子模型展开学习。盒子模型是 CSS 中最重要的知识点之一，如果没有理解好盒子模型的概念，那么在以后的 Web 前端开发中就没有办法布局出一个优美的网页。HTML 中的每个元素都可以看成是一个盒子，拥有盒子一样的外形和平面空间，它不可见、不直观，但无处不在，所以初学者很容易在这方面出问题。

本章从盒子模型的概念出发，进而学习与盒子相关的背景图像、背景颜色、圆角边框、阴影效果等盒子美化手段，最后一节又探讨了行内块盒子以及盒子的溢出问题。本章内容丰富，要学会融会贯通，为后面的学习打下良好的基础。

思考与练习

1. 如何将四个宽度和高度均为 100 px 的 div 按图 2-16 所示呈 T 字排列，如何设置样式？

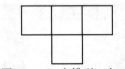

图 2-16　T 字排列 4 个 div

2. 什么是行内块？与块元素、行元素有何异同？

3. 有哪些方法可以让盒子可见？

4. 如果一篇文章的篇幅超出版面，有哪几种处理方案？比较各处理方案的特点。

5. 如何用背景颜色渐变制作出火焰的效果？写出你的制作方案。

第 3 章

超链接与导航

📖 **引言**

    超链接是 HTML 最重要的元素，它可以使访问者从一个文档跳到另一个文档，还可以从一个 Internet 资源跳转到另一个资源。导航是网页最核心的部分，它由超链接元素组成，可以把文本或图形作为链接提示，以指向其他 HTML 文档、图形、程序、多媒体效果或 HTML 文档的特定位置。

📚 **内容结构图**

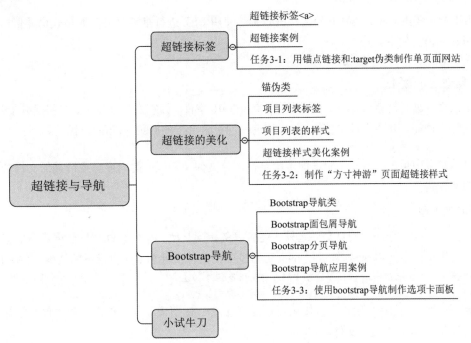

🔭 **学习目标**

- ➤ 了解超链接的基本标签和基本属性；
- ➤ 理解锚点链接的基本概念；
- ➤ 掌握 Bootstrap 导航组件的基本应用；
- ➤ 能熟练使用锚伪类对超链接进行美化，能运用项目列表制作导航。

3.1 超链接标签

超链接是特殊的文字标记，它指向了万维网中的其他资源，如另外一个网页、一个声音文件、网页的另一个段落或者是万维网中的其他资源等，而且这些资源均可以存放在任何一个服务器上。在浏览网页时，如果单击超链接，就会跳转到超链接所指向的资源，就可从 Web 上下载新的信息。在网页中，一个超链接可以是一些文字也可以是一幅图画。这些文字在浏览器中显示出来时一般是带有特殊外观的文字，如下划线等。

　　超链接标签由一对<a>标签对链接名称进行控制。其中的 a 是 anchor（锚）的缩写，被<a>标签所包裹的链接名称是超链接的锚。当鼠标被移到锚的位置时会变成手形状，此时，用户通过单击即可到达链接的位置。

3.1.1　超链接标签<a>

　　格式：

```
<a href="链接对象" target="窗口名称">超链接锚</a>
```

　　功能：该标签用于在 HTML 文件中建立超链接。

　　target 属性用于指定打开链接对象的目标窗口。target 属性的默认值是原窗口。可以自定义一个窗口名字，只需要将该名字设为与原窗口不同的名字，即可实现在新窗口中打开链接。系统关键字如下：

- _blank：每次都在新窗口中打开链接；
- _parent：在父窗口中打开链接（用于帧窗口）；
- _self：在本身窗口中打开链接（默认选项）；
- _top：在最顶层窗口中打开链接（用于帧窗口）；
- _new：在同一新窗口中打开链接。

　　href 属性用于指定链接对象，也就是超链接的目标，使用 URL 进行指定。URL 的格式由通信协议、链接地址与文件位置所组成，语法如下：

```
通信协议://链接地址/文件位置/文件名称
```

1．链接到网站的其他网页

　　当用户对不同文件进行链接时，需要有两个以上的 HTML 文件，为它们起好名字，并明确哪个是主链接文件，哪个是被链接文件。例如，在主文件中使用<a>标签链接同一目录下的网页 cw.html，代码如下：

```
<a href="cw.html">春望</a>
```

　　在浏览器显示结果中单击"春望"字样即可浏览被链接文件 cw.html 的内容。要链接的文件若放在不同目录下时，必须写明文件路径。

2．链接到其他类型的文件

　　href 属性除了可以链接到 html 网页文件之外，还可以链接到其他类型的文件，只要浏览器能够识别这种类型并打开。例如，在主文件中使用<a>标签链接 images 目录下的图像文件和 text 目录下的文本文件，代码如下：

```
<a href="images/pic1.jpg" target="_blank">图像 1</a>
<a href="text/source.txt" target="_blank">源文件</a>
```

　　单击"图像 1"字样，则在新窗口中直接用浏览器打开 pic.jpg 图像文件，单击"源文件"字样，则在新窗口中直接用浏览器打开 source.txt 文本文件。

3．下载文件

　　如果链接对象不能由浏览器直接打开，则显示下载对话框。例如，设置超链接到上一级目录下 files 文件夹下的 source.rar 文件，代码如下：

```
<a href="../files/source.rar">唐诗三百首下载</a>
```

　　单击"唐诗三百首下载"字样，由于浏览器不能直接打开 rar 文件，所以会进行文件下载。

4．链接到 Internet 上的资源

　　当网页需要链接到 Internet 上的资源，与其他网站中的网页文件或其他文件建立链接关系时，只需将 URL 定位于 WWW 信息，使用 URL 地址即可。例如，在网页文件中建立如下链接，单击"百度"字样，则在新窗口中打开百度网站，代码如下：

```
<a href="http://www.baidu.com"target="_blank">百度</a>
```

5. 空链接

当 href="#"时为空链接。单击空链接，则页面停留在当前页面的顶部。当 href=""时将打开网页所在的文件夹，不要与空链接混淆，应避免使用。

6. 脚本链接

当 href="javascript:<js 语句>"时为脚本链接，通过 JavaScript 脚本能实现 HTML 完成不了的功能，例如，单击"关闭窗口"字样，将关闭当前窗口，代码如下：

```
<a href="javascript:window.close()">关闭窗口</a>
```

7. 锚点链接

微 课

锚点链接

在上网冲浪中，常常会遇到一个很长的文件，用户既可以通过浏览器从头读到尾，也可以只从某个章节开始阅读。方法是在长文件的某些章节处设置若干锚点，然后在 HTML 中建立锚点链接跳到锚点上来实现。

使用锚点链接需要分两步：

（1）在需要链接到的位置设置锚点。格式：

```
<a name="锚点名称"></a>
```

（2）在目录导航建立锚点链接，链接到锚点。格式：

```
<a href="#锚点名称" target="窗口名称">超链接名称</a>
```

例如，在"正文"所在的位置设置锚点，然后在"标题"处插入锚点链接，单击"标题"将跳转到"正文"所在处，代码如下：

```
<a href="#zw">标题</a>;
<p>...</p>
<a name="zw"></a>正文
```

8. 伪类选择器:target

使用:target 伪类选择器可以实现锚点链接功能，在跳转到指定元素的同时还能为该元素指定样式。该元素的 id 被当作页面的超链接来使用，该样式只在用户单击了页面中的锚点链接，并且跳转至 id 所在位置后起作用。

使用:target 伪类选择器需分 3 步：

（1）在指定元素的位置设置：id="id 名称"。

（2）使用:target 伪类选择器设置样式。

（3）在目录导航中建立链接，链接到指定元素的位置。

格式：

```
<a href="#id 名称" target="窗口名称">超链接名称</a>
```

例如，在"正文"所在的位置设置 id="zw"，然后在"标题"处插入链接，最后在样式表中设置:target 的样式为黄色背景。单击"标题"时将跳转到"正文"处，并且"正文"的背景颜色成为黄色。参考代码如下：

```
<style>:target{ background-color:yellow;}</style>
<a href="#zw">标题</a>;
<p>...</p>
<a id="zw"></a>正文
```

3.1.2　超链接案例

案例 3-1："中国古诗词"网站的结构如图 3-1 所示，首页为 index.html，文件夹 tangshi 存放了三首唐诗网页，分别是：《悯农》mn.html，《春晓》chunxiao.html，《静夜思》jys.html；文件夹 songci 存放了一首宋词网页：《赤壁怀古》cbhg.html；文件夹 yuanqu 元曲存放了一首元曲网页：《天净沙·秋思》qiusi.html。所有网页都通过 poem.css 提供样式，本案例在各页面设置超链接完成完整的网站。

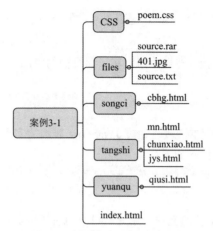

图 3-1 "中国古诗词"网站的结构

（1）首页 index.html 如图 3-2 所示，导航处分别在新窗口中打开图像文件和文本文件，以及提供一个源文件下载；页脚"友情链接"处在新窗口中打开百度网站和中国诗词大会官方网站；内容区域的唐诗、宋词、元曲共五首古诗分别在指定窗口 cwin 中打开诗歌所在的网页。代码如下：

```
<!doctype html>
<html>
<head>
    <meta charset="utf-8">
    <title>案例 3-1</title>
    <link href="css/poem.css " type="text/CSS" rel="stylesheet">
</head>
<body>
    <div id="top">
        <div id="title">中国古诗词</div>
        <div class="nav1">
            <span>导航: </span>
            <span><a href="files/401.jpg" target="_blank">链接到图像</a></span>
            <span><a href="files/source.txt" target="_blank">链接到文本</a></span>
            <span><a href="files/source.rar">文件下载</a></span>
        </div>
    </div>
    <h2>唐诗</h2>
    <a href="tangshi/chunxiao.html" target="cwin">春晓</a><br>
    <a href="tangshi/jys.html" target="cwin">静夜思</a><br>
    <a href="tangshi/mn.html" target="cwin">悯农</a>
    <p> </p>
    <h2>宋词</h2>
    <a href="songci/cbhg.html" target="cwin">念奴娇·赤壁怀古</a>
    <p> </p>
    <h2>元曲</h2>
    <a href="yuanqu/qiusi.html" target="cwin">天净沙·秋思</a>
    <p> </p>
    <div class="nav2">
        友情链接: <a href="http://www.baidu.com" target="_blank">百度</a>|
        <a href="http://tv.cctv.com/special/2022zgscdh/index.shtml" target="_blank">
        中国诗词大会</a>
    </div>
</body>
</html>
```

图 3-2　首页效果

（2）唐诗有三首，整体结构相同。以《春晓》chunxiao.html 为例，如图 3-3 所示，导航处包含唐诗、宋词、元曲栏目。设置"唐诗"为当前栏目的样式 class="active"；设置"宋词"栏目在当前窗口链接到《赤壁怀古》cbhg.html 的锚点 nnj 的位置；设置"元曲"栏目在当前窗口链接到《天净沙·秋思》qiusi.html 页面；页脚处设置"春晓"为当前诗歌的样式 class="curent"，然后分别在当前窗口链接到另外两首诗歌"静夜思"和"悯农"的页面。网页 chunxiao.html 的代码如下：

```
<!doctype html>
<html>
<head>
    <meta charset="utf-8">
    <title>春晓</title>
    <link href="../css/poem.css " type="text/CSS" rel="stylesheet">
</head>
<body>
    <div id="top">
        <div id="title">中国古诗词</div>
        <div class="nav1">
            <span class="active">唐诗</span>
            <span><a href="../songci/cbhg.html#nnj">宋词</a></span>
            <span><a href="../yuanqu/qiusi.html">元曲</a></span>
        </div>
    </div>
    <div id="poem">
        <h3>春晓</h3>
        <h4>孟浩然</h4>
        <p>春眠不觉晓，<br>处处闻啼鸟。<br>夜来风雨声，<br>花落知多少。</p>
    </div>
    <div class="nav2">
        <span><a href="jys.html">静夜思</a></span>
        <span class="curent">春晓</span>
        <span><a href="mn.html">悯农</a></span>
    </div>
</body>
</html>
```

《静夜思》jys.html 只在页脚部分作修改，设置"静夜思"为当前诗歌的样式，代码如下：

```
<span class="curent">静夜思</span>
<span><a href="chunxiao.html">春晓</a></span>
<span><a href="mn.html">悯农</a></span>
```

《悯农》mn.html 只在页脚部分作修改，设置"悯农"为当前诗歌的样式，代码如下：

```
<span><a href="jys.html">静夜思</a></span>
```

```
<span><a href="chunxiao.html">春晓</a></span>
<span class="curent">悯农</span>
```

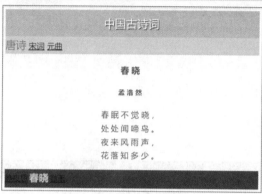

图 3-3 "春晓"页面效果

（3）宋词网页《赤壁怀古》如图 3-4 所示，在导航处设定"宋词"为当前栏目的样式 class="active"，然后在当前窗口链接到唐诗和元曲所在的诗歌页面；在诗歌正文之前建立锚点；在页脚使用 JavaScript 脚本链接，单击链接关闭"cwin"窗口。代码如下：

```
<!doctype html>
<html>
<head>
    <meta charset="utf-8">
    <title>赤壁怀古</title>
    <link href="../css/poem.css " type="text/CSS" rel="stylesheet">
</head>
<body>
    <div id="top">
        <div id="title">中国古诗词</div>
        <div class="nav1">
            <span><a href="../tangshi/jys.html">唐诗</a></span>
            <span class="active">宋词</span>
            <span><a href="../yuanqu/qiusi.html">元曲</a></span>
        </div>
    </div>
    <a name="nnj"></a>
    <div id="poem"><h3>念奴娇·赤壁怀古</h3>...</div>
    <div class="nav2"><a href="javascript:window.close()">关闭窗口</a></div>
</body>
</html>
```

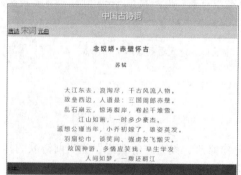

图 3-4 "赤壁怀古"页面效果

（4）元曲《天净沙·秋思》在导航处设定"元曲"为当前栏目的样式 class="active"，然后在当前窗口链接到唐诗和宋词所在的诗歌页面。代码如下：

```
<span><a href="../tangshi/jys.html">唐诗</a></span>
<span><a href="../songci/cbhg.html#nnj">宋词</a></span>
<span class="active">元曲</span>
```

3.1.3　任务 3-1：用锚点链接和:target 伪类制作单页面网站

微　课

任务 3-1

1．任务描述

编写一个单页面网站，页面包含"学习天地""莘莘学子""学生作品""专业介绍""最新动态"五个栏目。"学习天地"有三个链接，单击分别跳到"悯农""春晓""静夜思"所在位置，并且选中的诗歌位置会变为桃红色背景。

2．任务要求

本任务用一个页面完成五个栏目和三首唐诗的展示；要熟练运用超链接的各种使用方法；掌握锚点链接和:target 伪类的使用技巧。

3．任务分析

五个栏目的内容分别放置在 div 元素中，该 div 元素有足够的高度，能超过屏幕的高度。栏目导航重复五次，分别放置在栏目 div 的前面。导航的前面设置锚点 chapter1、chapter2、chapter3、chapter4、chapter5，单击导航，链接到同一页面相应的锚点上。

id 选择器也可以实现类似锚点的链接，在超链接中直接使用 href="#id 名称"，可跳转到指定 id 的位置上。"学习天地"栏目包含有三首诗歌的链接，如图 3-5 所示。使用:target 伪类设置选中的诗歌会变为桃红色背景，单击"悯农""春晓""静夜思"分别跳到"悯农""春晓""静夜思"诗歌所在位置，即 div#p6、div#p7、div#p8 中。

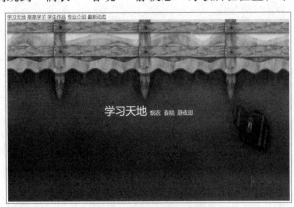

图 3-5　"学习天地"界面

4．工作过程

步骤 1：站点规划。

（1）新建文件夹作为站点；站点内建立 images 文件夹，将本节素材存放在 images 文件夹中。

（2）新建网页，设置<title>为"任务 3-1"；将网页命名为 task3-1.html，保存在站点所在的目录。

步骤 2：建立网页的基本结构。

（1）网页 task3-1.html 的内容包含五个栏目和三首诗，放在 8 个 div 元素中，代码如下：

```
<body>
    <div id="p1" class="box">学习天地</div>
    <div id="p2" class="box">莘莘学子</div>
    <div id="p3" class="box">学生作品</div>
    <div id="p4" class="box">专业介绍</div>
    <div id="p5" class="box">最新动态</div>
    <div id="p6" class="box"><h3>悯农</h3></div>
    <div id="p7" class="box"><h3>春晓</h3></div>
```

```
    <div id="p8" class="box"><h3>静夜思</h3></div>
</body>
```

（2）设置 div 盒子的样式：宽度为 965 px，高度为 1 000 px，高度超过屏幕的高度。样式代码如下：

```
.box{width:965px; height:1000px; font-size:36px; text-align:center;
line-height:600px;color:red;}
```

步骤 3：使用锚点链接制作栏目导航。

（1）给五个栏目所在的 div 元素加上背景图片，样式代码如下：

```
#p1{background:url(images/p1.gif) no-repeat;}
#p2{background:url(images/p2.gif) no-repeat;}
#p3{background:url(images/p3.gif) no-repeat;}
#p4{background:url(images/p4.gif) no-repeat;}
#p5{background:url(images/p5.gif) no-repeat;}
```

（2）在五个栏目所在的 div 元素前面设置锚点，分别定义为 chaptert1、chaptert2、chaptert3、chaptert4、chaptert5，在所设置的锚点后面加入相同的导航，分别链接到 5 个锚点的超链接。在任何一个栏目单击导航的每一链接，都能跳转到对应栏目所在的位置，例如单击"学习天地"跳转到图 3-5 所示界面，单击"莘莘学子"，跳转到图 3-6 所示界面，单击"学生作品"跳转到图 3-7 所示界面，单击"专业介绍"跳转到图 3-8 所示界面，单击"最新动态"跳转到图 3-9 所示界面。代码如下：

```
<body>
    <a name="chapter1"></a>
    <a href="#chapter1">学习天地</a>
    <a href="#chapter2">莘莘学子</a>
    <a href="#chapter3">学生作品</a>
    <a href="#chapter4">专业介绍</a>
    <a href="#chapter5">最新动态</a>
    <div id="p1" class="box">学习天地</div>
    <a name="chapter2"></a>
    <a href="#chapter1">学习天地</a>…<a href="#chapter5">最新动态</a>
    <div id="p2" class="box">莘莘学子</div>
    <a name="chapter3"></a>
    <a href="#chapter1">学习天地</a>…<a href="#chapter5">最新动态</a>
    <div id="p3" class="box">学生作品</div>
    <a name="chapter4"></a>
    <a href="#chapter1">学习天地</a>…<a href="#chapter5">最新动态</a>
    <div id="p4" class="box">专业介绍</div>
    <a name="chapter5"></a>
    <a href="#chapter1">学习天地</a>…<a href="#chapter5">最新动态</a>
    <div id="p5" class="box">最新动态</div>
    <div id="p6" class="box"><h3>悯农</h3></div>
    <div id="p7" class="box"><h3>春晓</h3></div>
    <div id="p8" class="box"><h3>静夜思</h3></div>
</body>
```

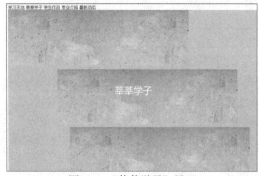

图 3-6　"莘莘学子"界面

图 3-7　"学生作品"界面

图 3-8　"专业介绍"界面

图 3-9　"最新动态"界面

步骤 4：使用 id 选择器实现诗歌链接跳转。

（1）在 div#p6、div#p7、div#p8 分别输入"悯农""春晓""静夜思"三首唐诗的内容。

（2）在 div#p1"学习天地"建立三首唐诗的链接，单击"悯农"，可跳转到#p6 的位置上；单击"春晓"，可跳转到#p7 的位置上；单击"静夜思"，可跳转到#p8 的位置上。代码如下：

```
<div id="p1" class="box">学习天地
    <a href="#p6">悯农</a>
    <a href="#p7">春晓</a>
    <a href="#p8">静夜思</a>
</div>
```

（3）在 div#p6、div#p7、div#p8 的唐诗中设置"返回目录"的链接为空链接 href="#"，即回到顶部，返回"学习天地"栏目中。

（4）设置三首诗歌之间切换的超链接，直接使用 href="id 名称"实现跳转，代码如下：

```
<div id="p6" class="box">
    <a href="#">返回目录</a><a href="#p7">下一首</a><hr>
    <h3>悯农</h3>锄禾日当午，<br>汗滴禾下土。<br>谁知盘中餐，<br>粒粒皆辛苦。
</div>
<div id="p7" class="box">
    <a href="#">返回目录</a><a href="#p6">上一首</a><a href="#p8">下一首</a><hr>
    <h3>春晓</h3>春眠不觉晓，<br>处处闻啼鸟。<br>夜来风雨声，<br>花落知多少。
</div>
<div id="p8" class="box">
    <a href="#">返回目录</a><a href="#p7">上一首</a><hr>
    <h3>静夜思</h3>床前明月光，<br>疑是地上霜。<br>举头望明月，<br>低头思故乡。
</div>
```

步骤 5：使用:target 伪类制作诗歌链接样式。

使用:target 伪类制作诗歌链接被单击时，所跳转的链接元素的样式为桃红色背景，代码如下：

```
:target{ background-color:#C99;}
```

例如，图 3-10 是"悯农"没有被单击前的界面，图 3-11 是"春晓"没有被单击前的界面，图 3-12 是"静夜思"被单击后的界面，整个 div 背景呈现桃红色。

图 3-10　"悯农"界面

图 3-11　"春晓"界面

图 3-12 "静夜思"界面

步骤 6：保存文件，完成制作。

3.2 超链接的美化

● 微 课

锚伪类

超链接的美化主要通过锚伪类设置超链接不同状态的样式实现，再辅以项目列表 ul、列表项 li 等样式的设置，可以把超链接制作成千变万化的效果。

3.2.1 锚伪类

在浏览器中，链接的不同状态都可以用不同的方式显示，这些状态包括：活动状态、已被访问状态、未被访问状态和鼠标悬停状态。这些状态通过锚伪类进行描述，具体如下：

- :link：用在未访问的链接上；
- :visited：用在已经访问过的链接上；
- :hover：用于鼠标光标置于其上的链接；
- :active：用于鼠标按下的链接上。

在 CSS 定义中，a:hover 必须被置于 a:link 和 a:visited 之后才是有效的。例如，设置超链接的四种状态的不同样式，代码如下：

```
a:link {color: red}          /* 未访问的链接，文字呈红色*/
a:visited {color: green}     /* 已访问的链接，文字呈绿色*/
a:hover {color:blue}         /* 鼠标移动到链接上，文字呈蓝色*/
a:active {color:yellow}      /* 鼠标按下的链接，文字呈黄色*/
```

● 微 课

项目列表标签

3.2.2 项目列表标签

项目列表常常用于在列表项中包含超链接标签，使超链接的样式设置更加灵活多变。项目列表包括无序列表、有序列表和多级列表三种类型。

1. 无序列表<ul>

格式：

```
<ul>
    <li>项目符号</li>
    ...
    <li>项目符号</li>
</ul>
```

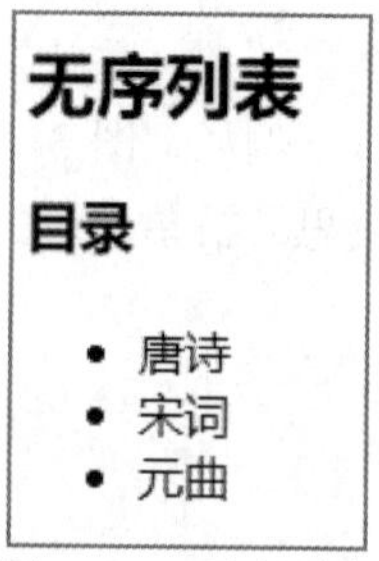

功能：无序列表标签 ul 是用于说明文件中需要列表的某些成分，可以任意顺序显示出来。ul 使用 type 属性控制列表的符号。例如，制作图 3-13 所示的无序列表，代码如下：

```
<h2>无序列表</h2>
<h3>目录</h3>
<ul>
    <li>唐诗</li>
    <li>宋词</li>
```

无序列表

目录

- 唐诗
- 宋词
- 元曲

图 3-13 无序列表

```
    <li>元曲</li>
</ul>
```

2．有序列表<ol>

格式：

```
<ol>
    <li>项目符号</li>
    ...
    <li>项目符号</li>
</ol>
```

功能：有序列表标签<ol>用于说明文件中的某些成分，需按特定顺序排列和显示。顺序编号是由属性 type 和 start 设置的。type 表示标号的类型，比如数字、字母以及罗马字母；start 属性表示列表清单的标号从第几项开始，例如，"type=i start=3"表示有序列表的序号类型为罗马数字，序号从 3 开始，如图 3-14 所示。代码如下：

```
<h2>有序列表</h2>
<h3>目录</h3>
<ol type="i" start="3">
    <li>唐诗</li>
    <li>宋词</li>
    <li>元曲</li>
</ol>
```

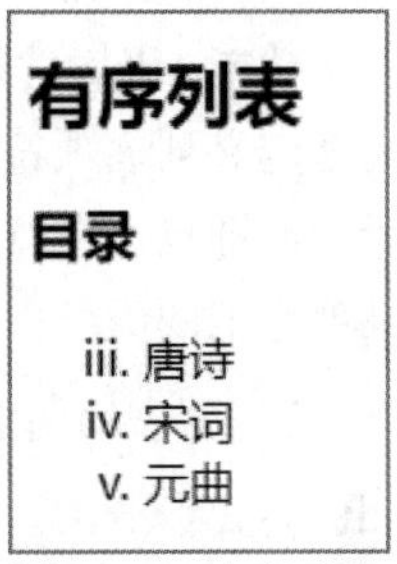

有序列表

目录

   iii. 唐诗
   iv. 宋词
   v. 元曲

图 3-14　有序列表

3．多级列表<dl>

格式：

```
<dl>
    <dt>项目 1 标题</dt>
        <dd>项目 1 内容 1</dd>
        ...
    <dt>项目 2 标题</dt>
        <dd>项目 2 的内容 1</dd>
        ...
</dl>
```

功能：多级列表不出现项目符号或编号，用于比较复杂的列表说明。<dl>…</dl>之间的内容就是多级列表的内容，由一系列用描述项标签<dt>或解释项标签<dd>标识的列表项组成。例如，制作如图 3-15 所示列表项，代码如下：

```
<h2>多级列表</h2>
<h3>目录</h3>
<dl>
    <dt>唐诗</dt>
        <dd>悯农</dd>
        <dd>春晓</dd>
        <dd>静夜思</dd>
    <dt>宋词</dt>
        <dd>念奴娇·赤壁怀古</dd>
    <dt>元曲</dt>
        <dd>天净沙·秋思</dd>
</dl>
```

多级列表

目录

唐诗
   悯农
   春晓
   静夜思
宋词
 念奴娇·赤壁怀古
元曲
   天净沙·秋思

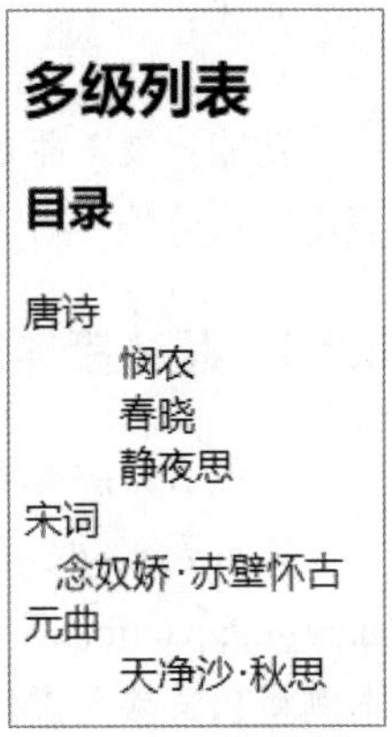

图 3-15　多级列表

3.2.3　项目列表的样式

1．列表类型 list-style-type 属性

格式：

```
list-style-type:disc|circle|square|lower-roman|upper-roman|lower-alpha| upper-alpha| none
```

取值：

- disc：实心圆（默认值）；
- circle：空心圆；
- square：实心方块；
- decimal：数字；
- lower-roman：小写罗马数字；
- upper-roman：大写罗马数字；
- lower-alpha：小写英文字母；
- upper-alpha：大写英文字母；
- none：无标记。

功能：该属性影响列表的样式，改变列表标志类型。不管是有序列表还是无序列表，都统一使用 list-style-type 属性定义列表项符号。该属性的默认值为 disc。在一个无序列表中，列表项的标志（marker）是出现在各列表项旁边的圆点。在有序列表中，标志可能是字母、数字或其他某种计数体系中的一个符号。目录样式项属性指定目录项标记的类型，当目录样式图像值为 none 或当图像载入选项被关闭时使用。

2. 列表项图像 list-style-image 属性

格式：

```
list-style-image: url()
```

功能：该属性使用图像作为项目标志。有时，常规的项目标志是不够的，可以对各标志使用一个图像。

3. 列表标志位置 list-style-position 属性

格式：

```
list-style-position: inside| outside
```

取值：

- inside：列表项目标记放置在文本以内；
- outside：默认值，列表项目标记放置在文本以外，保持标记位于文本的左侧。

功能：该属性可以确定标志出现在列表项内容之外还是内容内部。该属性作用于 ul 或 ol 或 li，其样式效果相同。

4. 简写列表样式 list-style 属性

格式：

```
list-style: <type> <image> <position>
```

功能：该属性是 list-style-type 属性、list-style-image 属性、list-style-position 属性的简写。3 个列表样式属性值用空格分隔，可以按任何顺序列出。只要提供了一个值，其他就会填入其默认值。

3.2.4　超链接样式美化案例

案例 3-2：本案例通过项目列表制作垂直导航效果，效果如图 3-16 所示。

项目列表 ul、ol 以及多级列表中的 dd 会默认有 40 px 的左缩进，通常需要清除。用 margin:0; padding:0 可清除列表样式默认值，再用 list-style-type:none 清除列表样式符号。本例将超链接元素作为列表项，通过 display:block 把 a 元素定义为块元素，通过 padding 调整块的大小。然后在 a 元素的下边添加 1 px 的明亮线条，左右两边分别添加 12 px 和 3 px 的深色线条，模拟阴影效果。鼠标经过时，将背景颜色从浅蓝色变为深颜色。参考代码如下：

图 3-16　垂直导航效果

```
<!doctype html>
<html>
    <head>
        <meta charset="utf-8">
```

```
    <title>案例 3-2</title>
    <style type="text/css">
        ul { margin: 0px; padding: 0px;
            list-style-type: none;               /* 不显示项目符号 */
        }
        li { width: 150px; }
        a {
            font-size: 12px;
            display: block;                      /* 区块显示 */
            padding: 8px;
            text-decoration: none;               /* 右侧阴影 */
            border-right: 3px solid #316AC5;
            border-left: 12px solid #316AC5;
            border-bottom: 1px solid #b9ff00;
            color: #fff;
        }
        a:link,a:visited {background-color: #2693FF;}
        a:hover { background-color: #069; }     /* 鼠标经过改变背景色 */
    </style>
</head>
<body>
    <div class="menu">
        <ul>
            <li class="li1"><a href="#">坝上草原行</a></li>
            <li class="li2"><a href="#">司马台历险记</a></li>
            <li class="li3"><a href="#">冬天，静谧的镜泊湖</a></li>
            <li class="li4"><a href="#">亚布力</a></li>
            <li class="li5"><a href="#">德天瀑布</a></li>
            <li class="li6"><a href="#">乌兰布通草原</a></li>
        </ul>
    </div>
</body>
</html>
```

3.2.5　任务 3-2：制作"方寸神游"页面超链接样式

1. 任务描述

此任务制作"方寸神游"杭州篇，运用 CSS 锚伪类制作"方寸神游"页面超链接的样式，包括页上导航、面包屑导航、邮票欣赏列表以及页脚导航栏功能按钮等，改变其超链接文字、背景图像、边框颜色等样式。整体效果如图 3-17 所示。

微　课 ●

任务 3-2

图 3-17　"方寸神游"页面效果

2. 任务要求

通过对本任务的制作，读者应掌握超链接样式的制作技巧；掌握使用背景图对超链接进行美化的方法；能熟练应用项目列表对超链接进行控制。

3. 任务分析

超链接样式通过 CSS 锚伪类定义状态。包括：活动状态、已被访问状态、未被访问状态和鼠标悬停状态。在页面制作中一般需要至少设置已被访问状态（a:visited）、未被访问状态（a:link）和鼠标悬停（a:hover）三种状态。将各种状态共同的样式在<a>标签属性样式中统一设置；将鼠标经过时需要改变的样式在 a:hover 和 a:link、a:visited 分别设置。

页上导航采用背景图对超链接进行美化，鼠标经过悬停时改变超链接的背景图。由于<a>标签是行标签，没有宽度和高度，而使用背景图需要设置元素的宽度和高度，这就需要把 a 元素转为块元素或行内块元素。如果超链接要横向排列，则转化为行内块元素，如果是块元素则会垂直排列。

面包屑导航（又称面包屑路径）是一种显示用户在网站或网络应用位置的一层层指引的导航。可以清楚地让用户知道，自己所在网站的位置。在互联网中，面包屑为用户提供一种追踪返回最初访问页面的方式，可以清晰地为客户指引进入网站内部和首页之间的路线。任务中面包屑就是水平排列的被大于号"＞＞"隔开的文本链接；这个符号指示该页面相对于链接到其页面的深度。

邮票列表超链接使用项目列表对超链接进行美化和控制，通常要将 ul 的默认 margin 设置为 0，并且把项目符号去掉。

页脚导航栏功能按钮用 CSS 锚伪类制作成凹凸效果，初始状态边框线上边和左边为浅色，下边和右边为深色，有凸出的效果；鼠标经过时边框线上边和左边为深色，下边和右边为浅色，并设置字的颜色和背景颜色加深，形成凹下去的效果。

4. 工作过程

步骤 1：站点规划。

（1）新建文件夹作为站点；站点内建立 images 文件夹，将本节素材存放在 images 文件夹中。

（2）新建网页，设置<title>为"任务 3-2"；将网页命名为 task3-2.html，保存在站点所在的目录。

步骤 2：建立网页的基本结构。

网页 task3-2.html 的内容包含标题栏 div#banner、页上导航 div#nav1、面包屑导航 div#nav2、邮票欣赏列表 div#stamp、邮票展示 div.st1、邮票展示 div.st2 以及页脚导航栏功能按钮 div.button 七个元素，最外层为 div#container。代码如下：

```
<body>
    <div id="container">
        <div id="banner"></div>
        <div id="nav1"></div>
        <div id="nav2"></div>
        <div id="stamp"></div>
        <div class="st1"></div>
        <div class="st2"></div>
        <div class="button"></div>
    </div>
</body>
```

步骤 3：设置最外层和 banner 的样式。

（1）最外层 div#container 按 ios 尺寸 720 px×1 280 px 定义宽度和高度，并设置框线。

（2）设置标题栏 div#banner 的高度为 96 px，使用 banner-fcsy.jpg 作为背景。代码如下：

```
#container{width:720px;height:1280px;border: 1px solid #669900;}
#banner {background-image: url(images/banner-fcsy.jpg);height: 96px;}
```

步骤 4：设置页上导航样式。

（1）在 HTML 文档中制作页上导航超链接，代码如下：

```
<div id="nav1">
    <a href="#">杭州</a>
    <a href="#">普陀山</a>
    <a href="#">雁荡山</a>
    <a href="#">楠溪江</a>
    <a href="#">水乡</a>
</div>
```

（2）导航使用小竖条 button1_bg.jpg 作背景图，进行横向平铺。

（3）定义 a 元素样式：去掉下划线，将 a 设置为行内块元素，尺寸与背景图 button1.jpg 一致，即宽度为 80 px，高度为 32 px；设置 padding-top:2px 将链接文字向下微调 2 px，为保持总高度为 32 px，将 height 设置为 30 px。

（4）定义已被访问状态（a:visited）和未被访问状态（a:link）为相同的样式，即采用 button1.jpg 作背景图，文字颜色为金红色；鼠标悬停（a:hover）时，改变背景为 button2.jpg，文字颜色为白色。效果如图 3-18 所示，代码如下：

```
#nav1 {background:url(images/button1_bg.jpg)repeat-x; text-align:center;}
#nav1 a{font-size:20px; text-decoration:none;
    display:inline-block; width:80px; height:30px; padding-top:2px}
#nav1 a:link,#nav1 a:visited{color:#FF5A01;background-image:url(images/)}
#nav1 a:hover{color:#FFF;background-image:url(images/button2.jpg);}
```

图 3-18　页上导航效果

步骤 5：制作面包屑导航。

（1）在 HTML 文档中制作面包屑导航超链接，代码如下：

```
<div id="nav2">
    <a href="#">首页</a>&gt;&gt; <a href="#">浙江</a>&gt;&gt;<a href="#"> 杭州</a>
</div>
```

（2）设置面包屑导航的样式，文字颜色为浅色，鼠标经过时改变文字颜色。效果如图 3-19 所示，代码如下：

```
#nav2 {color: #999999;height:30px;padding:10px;}
#nav2 a{text-decoration:none;font-size:20px;}
#nav2 a:link,#nav2 a:visited{color:#C7CA59;}
#nav2 a:hover{color:#FF5A01;}
```

步骤 6：制作邮票欣赏列表链接。

（1）在 HTML 文档中使用项目列表制作邮票欣赏超链接，代码如下：

```
<div id="stamp">
    <h4>邮票欣赏</h4>
    <ul>
        <li><a href="#">曲院风荷</a></li>
        <li><a href="#">断桥晓月</a></li>
        <li><a href="#">苏堤春晓</a></li>
        <li><a href="#">三潭影月</a></li>
        <li><a href="#">六和塔</a></li>
    </ul>
</div>
```

（2）设置“邮票欣赏”的样式，代码如下：

```
div#stamp {background-color:#fff;height:224px;margin:0 auto;}
div#stamp h4{margin:0px 18px;padding:3px 0px 1px 5px;background-color:#C7CA59;font-size:22px;}
```

（3）使用项目列表对超链接进行美化和控制，通常要将 ul 的默认 margin 设置为 0，并且把项目符号去掉，在项目列表内使用 icon1.gif 作为项目图像，代码如下：

```
div#stamp ul{
    list-style:none;
    margin:0px;
    padding:5px 22px 15px 22px; font-size:20px;
    list-style-image: url(images/icon1.gif);
    list-style-position: inside;
}
```

（4）设置 li 的样式，底部加灰色虚线，代码如下：

```
div#stampul li{
    padding:2px 0px 2px 16px;
    border-bottom:1px dashed #999999;
}
```

（5）设置鼠标经过时超链接加下划线，文字颜色变为灰色，鼠标按下时变为明黄色，效果如图 3-19 所示，代码如下：

```
div#stamp a:link, div#stamp a:visited{color:#000000;text-decoration:none;}
div#stamp a:hover{color:#666666;text-decoration:underline;}
div#stamp a:active{color:#CF0;}
```

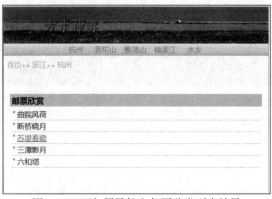

图 3-19　面包屑导航和邮票欣赏列表效果

步骤 7：制作邮票展示。

（1）设置 div.st1 和 div.st2 的背景图像为邮票，代码如下：

```
.st1{background:url(images/zjxh1.jpg) no-repeat;width:348px;height:300px;margin:0 auto;}
.st2{background:url(images/zjxh2.jpg) no-repeat;width:419px;height:200px;margin:150px auto;}
```

（2）在 div.st1 和 div.st2 之间插入<hr>标签，加上一条分隔横线。

步骤 8：制作页脚导航栏按钮。

（1）在 HTML 文档输入页脚导航栏按钮，代码如下：

```
<div class="button">
    <a href="#">首页</a>
    <a href="#">小型张</a>
    <a href="#">明信片</a>
    <a href="#">首日封</a>
    <a href="#">我的</a>
</div>
```

（2）设置按钮的整体样式，代码如下：

```
.button{ margin-bottom:10px; margin:0 auto; height:96px;}
.button a{text-decoration: none;font-size: 20px;padding:5px 8px;margin-left:60px;}
```

（3）按钮初始状态为突出效果，上边和左边为浅颜色，下边和右边为深颜色，背景为浅颜色；鼠标悬停时为凹陷效果，上边和左边为深颜色，下边和右边为浅颜色，背景为深颜色，效果如图 3-20 所示，代码如下：

```
.button a:link,#button a:visited{
    color:#a62020;
    background-color:#ecd8db;
    border-top:1px solid #eeeeee;
    border-left:1px solid #eeeeee;
    border-bottom:1px solid #717171;
    border-right:1px solid #717171;
}
.button a:hover{
    color:#821818;
    background-color:#e2c4c9;
    border-top:1px solid #717171;
    border-left:1px solid #717171;
    border-bottom:1px solid #eeeeee;
    border-right:1px solid #eeeeee;
}
```

| 首页 | 小型张 | 明信片 | 首日封 | 我的 |

图 3-20　按钮效果

步骤 9：保存文件，完成制作。

3.3　Bootstrap 导航

微　课
Bootstrap 导航

Bootstrap 通过预定义类能快速建立导航。Bootstrap 导航预定义类主要有导航元素类、导航条类、面包屑导航、分页导航等。导航条 navbar 将在第 11 章进行介绍。本节所有案例基于 Bootstrap5 编写，在头元素需添加 Bootstrap5 基本样式文件，代码如下：

```
<link href="https://cdn.staticfile.org/twitter-bootstrap/5.1.1/css/bootstrap.min.css" rel=
"stylesheet">
```

3.3.1　Bootstrap 导航类

Bootstrap 导航类的基本类是 nav 类，此外还有选项卡式导航 nav-tabs、胶囊式导航 nav-pills 类等。创建一个导航一般在无序列表 ul 元素中实施。

1．导航元素 nav 类

Bootstrap 在无序列表 ul 元素中使用 nav 类，即创建了一个导航元素。

2．水平导航

要创建一个简单的水平导航，可以在无序列表 ul 元素中添加.nav 类的同时，在每个列表选项 li 元素上添加.nav-item 类，在每个 a 链接上添加.nav-link 类，效果如图 3-21 所示，代码如下：

```
<ul class="nav">
    <li class="nav-item"><a href="#" class="nav-link">唐诗</a></li>
    <li class="nav-item"><a href="#" class="nav-link">宋词</a></li>
    <li class="nav-item"><a href="#" class="nav-link">元曲</a></li>
</ul>
```

3．垂直导航

.flex-column 类用于创建垂直导航。在无序列表 ul 元素中添加.nav 类的同时添加.flex-column 类可产生垂直导航，效果如图 3-22 所示。

图 3-21　水平导航效果

图 3-22　垂直导航效果

4. 活动链接和禁用链接

在 a 元素添加.active 类可以显示当前的活动标签，如果在 a 元素中添加了.disabled 类，则会禁用该链接以及:hover 状态。

5. 选项卡式导航.nav-tabs 类

在无序列表 ul 元素中使用.nav 类加.nav-tabs 类可以创建一个水平排序的选项卡式导航，效果如图 3-23 所示。

6. 胶囊导航.nav-pills 类

在无序列表 ul 元素中使用.nav 类加.nav-pills 类可以制作胶囊式导航菜单，在列表项 li 元素添加.active 类可以显示当前的活动标签，效果如图 3-24 所示。

图 3-23　选项卡式导航效果

图 3-24　胶囊式导航效果

7. 导航对齐方式

当无序列表使用.nav 类设置为导航之后，其默认的水平对齐方式是相对于父元素左对齐，使用.justify-content-center 类可以设置导航居中显示；使用.justify-content-end 类可以设置导航右对齐。代码如下：

```
<div>
    <!-- 导航居中 --><ul class="nav justify-content-center">…</div>
    <!-- 导航右对齐 --><ul class="nav justify-content-end">…</div>
</div>
```

使用.nav-justified 类可以在屏幕宽度大于 768 px 时，让标签式或胶囊式导航菜单与父元素等宽；在屏幕宽度小于 768 px 时，导航链接会堆叠。代码如下：

```
<ul class="nav nav-pills nav-justified">..</ul>
<ul class="nav nav-tabs nav-justified">..</ul>
```

3.3.2　Bootstrap 面包屑导航

面包屑导航（Breadcrumbs）是一种基于网站层次信息的显示方式。它们表示当前页面在导航层次结构内的位置。在无序列表 ul 元素中使用.breadcrumb 类，在项目列表 li 元素添加.breadcrumb-item 类，即可产生面包屑导航效果，如图 3-25 所示，分隔符号会自动被添加。

图 3-25　面包屑导航效果

3.3.3　Bootstrap 分页导航

要创建一个基本的分页可以在 ul 元素上添加.pagination 类；然后在 li 元素上添加.page-item 类；并且在 a 元素中添加.page-link 类，效果如图 3-26 所示。

图 3-26　分页导航效果

3.3.4　Bootstrap 导航应用案例

案例 3-3：Bootstrap 导航效果展示，效果如图 3-27 所示。

图 3-27　Bootstrap 导航案例效果

所有导航包裹在一个 div 中，宽度为 600 px。

顶层深色背景的导航在无序列表 ul 元素中添加.nav 类的同时，使用.nav-justified 类以 div 为宽度分散对齐；在每个列表选项 li 元素中添加.nav-item 类，在每个 a 链接中添加.nav-link 类。

第 2 排导航使用.nav-tabs 类，是标签导航，通过.justify-content-end 类右边对齐；在每个列表选项 li 元素中添加.nav-item 类，在每个 a 链接中添加.nav-link 类。

第 3 排导航是面包屑导航，在无序列表 ul 元素中使用.breadcrumb 类，在项目列表 li 元素中添加.breadcrumb-item 类。

第 4 排导航是分页导航，在 ul 元素中添加.pagination 类。然后在 li 元素中添加.page-item 类，并且在 a 元素中添加.page-link 类，通过.justify-content-center 居中对齐。

最后一排导航使用.nav-pills 类，是胶囊导航，通过.justify-content-center 居中对齐，在每个列表选项 li 元素上添加.nav-item 类，在每个 a 链接上添加.nav-link 类。本案例代码如下：

```html
<!doctype html>
<html>
<head>
    <meta charset="utf-8">
    <title>案例 3-3</title>
    <link href="https://cdn.staticfile.org/twitter-bootstrap/5.1.1/css/bootstrap.min.css" rel="stylesheet">
    <style type="text/css">
        div{ margin:30px;width:600px;}
    </style>
</head>
<body>
    <div>
        <ul class="nav bg-dark nav-justified bg-dark">
            <li class="nav-item"><a href="#" class="nav-link active">唐诗</a></li>
            <li class="nav-item"><a href="#" class="nav-link">宋词</a></li>
            <li class="nav-item"><a href="#" class="nav-link">元曲</a></li>
        </ul>
        <ul class="nav nav-tabs bg-light justify-content-end">
            <li class="nav-item"><a href="#" class="nav-link active">唐诗</a></li>
            <li class="nav-item"><a href="#" class="nav-link">宋词</a></li>
            <li class="nav-item"><a href="#" class="nav-link">元曲</a></li>
        </ul>
        <ul class="breadcrumb bg-info">
            <li class="breadcrumb-item"><a href="#">首页</a></li>
            <li class="breadcrumb-item"><a href="#">浙江</a></li>
            <li class="breadcrumb-item">杭州</li>
        </ul>
        <ul class="pagination justify-content-center">
```

```
            <li class="page-item"><a href="#" class="page-link">&laquo;</a></li>
            <li class="page-item"><a href="#" class="page-link">1</a></li>
            <li class="page-item"><a href="#" class="page-link">2</a></li>
            <li class="page-item"><a href="#" class="page-link">3</a></li>
            <li class="page-item"><a href="#" class="page-link">&raquo;</a></li>
        </ul>
        <ul class="nav nav-pills  bg-warning justify-content-center">
            <li class="nav-item"><a href="#" class="nav-link">唐诗</a></li>
            <li class="nav-item"><a href="#" class="nav-link">宋词</a></li>
            <li class="nav-item"><a href="#" class="nav-link">元曲</a></li>
        </ul>
    </div>
</body>
</html>
```

3.3.5　任务 3-3：使用 Bootstrap 导航制作选项卡面板

微 课

任务 3-3

1. 任务描述

使用 Bootstrap 导航制作 3 个风格一致的选项卡面板页面。页面顶部是标题栏"中国古诗词"。选项卡面板标题分别为"静夜思""春晓""悯农"；选项卡面板内包含面包屑导航和诗歌正文两部分，单击选项卡面板标题"静夜思"，打开的页面如图 3-28 所示；单击选项卡面板标题"春晓"，打开的页面如图 3-29 所示；单击选项卡面板标题"悯农"，打开的页面如图 3-30 所示。页面底部为导航栏"唐诗""宋词""元曲"。

图 3-28　"静夜思"页面效果

图 3-29　"春晓"页面效果

图 3-30　"悯农"页面效果

2. 任务要求

通过本任务的制作，读者应掌握 Bootstrap 导航元素基本类的设置；掌握导航元素的水平对齐方式；掌握运用标签导航制作选项卡面板的基本方法；掌握胶囊导航和面包屑导航的设置。

3. 任务分析

"静夜思""春晓""悯农"三个页面采用外部样式表文件统一控制最外层 .container 的宽度以及自定义面板的高度。选项卡面板标题使用 .nav-tabs 类装饰无序列表 ul。ul 元素会在下方形成一条框线，选项卡的内容区在左、右、下三个边加上框线，与标题围成完整的选项卡面板边框。

本任务先制作好其中一个页面，再通过另存的方式制作其他两个页面，使三个页面的风格保持一致。另外两个页面除了要修改诗歌的内容之外，还需在 a 元素中使用 .active 类标识当前页面。三个页面通过标识各自 a 元素的 .active 类，结合无序列表 .nav-tabs 类即可实现选项卡面板。

4．工作过程

步骤 1：站点规划。

（1）新建文件夹作为站点。

（2）在站点中新建 css 文件夹，将 Bootstrap 基本文件样式 bootstrap.min.css 放置在 css 文件夹中。

（3）新建网页，设置<title>为"静夜思"；将网页命名为 jys.html 保存在站点所在的目录。

步骤 2：建立网页 jys.html 的基本结构。

网页 jys.html 最外层为 div.container，里面包裹的元素从上到下分别为标题栏"中国古诗词"；选项卡面板标题链接"静夜思""春晓""悯农"；选项卡面板 div.poem，里面包含面包屑导航和诗歌正文两部分；页脚导航栏"唐诗""宋词""元曲"。代码如下：

```
<body>
<div class="container">
        <div>中国古诗词</div>
        <ul>
            <li><a href="#">静夜思</a></li>
            <li><a href="#">春晓</a></li>
            <li><a href="#">悯农</a></li>
        </ul>
        <divclass="poem">
            <ul>
                <li><a href="#">首页</a></li>
                <li><a href="#">唐诗</a></li>
                <li>静夜思</li>
            </ul>
            <h2>静夜思</h2><h4>李白</h4>
            <p>床前明月光，<br>疑是地上霜。<br>举头望明月，<br>低头思故乡。</p>
        </div>
        <ul>
            <li><a href="#">唐诗</a></li>
            <li><a href="#">宋词</a></li>
            <li><a href="#">元曲</a></li>
        </ul>
    </div>
</body>
```

步骤 3：设置基本样式。

（1）在网页 jys.html 头元素中链接 bootstrap.min.css。

（2）建立外部样式表 poem.css，设置最外层.container 的宽度为 500 px，自定义面板的高度为 600 px，样式代码如下：

```
.container{width:500px;}
.poem{ height:600px;}
```

（3）在网页 jys.html 头元素中链接 poem.css，代码如下：

```
<link href="css/bootstrap.min.css" rel="stylesheet">
<link href="css/poem.css" rel="stylesheet" type="text/css">
```

步骤 4：设置标题栏样式。

设置标题栏"中国古诗词"的样式，效果如图 3-31 所示，代码如下：

```
<div class="h1 text-center bg-warning p-2">中国古诗词</div>
```

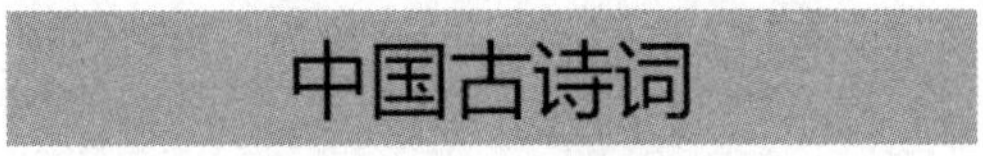

中国古诗词

图 3-31　标题栏效果

步骤 5：设置面板标题导航。

（1）在 ul 元素中使用 nav 类和 nav-tabs 类制作选项卡导航，使用 bg-light 类设置其背景颜色，使用 justify-content-end 类设置其右对齐。

（2）在 li 元素中使用 nav-item 类，在 a 元素中使用 nav-link 类。

（3）设置导航链接。"静夜思"链接到 jys.html、"春晓"链接到 chunxiao.html、"悯农"链接到 mn.html。"春晓" chunxiao.html 与"悯农" mn.html 尚未建立，先按此文件名规划导航。

（4）"静夜思"所在的链接使用 active 类，设置当前活动的选项。效果如图 3-32 所示，代码如下：

```html
<ul class="nav nav-tabs bg-light justify-content-end">
    <li class="nav-item"><a href="jys.html" class="nav-link active">静夜思</a></li>
    <li class="nav-item"><a href="chunxiao.html" class="nav-link">春晓</a></li>
    <li class="nav-item"><a href="mn.html" class="nav-link">悯农</a></li>
</ul>
```

步骤 6：设置选项卡面板内容区样式。

（1）选项卡面板内容区 div 元素使用 text-center 类使内容居中，使用 p-2 类使内容到框线有一定的距离，使用 border 类和 border-top-0 类，给内容区的左、右、下加边框线，代码如下：

```html
<div class="poem text-center border border-top-0 p-2">
```

（2）制作面包屑导航。在无序列表 ul 元素中使用.breadcrumb 类，在项目列表 li 元素中添加 breadcrumb-item 类，效果如图 3-33 所示，代码如下：

```html
<ul class="breadcrumb">
    <li class="breadcrumb-item"><a href="#">首页</a></li>
    <li class="breadcrumb-item"><a href="#">唐诗</a></li>
    <li class="breadcrumb-item">静夜思</li>
</ul>
```

图 3-33　面板整体效果

图 3-32　面板标题导航效果

步骤 7：设置页脚导航栏的样式。

页脚导航栏使用 nav 类和 nav-pills 类设置胶囊导航；使用 bg-light 类设置背景；使用 nav-justified 类设置其对齐方式为两端分散对齐；"唐诗"所在的链接使用 active 类设置为当前活动链接，代码如下：

```html
<ul class="nav nav-pills bg-light nav-justified">
    <li class="nav-item"><a href="#" class="nav-link active">唐诗</a></li>
    <li class="nav-item"><a href="#" class="nav-link">宋词</a></li>
    <li class="nav-item"><a href="#" class="nav-link">元曲</a></li>
</ul>
```

步骤 8：保存文件 jys.html。

步骤 9：制作"春晓"页面 chunxiao.html。

（1）将 jys.html 另存为网页 chunxiao.html。

（2）修改网页 chunxiao.html 的诗歌内容为"春晓"。

（3）修改网页 chunxiao.html 选项卡面板链接的当前活动链接为"春晓"所在链接，代码如下：

```html
<ul class="nav nav-tabs bg-light justify-content-end">
    <li class="nav-item"><a href="jys.html" class="nav-link">静夜思</a></li>
    <li class="nav-item"><a href="chunxiao.html" class="nav-link active ">春晓</a></li>
    <li class="nav-item"><a href="mn.html" class="nav-link ">悯农</a></li>
```

```
    </ul>
```

（4）保存文件 chunxiao.html。

步骤 10：制作"悯农"页面 mn.html。

（1）将 jys.html 另存为网页 mn.html。

（2）修改网页 mn.html 的诗歌内容为"悯农"。

（3）修改网页 mn.html 选项卡面板链接的当前活动链接为"悯农"所在链接，代码如下：

```
<ul class="nav nav-tabs bg-light justify-content-cnd">
    <li class="nav-item"><a href="jys.html" class="nav-link">静夜思</a></li>
    <li class="nav-item"><a href="chunxiao.html" class="nav-link">春晓</a></li>
    <li class="nav-item"><a href="mn.html" class="nav-link active">悯农</a></li>
</ul>
```

（4）保存文件 mn.html，完成制作任务。

3.4　小 试 牛 刀

采用九宫格结构制作"诗行天下"栏目页面，单元格内超链接使用模糊图像为背景，鼠标经过时更改背景图为清晰背景，效果如图 3-34 所示。

参考步骤：

步骤 1：站点规划。

（1）新建文件夹作为站点，把素材复制到站点所在的目录。素材包含两组图像，一组是模糊处理的图像，存放在 images 目录中，另一组是清晰的图像，存放在 images/pic 中。

（2）将素材中的网页 ex3-0-source 另存为 ex3-0.html。

步骤 2：设置所有 a 标签的统一样式。

（1）设置所有 a 标签为块状元素显示，宽度为 100%；高度为 100%。

（2）设置行距 line-height 为父元素 div 的高度 128 px，令文字垂直居中。

（3）去掉下划线，字体为隶书，大小为 24 px，设置文字水平居中。效果如图 3-35 所示。

图 3-34　九宫格整体效果

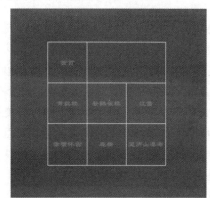

图 3-35　超链接文字样式

步骤 3：美化左上角超链接"首页"的效果。

（1）设置左上角超链接"首页"的初始状态使用模糊背景图 images/pic/bg_01.gif，文字颜色为金色，效果如图 3-36 所示。

（2）设置鼠标经过时背景图改为清晰背景图 images/bg_01.gif，文字颜色为白色，效果如图 3-37 所示。

步骤 4：设置标题单元格的背景图片为 images/pic/bg_02.gif。

步骤 5：设置其他单元格的超链接样式。

参考步骤 3 设置其他单元格的超链接样式。初始状态使用模糊背景图，文字颜色为金色；鼠标经过时背景图改为清晰背景图，文字颜色为白色。

步骤 6：保存文件。

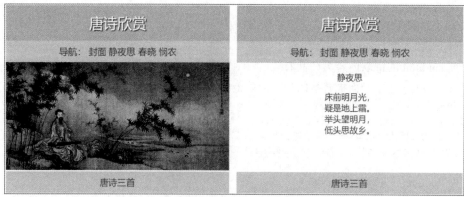

图 3-36　"首页"的初始状态

图 3-37　鼠标经过时背景图改为清晰背景图

小　结

　　本章内容围绕着超链接展开，首先介绍了超链接的基本属性以及各种应用场景；然后介绍了用锚伪类描述超链接各种状态的方法，包括活动状态、已被访问状态、未被访问状态和鼠标悬停状态。熟练掌握好锚伪类的设置是超链接美化的关键，也是页面导航制作的基础。一般来说，超链接的美化至少需要设置三种状态，即已被访问的状态、未被访问的状态和鼠标悬停状态。由于有鼠标悬停状态的样式存在，通常要将原来超链接的下划线去掉，即 text-decoration:none。此外要特别注意超链接使用背景图的情况，要将超链接元素设定为块状元素显示，才能具有宽度和高度。有宽度和高度才能显示背景图。

　　页面导航一般需要超链接加无序列表进行设置，要掌握项目列表的基本样式设置。一般会把 ul 的项目符号去掉，并设置内外边距为 0。

　　本章最后介绍了使用 Bootstrap 制作导航的方法，使导航的制作大大简化，提高了制作效率。

思考与练习

　　1．什么情况下要设置样式 a { display:block; } ？

　　2．在使用 ul 制作导航时，如何把项目符号去掉，并设置内外边距为 0？写出 CSS 样式代码。

　　3．制作一个网页，使用:target 伪类选择器为 3 首唐诗的标题定义样式。如图 3-38 所示，在顶部单击"春晓"链接，会在相应的诗歌正文中将诗歌标题加上黄色背景。

图 3–38　单击"春晓"链接的效果

4. 按要求写出实现图 3-39 所示的带背景图导航效果的 CSS 代码，用 ul 制作导航代码如下：

栏目一	栏目二	栏目三	栏目四	栏目五	栏目六

图 3-39　带背景图导航

```
<ul>
    <li><a href="#">栏目一</a></li>
    <li><a href="#">栏目二</a></li>
    <li><a href="#">栏目三</a></li>
    <li><a href="#">栏目四</a></li>
    <li><a href="#">栏目五</a></li>
    <li><a href="#">栏目六</a></li>
</ul>
```

要求：去掉 ul 的列表符号，ul 的 margin 值与 padding 值置 0；列表项横向排列；导航内的超链接去掉下划线，大小为 12 px，文字水平居中，文字垂直方向到上边为 10 px。已访问过的链接与未被访问的链接样式一样，采用 button1.jpg 作背景，改图像宽度为 80 px，高度为 32 px，鼠标滑过该链接则改变背景图为 button2.jpg，button2.jpg 尺寸与 button1.jpg 一样。

第 4 章

图像与多媒体

引言

多媒体元素包括图像元素、视频元素和音频元素。在第 2 章中使用图像作背景对盒子模型进行美化。本章将继续探讨与图像相关的内容，学习插入图像、图像热区等图像基本应用以及图像相关的样式，并在图像背景的基础上，进一步学习 CSS 雪碧图的原理和用法，最后介绍网页视频、音频等多媒体元素。

内容结构图

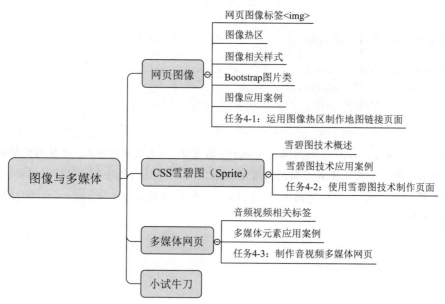

学习目标

➤ 了解图像元素、视频元素、音频元素的基本标签和基本属性；

➤ 理解 CSS 图像热区的基本原理和用法；

➤ 掌握 CSS 雪碧图的基本应用方法；

➤ 能熟练使用图像元素进行页面美化。

4.1 网 页 图 像

随着互联网通信技术的飞速发展，之前影响网页浏览速度的图像、音频、视频等多媒体元素越来越多地出现在网页之中。在网页中使用多媒体元素已经成为潮流。它增加了网页的吸引度。在 HTML5 出现之前，实现网页多媒体功能必须依赖<object>标签调用第三方软件加载。HTML5 的出现让多媒体网页的开发变得简单，并形成了新的标准。

　　文字与图像是构成一个网页的两个最基本的元素。如果说文字是负责网页的内容，那么图像就负责网页的美观。对于网页图像，一般需要考虑以下几个因素，包括图像的格式、图像的尺寸、图像的透明性等。

4.1.1　网页图像标签<img>

格式：
```
<img src="image-URL"/>
```
功能：该标签在 HTML 文件中插入图像。src 属性用来指出一个图像的 URL，是<img>标签必须有的属性。

1. 图像的宽度与高度

img 元素是一个行内块类型的元素，它有宽度和高度，能与其他行元素共享同一行空间。<img>标签中提供了 height 和 width 两个属性，用来设定图像显示的高度和宽度，二者可取像素值或百分比。height 和 width 属性不建议同时使用，容易使图像变形。如果只使用其中一个属性，图像就会按照原来的比例匹配另一个属性值进行显示。

2. 图像的取代文字 alt 属性

alt 属性规定在图像无法显示时的替代文本。由于图像文件被清除等原因导致用户无法查看图像，alt 属性可以为图像提供替代的文字信息。只有当图像无法显示时，才会显示出替代文本。

3. title 属性

title 属性为图像创建描述的文字，这些文字会在鼠标悬停在图像上时显示出来。

4.1.2　图像热区

格式：
```
<img src="图像文件" usemap="#MAP-Name">
<map name="MAP-Name">
    <area shade="形状" coords="坐标" href="URL">
</map>
```
功能：在 HTML 文档中给图像使用<map>标签，可以在图像的某个部分建立超链接，将图像划分成若干热点区域，称为图像地图，单击热点可以链接到相关页面。

　　图像通过<img>标签插入，使用 usemap 属性指定图像对应的地图名字。图像地图由一对<map>标签包裹若干 area 元素组成。<map>标签的 name 属性定义图像地图名字。

　　area 元素用于定义图像热区。一个图像有几个部分需要建立链接就定义几个热区，<area>标签不成对出现，每个热区对应一个单个的<area>标签。热点区域通过<area>标签的 shade 属性和 coords 属性进行定义，shade 属性定义热区形状，coords 属性定义坐标。表 4-1 列出了不同热区形状的 shade 属性和 coords 属性的取值。

表 4-1　不同热区形状的 shade 属性和 coords 属性取值

形状	shape 属性	coords 属性	coords 属性取值含义
矩形	shape="rect"	coords="x1,y1,x2,y2"	coords 表示矩形左上(x1,y1)及右下(x2,y2)的坐标
圆形	shape="circle"	coords="x,y,r"	coords 表示圆中心点坐标(x,y)及半径
多边形	shape="poly"	coords="x1,y1,x2,y2,x3,y3…"	coords 表示多边形所有顶点的坐标(x1,y1),(x2,y2),(x3,y3)…

　　所有坐标都是相对于图片左上角的，坐标值 x 是指点到图像左边界的距离，坐标值 y 是指点到图像上边界的距离，各个坐标值之间用逗号隔开。

4.1.3 图像相关样式

与图像相关的 CSS 样式属性有：宽度属性 width；高度属性 height；边框属性 border，使用 border 属性可以创建缩略图；圆角属性 border-radius，通过使用 border-radius 属性可以创建圆形图像；不透明度属性 opacity，该属性设置一个图像的不透明度，属性值从 0.0（完全透明）到 1.0（完全不透明），默认值为 1。

4.1.4 Bootstrap 图片类

Bootstrap 提供了三个可对图片应用简单样式的预定义类.rounded、.rounded-circle 和.img-thumbnail。这三个类的功能与效果见表 4-2。

表 4-2 Bootstrap5 图片预定义类

类	功　　能	应　　用	效　　果
.rounded	添加 border-radius:6px 获得图片圆角	`<img src="t1.jpg" class="rounded" >`	
.rounded-circle	添加 border-radius:50% 让整个图片变成圆形	`<img src="t1.jpg" class="rounded-circle" >`	
.img-thumbnail	添加一些内边距（padding）和一个灰色的边框	`<img src="t1.jpg" class="img-thumbnail" >`	

4.1.5 图像应用案例

案例 4-1： 在网页中插入三个图像，分别定义其替代文字和鼠标经过时的文字。三个图像分别使用 Bootstrap 预定义类.img-thumbnail、.rounded-circle 和.rounded，使之分别呈现缩略图效果、椭圆边框效果和圆角边框效果。三个图像分别加上超链接<a>标签，在网页中单击图像会在新窗口中打开相应的图像文件。设置三个图像的不透明度为 0.5，使之模糊；鼠标经过时将不透明度改为 1，使之变为清晰，效果如图 4-1 所示。代码如下：

图 4-1　鼠标经过第二张图像时变为清晰

```
<!doctype html>
<html>
<head>
```

```
    <meta charset="utf-8">
    <title>案例 4-1</title>
    <link href="css/bootstrap.min.css" rel="stylesheet">
    <style>
        a:link,a:visited{opacity:0.5;}
        a:hover{opacity:1;}
    </style>
</head>
<body>
    <a href="images/t1.jpg" target="_blank">
        <img src="images/t1.jpg" width="190" height="361" class="img-thumbnail" alt="衣服
1" title="红色风衣 399 元">
    </a>
    <a href="images/t2.jpg" target="_blank">
        <img src="images/t2.jpg" width="190" height="361" class="rounded-circle" alt="衣服
2" title="羊毛大衣 439 元">
    </a>
    <a href="images/t3.jpg" target="_blank">
        <img src="images/t3.jpg" width="190" height="361" class="rounded" alt=" 衣服 3"
title="杏色经典大衣 180 元"/>
    </a>
</body>
</html>
```

4.1.6　任务 4-1：运用图像热区制作地图链接页面

微 课
任务 4-1

1．任务描述

本任务制作 4 个网页，其中 yts.html 为阳台山森林公园网页；dpz.html 为大屏障森林公园网页、nms.html 为南门山森林公园网页。主网页为一张地图，如图 4-2 所示。点击地图中阳台山森林公园、大屏障森林公园、南门山森林公园所在位置，在新窗口中打开相应的网页。

图 4-2　主网页地图

2．任务要求

通过地图链接页面的制作，掌握并巩固<img>标签的用法；要熟练使用 Bootstrap 图片类；能运用图像热区创建网页。

3．任务分析

使用 Bootstrap 图片类对三个森林公园的网页图片进行美化，分别呈现椭圆、圆角、缩略图三种效果；主网页插入图像地图 pic.jpg，分别在阳台山森林公园、大屏障森林公园、南门山森林公园所在位置定义三种不同形状（矩形、圆形、多边形）的热区，单击图像热区，在新窗口打开相应的网页。定义热区形状时需使用 Dreamweaver 设计视图的地图热点工具，自动生成坐标代码。

4．工作过程

步骤 1：站点规划。

新建文件夹作为站点；站点内建立 images 文件夹，将本节素材存放在 images 文件夹中。

步骤 2：新建阳台山森林公园网页。

（1）新建网页，设置<title>为"阳台山森林公园"；网页命名为 yts.html，保存到站点所在的目录。

（2）网页 yts.html 在头元素引入 Bootstrap 内核文件，最外层用 div.container 包裹，里面的内容包含标题栏 div.h1 元素和 img 图像元素。img 图像元素使用 rounded 类，作圆角处理，设置其替代文字和鼠标经过时的文字为"阳台山森林公园"，效果如图 4-3 所示，代码如下：

```
<div class="container">
    <div class="h1">阳台山森林公园</div>
    <img src="images/yts.jpg" title="阳台山森林公园" alt="阳台山森林公园" class='rounded'/>
</div>
```

步骤 3：新建南门山森林公园网页。

（1）新建网页，设置<title>为"南门山森林公园"；网页命名为 nms.html，保存在站点所在的目录。

（2）网页 nms.html 的结构与 yts.html 相同。img 图像元素使用 rounded-circle 类，作椭圆状，设置其替代文字和鼠标经过时的文字为"南门山森林公园"，效果如图 4-4 所示，代码如下：

```
<div class="container">
    <div class="h1">南门山森林公园</div>
    <img src="images/dpz.jpg" title="南门山森林公园" alt="南门山森林公园" class='rounded-circle'/>
</div>
```

图 4-3　阳台山森林公园页面

图 4-4　南门山森林公园页面

步骤 4：新建大屏障森林公园网页。

（1）新建网页，设置<title>为"大屏障森林公园"；将网页命名为 dpz.html，保存到站点所在的目录。

（2）网页 dpz.html 的结构与 yts.html 相同。img 图像元素使用 img-thumbnail 类，作缩略图状，设置其替代文字和鼠标经过时的文字为"大屏障森林公园"，效果如图 4-5 所示，代码如下：

```
<div class="container">
    <div class="h1">大屏障森林公园</div>
    <img src="images/dpz.jpg" title="大屏障森林公园" alt="大屏障森林公园" class='img-thumbnail'/>
</div>
```

图 4-5　大屏障森林公园页面

步骤 5：创建主网页文件。

（1）新建网页，设置<title>为"任务 4-1"，将网页命名为 task4-1.html，保存到站点所在的目录。

（2）在网页 task4-1.html 中插入图像 pic.jpg，并输入替代文字"地图"。

（3）在 DW 设计视图中打开属性窗口，单击左下角的地图工具的矩形按钮，如图 4-6 所示，在阳台山森林公园所在位置定义矩形热区，设置热点链接为"yts.html"；设置目标为"_blank"，即单击矩形图像热区会在新窗口中打开 yts.html 网页。

（4）在 DW 设计视图中，单击左下角的地图工具的圆形按钮，在大屏障森林公园所在位置定义圆形热区，设置热点链接为"dpz.html"；设置目标为"_blank"，即单击圆形图像热区会在新窗口中打开 dpz.html 网页。

（5）在 DW 设计视图中，单击左下角的地图工具的多边形按钮，在南门山森林公园所在位置勾勒出多边形，定义多边形热区，设置热点链接为"nms.html"；设置目标为"_blank"，即单击多边形图像热区会在新窗口打开 nms.html 网页。完成设置后的代码如下：

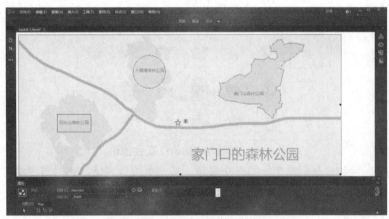

图 4-6　DW 设计视图使用地图工具

```
<img src="images/pic.jpg" alt="地图" usemap="#Map"/>
<map name="Map">
    <area shape="rect" coords="136,277,257,340" href="yts.html" target="_blank">
    <area shape="circle" coords="466,130,58" href="dpz.html" target="_blank">
    <area  shape="poly"  coords="770,233,802,240,816,242,838,242,858,242,865,245,852,255,
870,260,879,272,902,291,907,280,915,271,915,262,932,255,937,242,925,238,931,232,929,196,916,
193,916,184,930,178,943,125,928,119,948,95,967,88,1000,61,1009,58,1016,38,988,32,963,31,946,
35,936,19,922,20,895,42,900,59,916,59,921,79,913,88,893,84,889,79,871,89,841,86,829,105,829,
129,818,138,807,146,794,140,785,140,768,147,735,169,717,170,720,190,716,202,713,213,737,230
" href="nms.html" target="_blank">
    </map>
```

步骤 6：保存文件 task4-1.html，完成制作。

4.2　CSS 雪碧图（Sprite）

雪碧图又称精灵图，是一种 CSS 图像合并技术，该方法是将小图标和背景图像合并到一张图片上，然后利用 CSS 的背景定位显示需要显示的图片部分。

4.2.1　雪碧图技术概述

雪碧图（Sprite）技术的基本原理是：在盒子中使用一个包含各种图标的大背景图。盒子的位置保持不变，通过改变背景图的位置让盒子呈现不同的图标。雪碧图的优点是减少加载网页图片时对服务器的请求次数。不同位置的请求只需要调用一个图片，降低了服务器压力，同时提高了页面的加载速度，节约服务器的流量。使用雪碧图之前，需要知道雪碧图中各个图标的位置。例如，图 4-7 所示的雪碧图表情包，每个表情水平方向和垂直方向的间隔都是 150 px。

微 课

雪碧图技术概述

图 4-7　表情包雪碧图

CSS 雪碧图使用 background-image 和 background-position 属性进行渲染。图片是在 CSS 中定义的背景图，而非<img>标签。如果要使用图 4-7 所示的第一个"笑脸"表情，需在页面上设置一个宽为 150 px；高为 150 px 的盒子。盒子使用图 4-7 所示的雪碧图作为背景图，并将背景图的位置 background-position 设置为(0,0)即可。雪碧图位置示意如图 4-8 所示，图片中有标记部分即"笑脸"表情的位置为(0,0)。

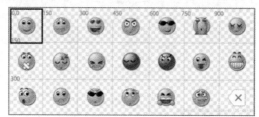

图 4-8　"笑脸"表情的位置示意图

如果想显示其他表情，例如要显示第 2 行第 3 个表情，即"哭脸"表情。这时需要将背景图的位置在水平方向左移 300 px，在垂直方向上移 150 px。反映在 background-position 属性上是一个负值，即(-300,-150)。位置示意如图 4-9 所示，样式代码如下：

```
background-position: -300px  -150px;
```

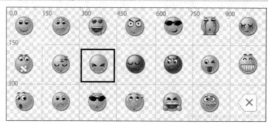

图 4-9　"哭脸"表情的位置示意图

由于背景图以左上角(0,0)为位置的基准，因而，除了第一个图标位于(0,0)位置之外，所有雪碧图图标的位置都用负值表示，即 background-position 属性值均为负数。

4.2.2　雪碧图技术应用案例

●微课

雪碧图（Sprite）
技术应用案例

案例 4-2： 把一个超链接用 CSS 做成按钮的样式。按钮使用图 4-10 所示的雪碧图作背景。按钮的三个状态，即 a:link, a:hover, a:active 分别取雪碧图上、中、下三个部分。

图 4-10　用雪碧图制作一个按钮的三个状态背景

把 a 元素定义为块状元素，设置其宽度为 200 px，高度为 65 px，加入图 4-9 所示的雪碧图作背景，该雪碧图 button.png 为三个 200 px×65 px 的图拼合而成的图片，从上到下依次为按钮的普通状态、鼠标滑过状态、鼠标单击状态。使用 CSS 进行定义，代码如下：

```
<!doctype html>
```

```html
<html>
<head>
    <meta charset="utf-8">
    <title>案例 4-2</title>
    <style>
        a {
            display:block; width:200px; height:65px; line-height:65px;/*定义按钮基本样式*/
            text-indent:-2015px;                         /*隐藏文字*/
            background-image:url(images/button.png);      /*定义背景图片*/
        }
        a:link{background-position:0 0;}      /*定义链接的普通状态，此时图像显示的是顶上的部分*/
        a:hover {background-position:0 -66px;} /*定义链接的滑过状态，此时显示中间部分，向下取负值*/
        a:active {background-position:0 -132px;} /*定义链接的按下状态，此时显示下面部分，向下取负值*/
    </style>
</head>
<body>
    <a href="#">链接</a>
</body>
</html>
```

4.2.3　任务 4-2：使用雪碧图技术制作页面

1．任务描述

使用图 4-12 所示的雪碧图制作网页。页面效果如图 4-11 所示。页面从上到下分为标题、导航、最新文章、前端商城和页脚五部分。导航在鼠标经过时呈现出高光效果。

2．任务要求

本任务所有图像要求使用一张雪碧图，如图 4-12 所示。通过本任务的练习，要熟练掌握雪碧图的基本应用，尤其是在超链接的背景中使用雪碧图的技巧和方法。

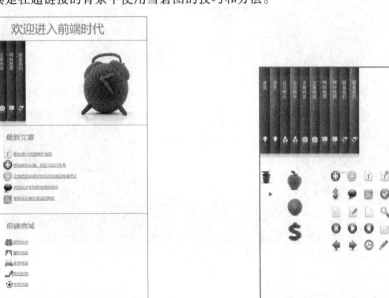

图 4-11　任务 4-2 效果　　　　　　　　　　　图 4-12　雪碧图 "sprite.png"

3．任务分析

本任务的关键是确定雪碧图中图标的大小和位置。使用 Photoshop 打开雪碧图，首先将默认尺寸单位改为像素，方法如下：

（1）在菜单栏中选择"编辑"→"首选项"命令，打开"首选项"对话框。

（2）在"首选项"对话框中，选择"单位与标尺"选项卡，如图 4-13 所示，将标尺的单位改为"像素"。

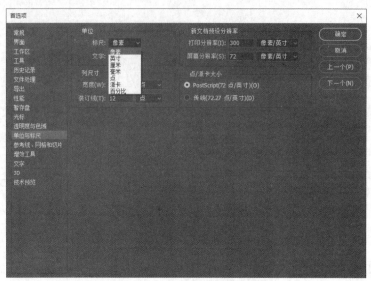

图 4-13　将标尺的单位改为"像素"

（3）用矩形选框选中图标，在菜单栏中选择"窗口"→"信息"命令，打开"信息"面板，在 W 和 H 值区域显示图标的尺寸，如图 4-14 所示。

（4）把鼠标放在矩形选框的左上角，在信息窗口的 X 和 Y 区域显示图标的位置，如图 4-14 所示。

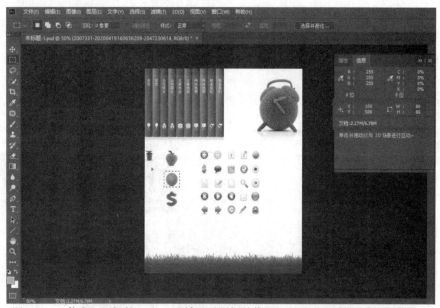

图 4-14　"信息"面板的 X 和 Y 区域显示图标的位置，W 和 H 区域显示图标的尺寸

4. 工作过程

步骤 1：站点规划。

（1）新建文件夹作为站点，站点内建立 images 文件夹，将本节素材存放在 images 文件夹中。

（2）新建网页，设置<title>为"任务 4-2"；将网页命名为 task4-2.html，保存到站点所在的目录。

步骤 2：建立网页的基本结构。

（1）网页 task4-2.html 最外层为 div#container，里面从上到下包含 div#banner、div#nav、"最新文章"标题、"最

新文章"内容、"前端商城"标题、"前端商城"内容、div#footer，基本代码如下：

```
<body>
    <div id="container">
        <div id="banner"></div>
        <div id="nav"></div>
        <div id="t0"><i></i>    最新文章</div>
        <div id="t1"></div>
        <div id="t2"><i></i>    前端商城</div>
        <div id="t3"></div>
        <div id="footer"></div>
    </div>
</body>
```

（2）设置最外层 div#container 宽度为 720 px，高度为 1 280 px，加框线。

```
#container{
    width:720px;
    height:1280px;
    border: 1px solid #669900;
}
```

步骤 3：制作横幅。

（1）输入 div#banner 的内容：在文字前面加入 i 元素用于显示图标，代码如下：

```
<div id="banner"><i></i>    欢迎进入前端时代</div>
```

（2）设置 i 元素的样式：i 元素用于在网页中呈现图标，设置为行内块，与同一行文字的对齐方式为中间对齐；采用雪碧图为背景。代码如下：

```
i{display:inline-block; vertical-align:middle;background-image:url(images/sprite.png);}
```

（3）设置 div#banner 的样式：高度为 96 px，设置文字大小、颜色和垂直居中，底部加上一条框线。代码如下：

```
#banner{ height: 96px;line-height:96px;font-size:50px;color:#6C3;
        border-bottom:solid #999 1px;
}
```

（4）设置 div#banner 中 i 元素的背景雪碧图的大小和位置：参照本节任务分析中介绍的方法，如图 4-14 框线所示，div#banner 中 i 元素的宽度为 80 px，高度为 80 px，雪碧图背景位置为（-100 px，-500 px）。完成设置后的效果如图 4-15 所示，样式代码如下：

```
#banner i{width: 80px;height:80px; background-position:-100px -500px;}
```

 欢迎进入前端时代

图 4-15　div#banner 的效果

步骤 4：制作导航。

（1）建立导航的基本结构，代码如下：

```
<div id="nav">
<ul>
    <li class="item1"><a href="#">home</a></li>
        <li class="item2"><a href="#">about us</a></li>
        <li class="item3"><a href="#">articles</a></li>
        <li class="item4"><a href="#">contact us</a></li>
        <li class="item5"><a href="#">site map</a></li>
        <li class="item6"><a href="#"></a></li>
</ul>
</div>
```

（2）设置导航的基本样式：ul 元素去掉项目符号和默认的内外边距。

（3）设置导航 div#nav 高度为 350 px，底部加框线。

（4）设置 li 元素为行内块，并且顶端对齐，使各个链接水平排列；设置#nav 下的 ul 元素字符间隔为-5 px，以消除行内块之间的距离。

（5）设置 a 元素为块状元素，宽度为 40 px，高度为 350 px。该尺寸为雪碧图背景通过 PS 测出的导航图标的尺寸（参照本节任务分析介绍的方法）。样式代码如下：

```
ul{list-style:none; padding:0; margin:0;}
#nav{ height:350px;border-bottom:solid #999 1px;}
#nav ul{letter-spacing:-5px;}
#nav li { display:inline-block; vertical-align:top;}
#nav li a {display:block;width:40px;height:350px;}
```

（6）设置导航中 5 个超链接的样式：每个链接都使用雪碧图作背景，雪碧图位置通过 PS 测得在水平方向间隔为 80 px，垂直方向无变化；鼠标经过时，各个链接的背景图位置左移 40 px，为高光背景图。

```
#nav li.item1 a {background-image:url(images/sprite.png);background-position:0 0;}
#nav li.item1 a:hover{background-position:-40px 0}
#nav li.item2 a {background-image:url(images/sprite.png);background-position:-80px 0;}
#nav li.item2 a:hover{background-position:-120px 0}
#nav li.item3 a {background-image:url(images/sprite.png);background-position:-160px 0;}
#nav li.item3 a:hover{background-position:-200px 0}
#nav li.item4 a {background-image:url(images/sprite.png);background-position:-240px 0;}
#nav li.item4 a:hover{background-position:-280px 0}
#nav li.item5 a {background-image:url(images/sprite.png);background-position:-320px 0}
#nav li.item5 a:hover{background-position:-360px 0}
```

（7）设置导航右侧的行内块 li.item6 的样式：参照本节任务分析介绍的方法使用雪碧图作背景，并且设置 margin-left:120px;与导航保持 120 px 的距离。导航效果如图 4-16 所示，代码如下：

```
#nav li.item6{ margin-left:120px;}
#nav li.item6 a{width:340px;height:350px;
                background-image:url(images/sprite.png);
                background-position:-450px 0;}
```

图 4-16　导航 div#nav 的效果

步骤 5：制作"最新文章"的内容。

（1）输入"最新文章"的内容，代码如下：

```
<div id="t0"><i></i>    最新文章</div>
<div id="t1">
    <ul>
        <li class="cat1"><i></i><a href="#">移动端 H5 页面制作规范</a></li>
        <li class="cat2"><i></i><a href="#">移动端和 PC 端，响应式设计布局</a></li>
        <li class="cat3"><i></i><a href="#">让网页自动调用双核浏览器的极速模式</a></li>
        <li class="cat4"><i></i><a href="#">如何设计手机移动端的网页</a></li>
        <li class="cat5"><i></i><a href="#">如何设计制作自适应网页</a></li>
    </ul>
</div>
```

（2）设置"最新文章"标题的样式：在标题处使用 i 元素显示雪碧图图标，参照本节任务分析中介绍的方法，确定图标尺寸和位置，代码如下：

```
#t0{height: 96px;line-height:96px;font-size:30px;color:#999;}
#t0 i{width: 80px;height:88px;background-position:-100px -400px;}
```

（3）设置"最新文章"内容的样式：在内容处 li 元素使用 i 元素显示雪碧图图标，参照本节任务分析中介绍的方法，确定图标尺寸和位置，代码如下：

```
#t1{ height:270px; padding-left:100px;border-bottom:solid #999 1px; }
#t1 i{ width: 46px;height: 46px;}
.cat1 i{ background-position:-415px -400px;}
.cat2 i{ background-position:-280px -400px;}
.cat3 i{background-position:-348px -400px;}
.cat4 i{background-position:-340px -466px;}
.cat5 i{background-position:-416px -466px;}
```

（4）设置超级链接 a 元素的样式，完成设置之后的效果如图 4-17 所示，代码如下：

```
a:link,a:visited{ color:#999;}
a:hover{ color:#6C3; text-decoration:none;}
```

图 4-17　"最新文章"的效果

步骤 6：制作"前端商城"的内容。

（1）输入"前端商城"的内容，代码如下：

```
<div id="t2"><i></i>    前端商城</div>
<div id="t3">
    <ul>
        <li class="cat6"><i></i><a href="#">服饰内衣</a></li>
        <li class="cat7"><i></i><a href="#">窗帘饰品</a></li>
        <li class="cat8"><i></i><a href="#">家具电器</a></li>
        <li class="cat9"><i></i><a href="#">鞋包配饰</a></li>
        <li class="cat10"><i></i><a href="#">体育用品</a></li>
    </ul>
</div>
```

（2）设置"前端商城"标题的样式，样式代码如下：

```
#t2{ height: 96px;line-height:96px; font-size:30px;color:#999;}
#t2 i{ width: 80px;height:88px;background-position:-100px -600px;}
```

（3）设置"前端商城"内容的样式，完成设置后的效果如图 4-18 所示，样式代码如下：

```
#t3{ height:270px; padding-left:100px;border-bottom:solid #999 1px;}
#t3 i{ width: 44px;height: 44px;}
.cat6 i{ background-position:-620px -396px;}
.cat7 i{ background-position:-684px -396px;}
.cat8 i{background-position:-684px -434px;}
.cat9 i{background-position:-620px -434px;}
.cat10 i{background-position:-620px -472px;}
```

图 4-18　"前端商城"的效果

步骤 7：制作页脚。

（1）输入页脚内容，代码如下：

```
<div id="footer"> Copyright 2022 数字媒体前端时代工作室.服务热线: 0755-88888888</div>
```

（2）设置页脚样式，样式代码如下：

```
#footer{width: 100%;height: 96px; text-align:center;
    background-image: url(images/sprite.png);
    background-position:0 -886px;}
```

步骤 8：保存文件，完成制作。

4.3　多媒体网页

在网页中，多媒体元素扮演着重要的角色。多媒体元素主要是指声音和视像。由于声音和视像从采集、制作到发布，每个环节都涉及不同的公司，采用不同的软件，使用不同的硬件设备，因而音视频的格式众多。例如，国际标准组织（International Organization for Standardization，ISO）开发了一系列视频音频编码，这类格式包括了 MPEG-1、MPEG-2 和 MPEG-4 在内的多种视频格式，以及最为大家熟悉的 MP3。国际电传视讯联盟（International Telecommunication Union，ITU）主导的编码系列，包括 H.261 标准、H.264 标准等，主要应用于实时视频通信领域，如会议电视等。万维网联盟 W3C 在 HTML5 中推出了 ogg 音视频格式，建议浏览器支持。不过由于众多因素导致浏览器生产商在选择编码上无法达到一致看法。所以在制作多媒体网页时需要考虑不同浏览器对不同音视频格式的兼容性。不同格式的文件可以通过"格式工厂"等软件进行转换。表 4-3 列出了一些常用音频视频格式。

表 4-3　常用音频视频格式

格　　式	描　　述
mp3	ISO 音频格式，在低至 64 kbit/s 的比特率下提供接近 CD 音质的音频质量
mp4	MPEG 4 文件使用 H264 视频编解码器和 AAC 音频编解码器
mid	电子乐器的演奏控制格式，通常不带有音频采样
wav	支持的编码技术大部分只能在 Windows 平台下使用，用于音频原始素材保存
avi	音频视频交错（Audio Video Interleaved）的英文缩写，由微软公司发布的视频格式，在视频领域可以说是最悠久的格式之一
wma	在 Windows 平台下使用的音频格式
wmv	一种独立于编码方式的在 Internet 上实时传播多媒体的技术标准，Microsoft 公司希望用其取代 QuickTime 等技术标准以及 WAV、AVI 等文件扩展名
mov	QuickTime 的视频格式，QuickTime 是 Apple 公司的一种图像视频处理软件
flv	FLV 是 Flash Video 的简称，FLV 流媒体格式解决了视频文件导入 Flash 后，使导出的 SWF 文件体积庞大，不能在网络上很好地使用等缺点
WebM	由 Google 提出，是一个开放、免费的媒体文件格式，使用 VP8 视频编解码器和 Vorbis 音频编解码器
ogg	HTML5 通用音视频格式，使用 Theora 视频编解码器和 Vorbis 音频编解码器

4.3.1　音频视频相关标签

与音频视频相关的标签有音频标签<audio>标签、视频标签<video>、媒体嵌入标签<embed>、对象标签<object>、图形标签<figure>和图形标题标签<figcaption>。

1．音频标签<audio>

格式：

```
<audio controls>
    <source src="多媒体文件 url " >
    …
</audio>
```

● 微　课

音频视频相关标签

功能：audio 元素用于定义声音，比如音乐或其他音频流。audio 元素支持 mp3、wav、ogg 三种文件格式。可以在<audio>…</audio>之间放置文本内容，这些文本信息将会显示在那些不支持<audio>标签的浏览器中。

controls 属性供添加播放、暂停和音量控件。由于 HTML5 取消了自动播放，所有媒体都需要用户驱动，所以 controls 是必须要有的属性。

audio 元素允许使用多个 source 元素。source 元素可以链接不同的音频文件，浏览器将使用第一个支持的音频文件。

2．视频标签<video>

格式：

```
< video controls>
    <source src="多媒体文件 url " >
    …
</ video>
```

功能：video 元素用于定义视频，比如电影片段或其他视频流。video 元素支持 mp4、webm 和 ogg 三种视频格式。可以在<video>…</video>之间放置文本内容，这些文本信息将会被显示在那些不支持<video>标签的浏览器中。

controls 属性供添加播放、暂停、全屏控件和音量控件。由于 HTML5 取消了自动播放，所有媒体都需要用户驱动，所以 controls 是必须要有的属性。

3．媒体嵌入标签<embed>

格式：

```
<embed src="多媒体文件 url" >
```

功能：embed 元素用于在网页中插入音频、视频。支持 wav、ogg、mp3 等音频格式，mp4、webm、ogg 等视频格式以及 pdf、jpg、png 等图像文件。src 属性用于指定多媒体文件的地址，该属性必须使用。

4．对象标签<object>

格式：

```
<object  data="多媒体文件 url"></object>
```

功能：object 元素用于定义一个嵌入的对象。比如图像、音频、视频等，支持 wav、ogg、mp3 等音频格式，mp4、webm、ogg 等视频格式以及 pdf、jpg、png 等图像格式，还可以直接嵌入 HTML 文档。

5．图形标签<figure>

图形标签<figure>…</figure>用于包裹媒体内容。多媒体元素包括 img、audio、video、embed、object 都是行内块元素，而 figure 元素是块元素，其内容是文档中的一个图像、图表、照片、代码等多媒体元素。

6．图形标题标签<figcaption>

图形标题标签<figcaption>…</figcaption>用于定义 figure 元素的标题。figcaption 元素应该被置于 figure 元素的第一个或最后一个子元素的位置。

4.3.2　多媒体元素应用案例

案例 4-3：在网页中使用超链接下载播放音视频，然后分别用<audio>标签、<video>标签、<embed>标签和<object>标签制作多媒体页面。

微课
多媒体元素应用案例

mid 音频格式和 avi 视频格式已不能被浏览器直接打开，使用超链接下载后通过第三方软件打开播放。a 元素用 figure 块元素进行包裹，并设置 figcaption 标题。

插入<audio>标签播放音频。音频素材分别使用 wav、mp3、ogg 格式，浏览器按此顺序找到可播放的第一个素材资源进行播放。

插入<video>标签播放视频。视频素材分别使用 mp4、ogg、webm 格式，浏览器按此顺序找到可播放的第一个素材资源进行播放。

用<embed>标签插入 pdf 文件，可设置其尺寸。

用<object>标签插入一个 gif 图像对象。整体效果如图 4-19 所示。代码如下：

```
<!DOCTYPE HTML>
<html>
<body>
    <figure>
        <figcaption>音视频下载播放: </figcaption>
        <a href="media/midi.mid">音乐</a>
        <a href="media/clock.avi">视频</a>
    </figure>
    <audio controls>
        <source src="media/01.wav">
        <source src="media/01.mp3">
        <source src="media/01.ogg">
        Your browser does not support the audio element.
    </audio>
    <video  controls="controls">
        <source src="media/movie.mp4">
        <source src="media/movie.ogg">
        <source src="media/movie.webm">
    </video>
    <embed src="media/Princess.pdf" height="360px">
    <object  data="media/4041.GIF" ></object>
</body>
</html>
```

图 4-19　多媒体页面效果

微 课

任务 4-3

4.3.3　任务 4-3：制作音视频多媒体网页

1. 任务描述

本任务页面从上到下分为标题、音乐、三段视频共五部分。标题前面插入 logo 图标；音乐有两首，歌名后面与播放条并排；三段视频前面分别有文字作简单说明，整体效果如图 4-20 所示。

2. 任务要求

本任务制作带音频、视频的多媒体页面，要灵活运用 audio 元素、video 元素、embed 元素和 object 元素等多媒体元素，掌握其基本使用方法和技巧。

3. 任务分析

本任务使用 img 元素、audio 元素、video 元素、embed 元素和 object 元素制作多媒体页面。每部分都用 figure 元素进行包裹。

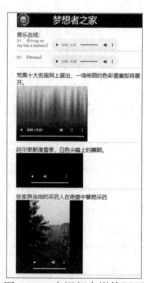

图 4-20　音视频多媒体网页

音乐用 audio 元素，audio 元素前面的歌名用行内块定义其统一的宽度。

三段视频分别使用 video 元素、embed 元素和 object 元素，用 figcaption 元素制作每一段视频的文字说明。video 元素、embed 元素和 object 元素都可以用来插入视频，只有 video 元素可以实现最大化播放，object 元素和 embed 元素不能进行最大化播放。

4．工作过程

步骤 1：站点规划。

（1）新建文件夹作为站点，站点内建立 media 文件夹，将本节素材存放在 media 文件夹中。

（2）新建网页，设置<title>为"任务 4-3"；将网页命名为 task4-3.html，保存到站点所在的目录。

步骤 2：建立网页基本结构。

（1）网页 task4-3.html 最外层为 div#container，基本代码如下：

```
<body>
    <div id="container">
        <figure id="header"></figure>
        <figure><figcaption>音乐在线</figcaption></figure>
        <figure><figcaption>梵高十大名画</figcaption></figure>
        <figure><figcaption>阿尔卑斯滑雪</figcaption></figure>
        <figure><figcaption>张家界</figcaption></figure>
    </div>
</body>
```

（2）最外层#container 宽度设置为 640 px，加上边框。样式代码如下：

```
#container{ width:640px; border:#666 1px solid; }
```

步骤 3：制作标题。

（1）标题部分使用 img 元素插入图片，输入标题文字。代码如下：

```
<figure id="header">
    <img src="media/logo.jpg" ><span>梦想者之家</span>
</figure>
```

（2）设置标题样式：标题文字设置为行内块，垂直方向向上对齐；设置其宽度为 350 px，与前面的图片间隔 100 px。完成设置后效果如图 4-21 所示，代码如下：

```
#header{ background-color:#000; }
#header span{ display:inline-block;width:350px; color:#fff; margin-left:100px;
            font-size:40px;vertical-align:top;}
```

图 4-21 标题效果

步骤 4：制作音乐在线。

（1）制作第一首音乐：使用 audio 元素插入 mp3 音频，歌曲名称用 span 元素加以控制。

（2）同样的方法制作第二首音乐，增加一对<figure>标签将其包裹；代码如下：

```
<figure>
    <figcaption>音乐在线: </figcaption>
    <span>01: 《Flying on sky like a Balloon》</span>
    <audio controls >
        <source src="media/Flying on sky like a Balloon.mp3" >
    </audio>
</figure>
<figure>
    <span>02: 《Tempo》</span>
    <audio controls >
        <source src="media/Tempo.mp3" >
```

```
        </audio>
    </figure>
```

（3）设置样式："在线音乐："等文字大小为 24 px；歌曲名称文字设置为行内块，宽度为 150 px，文字颜色为灰色（注意：选择器 figure span 要在#header span 之前）；设置音频播放条垂直方向位于行内块的顶部。完成设置后的效果如图 4-22 所示，样式代码如下：

```
figcaption{font-size:24px;}
figure span{ display:inline-block; width:150px; color:#666;}
audio{ vertical-align:top;}
```

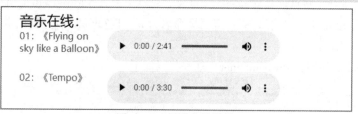

图 4-22　音乐在线效果

步骤 5：插入"梵高十大名画"视频。

（1）在 figcaption 元素中输入文字说明。

（2）使用 video 元素插入 mp4 视频，代码如下：

```
<figure>
    <figcaption>梵高十大名画网上展出，一场绚丽的色彩盛宴即将展开。</figcaption>
    <video controls height="240px">
        <source src="media/v5.mp4" >
    </video>
</figure>
```

步骤 6：插入"阿尔卑斯滑雪"视频。

（1）在 figcaption 元素中输入文字说明。

（2）使用 object 元素插入 mp4 视频，代码如下：

```
<figure>
    <figcaption>阿尔卑斯滑雪季，白色尖峰上的舞蹈。</figcaption>
    <object  data="media/v20.mp4" ></object>
</figure>
```

步骤 7：插入"张家界"视频。

（1）在 figcaption 元素中输入文字说明。

（2）使用 embed 元素插入 webm 视频，代码如下：

```
<figure>
    <figcaption>张家界当地的采药人在绝壁中攀爬采药</figcaption>
    <embed src="media/zjj.webm" height="320px">
</figure>
```

（3）在 figure 元素底部加灰色实线，起分隔作用，样式表代码如下：

```
figure{ border-bottom:#CCC 1px solid;}
```

步骤 8：保存文件，完成制作。

4.4　小试牛刀

制作图 4-23 所示的页面。页面包括 5 部分，从上到下分别为："中国历代绘画展"图片及文字介绍；音乐播放及装饰图片；诗配画《早发白帝城》文字介绍及视频；电视节目《曾经的你》文字介绍及视频；电影预告《星际大战》文字介绍及视频。

图 4-23　多媒体页面效果

参考步骤：

步骤 1：站点规划。

（1）新建文件夹作为站点，站点内建立 media 文件夹，将本节素材存放在 media 文件夹中。

（2）在站点内新建 CSS 文件夹，将 bootstrap.min.css 存放在 CSS 文件夹中。

（3）新建网页，设置<title>为"小试牛刀 4"；保存文件，将网页命名为 ex4-0.html，并保存到站点所在的目录。

步骤 2：建立网页的基本结构。

（1）在头元素中链接 bootstrap.min.css。

（2）最外层为 div.container，里面包含 5 个 figure 元素。将文字说明放置在 figcaption 元素内。

步骤 3：设置基本样式。

（1）body 页面设置 10 px 的外边距。

（2）最外层 div.container 宽度为 640 px，内边距为 10 px，加上框线、圆角。

（3）设置 figcaption 元素为行内块，与图像、视频并排。figcaption 元素的宽度为 380 px，垂直方向向上对齐。

（4）设置图像、视频的宽度为 220 px，与 figcaption 元素的宽度加起来小于 640 px。

步骤 4：制作"中国历代绘画展"图片及文字介绍。

（1）在 figcaption 元素中输入绘画展文字介绍。

（2）在 figcaption 元素前面插入古画图像 banner.jpg，使用 img-thumbnail 预定义类，图像呈现缩略图状。

步骤 5：制作音乐播放及装饰图片。

（1）在 figcaption 元素内部插入 audio 元素，输入音频 Okinawa.mp3。

（2）在 figcaption 元素后面插入图像 402.GIF，使用 img-thumbnail 预定义类，图像呈现缩略图状。

步骤 6：制作诗配画《早发白帝城》文字介绍及视频。

（1）在 figcaption 元素中输入《早发白帝城》文字介绍。

（2）在 figcaption 元素后面插入视频 poem.mp4，使用 img-thumbnail 预定义类，视频呈现缩略图状。

步骤 7：制作电视节目《曾经的你》文字介绍及视频。

（1）在 figcaption 元素中输入文字介绍。

（2）在 figcaption 元素后面插入视频 v3.mp4，使用 img-thumbnail 预定义类，视频呈现缩略图状。

步骤 8：制作电影预告《星际大战》文字介绍及视频。

（1）在 figcaption 元素中输入文字介绍。

（2）在 figcaption 元素后面插入视频 v4.mp4，使用 img-thumbnail 预定义类，视频呈现缩略图状。

步骤 9：保存文件，完成制作。

小　结

本章主要学习图像、音频、视频在网页中的应用。主要涉及的元素有 img 元素、audio 元素、video 元素、embed 元素和 object 元素。这些元素都属于行内块元素，可以使用 figure 块元素进行包裹。

对于在网页中使用图像，一般有两种途径：一是使用 img 元素直接插入图像；二是使用图像作为块元素的背景。二者各有优缺点，要根据具体情况灵活加以应用。将<img>标签放在<a>...</a>之间，这个图像将成为一个可单击的图像，产生一个链接。另外，使用 img 元素插入图像还可以对图像局部产生热点链接区域。

使用图像作块元素背景的好处是可以在图像背景上添加文字。而雪碧图就是一种以图像作背景的具体应用。雪碧图的使用需要事先用 PS 测出图像的大小和位置，然后通过 background-position 属性在水平方向和垂直方向用负值的方式进行定位。雪碧图的使用提高了图像的显示速度，在实际工作中广泛采用。

思考与练习

1. <img>标签中的 title 属性和 alt 属性分别起什么作用？
2. 使用图像 4041.GIF 作为超链接，单击该图像在新窗口中打开百度网站。写出实现的代码。
3. video 元素、embed 元素、object 元素都可以插入视频，比较三者的区别。
4. 网页制作：制作广告页面，如图 4-24 所示，使用图像热区地图，当点击模特手持的产品时在新窗口中打开相应的网页。

图 4-24　图像广告

5. 网页制作：使用图 4-25 所示的图片 all.png 作雪碧图背景，制作图 4-26 所示的页面。

图 4-25　all.png 作雪碧图

图 4-26　雪碧图作背景的页面

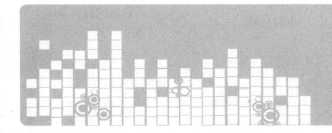

第 5 章

容 器 元 素

📖 **引言**

  所谓容器元素是指该元素代表一块区域，内部用于放置其他元素。例如 div 元素就是常用的容器元素。第 4 章用到的 figure 元素也是容器元素，属于 HTML 语义化容器元素。本章首先介绍的容器元素是表格元素 table，然后介绍表单及相关元素，最后学习窗口容器，包括 iframe 子窗口、Bootstrap 模态框和 Bootstrap 侧边面板。

📚 **内容结构图**

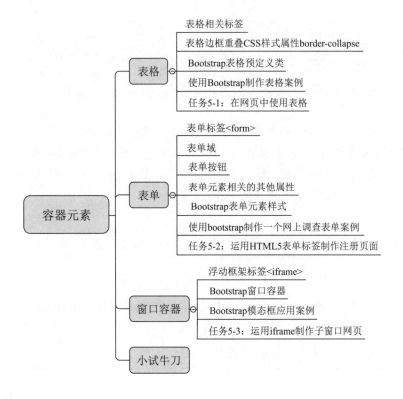

🔭 **学习目标**

> ➤ 了解表格元素、子窗口元素、表单元素的基本标签和基本属性；
>
> ➤ 理解 Bootstrap 模态框的基本应用方法；
>
> ➤ 掌握各种表单元素的基本功能；
>
> ➤ 能熟练制作网页表格。

5.1 表　格

表格、表单和窗口容器都与容器有关。对于容器元素，Bootstrap 使用以下两个预定义容器类：

.container 类：用于创建可变宽度的容器，并支持响应式布局。

.container-fluid 类：用于创建一个全屏幕尺寸的容器，宽度始终为 100%。

在 CSS 出现之前，表格元素曾广泛用于布局与定位。一个表格由若干行元素组成，每个行元素又包含若干单元格。HTML 的内容都放在这一个个单元格容器中。这些单元格可大可小，可横向合并，也可纵向合并，还可在单元格中嵌套表格。新建页面后第一件事就是画一个适当的表格，然后在单元格中插入文字、图片等内容，再把表格线去掉，就完成了表格布局。CSS 出现以后，布局与定位不再使用表格。表格逐渐回归其原本的功能，即在页面上用来显示数据，构建文本、图像或其他对象。

● 微　课

表格相关标签

5.1.1 表格相关标签

在 HTML 中，表格的建立运用<table>、<tr>、<th>、<td>四个标签完成。在一个最基本的表格元素中，必须包含一组<table>标签、一组<tr>标签与一组<td>标签。

1．表格定义

格式：

```
<table>
    <tr><td>…</td><td>…</td>…</tr>
    <tr><td>…</td><td>…</td>…</tr>
    …
</table>
```

功能：

<table>：表格标签，用于定义一个表格元素，由数个行（tr 元素）组成。

<tr>：行标签，用于定义表格的一行，行元素包含由<td>或<th>标签所定义的单元格。

<td>：单元格标签，用于定义表格的单元格。<td>标签必须放在<tr>标签内。表格的内容放在单元格容器中，可以是文字、图片、多媒体元素，还可以在单元格内嵌套表格。

2．<table>标签属性

<table>标签是 W3C 最早定义的标签。表格的很多功能要通过标签属性完成。有了 CSS 之后，建议尽量用 CSS 样式取代标签属性。

1）align 属性

align 属性规定表格相对周围元素的对齐方式。不赞成使用，一般使用样式代替。表 5-1 列出了 align 属性值对应的 CSS 样式表代码。

表 5-1　align 属性值对应的 CSS 样式表代码

功　　能	align 属性	对应的 CSS 样式表代码
表格左对齐（默认）	align：left	table{margin:0 auto 0 0;}
表格右对齐	align：right	table{margin:0 0 0 auto; }
表格居中对齐	align：center	table{margin:0 auto; }

2）border 属性

用于设置表格边框的粗细，属性值为数值，单位为像素，数值越大，外框线越粗。如果设置<table border="0">，则表示不显示表格框线，内外框表格线都消失。

表格框线由外框线和内框线组成。外框线是 table 元素的框线，内框线是 td 元素的框线，可以在样式表中分别设置内外框线的样式。

3）width 属性

width 属性设置表格及单元格宽度，<table>标签的宽度值是固定的，不会随单元格的宽度变化。width 属性不能用在<tr>标签中。width 属性用于单元格<td>时，其宽度设定值不一定就是实际显示的宽度。

4）height 属性

height 属性设置表格及单元格的高度，可以分别在<table>标签、<tr>标签、<td>标签、<th>标签中设置 height 属性。如果表格各行的高度之和超过<table>标签的 height 值，那么表格的实际高度会随行高度的变化而变化，也就是表格的内容会把<table>的实际高度值撑高。height 属性可以在<tr>标签中设置也可以在<td>标签中设置，如果二者不一致，则实际行高度为二者中大的数值。height 属性在同一行中只需要设定在一个<td>标签中，如果在同一行中多个<td>标签中设置了 height 属性，则实际行高取 height 最大值。

5）cellpadding 属性

cellpadding 是 td 单元格元素内容到 td 单元格元素的边的距离，以像素为单位，对上、右、下、左四个方向同时生效。

6）cellspacing 属性

cellspacing 代表 table 表格边框与 td 单元格的距离，以及 td 单元格之间的距离，例如一个两行两列的表格宽度为 400 px，设置 cellspacing="100"，那么单元格之间会有 100 px 的间隔，设置 cellpadding="50"，那么单元格内的文字到单元格有 50 px 的内边距，效果如图 5-1 所示。代码如下：

```
<table border="1" width="400" height="300" cellspacing="100" cellpadding="50">
    <tr>
        <td>11</td>
        <td>12</td>
    </tr>
    <tr>
        <td>21</td>
        <td>22</td>
    </tr>
</table>
```

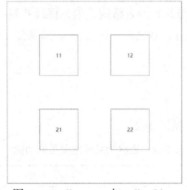

图 5-1　cellspacing 与 cellpadding

7）rowspan 属性

rowspan 属性使用在<td>或<th>标签中，属性值为单元格向下合并的行数，实现单元格跨越多行。

8）colspan 属性

colspan 属性使用在<td>或<th>标签中，属性值为单元格向后合并的列数，实现单元格横跨多列。

3．表格相关的其他配套标签

在一个表格中<table>标签、<tr>标签、<td>标签是必须有的标签，除此之外还有一些与表格相关的其他配套标签。

1）表格标题标签<caption>

<caption>标签定义表格的标题。<caption>标签必须直接放置到<table>标签之后。每个表格只能规定一个标题。标题会自动根据表格的宽度居中并且显示在表格上方。

2）表头单元格标签<th>

<th>标签用于定义表格内的表头单元格，此单元格中的文字将以粗体的方式显示。

3）表头标签<thead>

<thead>标签用于组合 HTML 表格的表头内容。

4）表格的主体标签<tbody>

<tbody>标签用于组合 HTML 表格的主体内容。

5）表格的页脚标签<tfoot>

<tfoot>标签用于组合 HTML 表格的页脚内容。

<thead>、<tbody>和<tfoot>元素要结合起来使用，用来规定表格的各个部分（表头、主体、页脚）。<thead>标签必须出现在 caption 元素之后；<tbody>标签必须出现在 thead 元素之后；<tfoot>标签必须出现在 tbody 元素之后。通过使用这些元素，使浏览器能有能力支持独立于表格表头和表格页脚的表格主体滚动。当打印包含多个页面的长表格时，表格的表头和页脚可被打印在包含表格数据的每张页面上。对于响应式表格，必须包含<thead>和<tbody>元素，不能使用 rowspan 或 colspan 属性，响应式表格不支持这两个属性。

微 课

表格边框重叠
CSS 样式属性
border-collapse

5.1.2 表格边框重叠 CSS 样式属性 border-collapse

格式：

```
border-collapse: collapse|separate
```

取值：

- collapse：表格边框折叠为单一边框；
- separate：表格边框分离。

功能：该属性设置是否将表格边框外框与内框重叠为单一边框。表格的框线分为内框线和外框线，外框线的样式通过<table>标签进行声明，内框线的样式通过<td>标签或<th>标签进行声明。设置表格的间隔属性 cellspacing="0"虽然可以制作单线，但此时的表格线是内外框线并列，其实际宽度是内外框线的总和，（如果线条宽度为 1 px，则实际表格线宽度是内外框线之和，即 2 px）。如果要将框线设置为单细线，需要对<table>标签声明边框重叠，即内外框线重合。

5.1.3 Bootstrap 表格预定义类

Bootstrap 与表格相关预定义类的功能见表 5-2。

表 5-2　表格相关预定义类的功能

类　名	功　能
.table	在<table>标签中使用预定义类".table"，可以设置表格的基础样式
.table-striped	在<table>标签中添加预定义类".table-striped"，可以在行元素上添加背景条
.table-bordered	在<table>标签中添加预定义类".table-bordered"，可以为表格添加边框
.table-borderless	在<table>标签中添加预定义类".table-borderless"，可以设置一个无边框的表格
.table-hover	在<table>标签中添加预定义类".table-hover"，可以为表格的每一行添加鼠标悬停效果（灰色背景）

通过在<tr>标签或者<td>标签中指定意义的颜色类可以为表格的行或者单元格设置主题颜色。表 5-3 列出了表格颜色类的说明。

表 5-3　表格颜色类效果描述

预 定 义 类	主 题 颜 色	预 定 义 类	主 题 颜 色
.table-primary	蓝色底黑字	.table-warning	橘色底黑字
.table-success	绿色底黑字	.table-active	灰色底深灰字
.table-danger	红色底黑字	.table-secondary	灰色底黑字
.table-dark	黑色底白字	.table-light	浅灰色底黑字
.table-info	浅蓝色底黑字		

5.1.4　使用 Bootstrap 制作表格案例

微 课
使用 Bootstrap
制作表格案例

案例 5-1：使用 Bootstrap 制作一个 4 行 3 列的表格，效果如图 5-2 所示。表格分为表头和主体两大部分，分别用不同的背景颜色。表头使用预定义类 .table-dark，样式为黑底白字；表格主体使用预定义类 .table-primary，样式为蓝底黑字。在 <table> 标签中使用预定义类 .table-hover，使鼠标悬停在表格主体时，所在行的背景颜色变为灰色。代码如下：

```
<html>
<head>
    <title>案例 5-1</title>
    <meta charset="utf-8">
    <link href="css/bootstrap.min.css" rel="stylesheet">
</head>
<body>
    <table class="table table-hover">
        <thead>
            <tr class="table-dark"><th>姓名</th><th>年龄</th><th>Email</th></tr>
        </thead>
        <tbody>
            <tr class="table-primary"><td>张三</td><td>23</td><td>john@example.com</td></tr>
            <tr class="table-primary"><td>李四</td><td>24</td><td>mary@example.com</td></tr>
            <tr class="table-primary"><td>王五</td><td>25</td><td>july@example.com</td></tr>
        </tbody>
    </table>
</body>
</html>
```

姓名	年龄	Email
张三	23	john@example.com
李四	24	mary@example.com
王五	25	july@example.com

图 5-2　案例 5-1 效果

5.1.5　任务 5-1：在网页中使用表格

微 课
任务 5-1

1. 任务描述

本任务在网页中插入一个表格，效果如图 5-3 所示。表格上面有标题。表格内容有文字、图片和超链接。

2. 任务要求

通过本任务的练习，要熟练掌握网页中使用表格的传统做法；掌握表格单元格横向合并和纵向合并的方法；掌握表格的嵌套；掌握通过 CSS 设置表格框线为单线的方法等。

3. 任务分析

表格总体是一个 5 行 5 列的表。第 1 行的第 1 个单元格使用属性 rowspan="4" 向下合并 4 个单元格；第 5 行的第 1 个单元格使用属性 colspan="5"向右合并 5 个单元格，使第 5 行 5 个单元格合并为 1 个单元格。在第 5 行的单元格内插入一个 1 行 3 列表格进行嵌套，单元格内容分别为“红色大衣”链接、“灰色大衣”链接和“黄色大衣”链接。通过表格的嵌套实现这三个链接横向平均分布。

表格框线通过在 CSS 中设置 table 的样式 border-collapse:collapse;实现单线效果。嵌套的表格不显示框线。

红色大衣一季度销售情况表

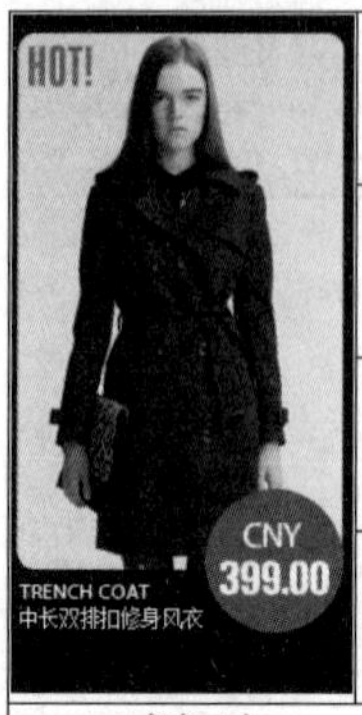

	一月	二月	三月
单价	400	399	300
数量	150	100	50
金额	60000	39900	15000

红色大衣　灰色大衣　黄色大衣

图 5-3　在网页中使用表格效果图

4. 工作过程

步骤 1：站点规划。

（1）新建文件夹作为站点，站点内建立 images 文件夹，将本节素材存放在 images 文件夹中。

（2）新建网页，设置<title>为“任务 5-1”；将网页命名为 task5-1.html，保存到站点所在的目录。

步骤 2：建立表格的基本结构。

在网页 task5-1.html 中插入 5 行 5 列的表格，代码如下：

```
<body>
    <table>
        <tr>
            <td> </td><td> </td><td> </td><td> </td><td> </td>
        </tr>
        <tr>
            <td> </td><td> </td><td> </td><td> </td><td> </td>
        </tr>
        <tr>
            <td> </td><td> </td><td> </td><td> </td><td> </td>
        </tr>
        <tr>
            <td> </td><td> </td><td> </td><td> </td><td> </td>
        </tr>
        <tr>
            <td> </td><td> </td><td> </td><td> </td><td> </td>
        </tr>
    </table>
</body>
```

步骤 3：设置表格的基本样式。

（1）设置表格宽度为 640 px，加上 1 px 的黑色框线。

（2）给单元格加上 1 px 的黑色框线，完成设置之后的效果如图 5-4 所示。代码如下：

```
table{ width:640px; border:#000 1px solid; }
td{border:#000 1px solid;}
```

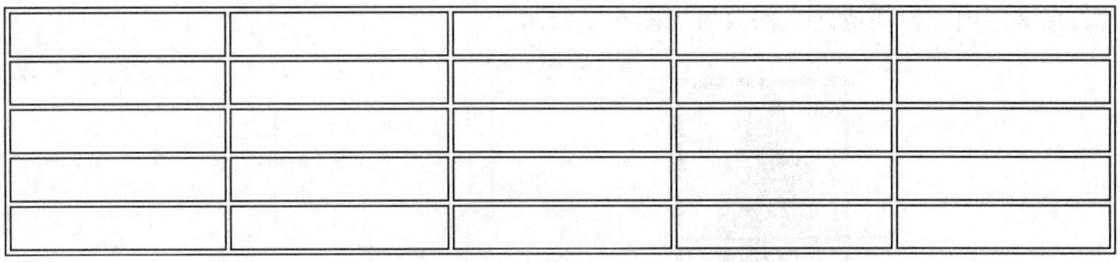

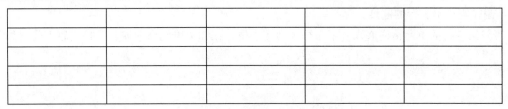

图 5-4　给表格加上内外框线

步骤 4：设置框线为细线。

在 CSS 样式表中给 table 加上一条声明 border-collapse:collapse;，即可将内外框线重叠，形成一条细线。完成设置的效果如图 5-5 所示。代码如下：

```
table{ width:640px; border:#000 1px solid; border-collapse:collapse; }
```

图 5-5　设置表格框线为一条细线

步骤 5：表格单元格合并。

（1）第 1 行的第 1 个单元格使用属性 rowspan="4"向下合并 4 个单元格。

（2）第 5 行的第 1 个单元格使用属性 colspan="5"向右合并 5 个单元格，使第 5 行 5 个单元格合并为 1 个单元格。完成设置的效果如图 5-6 所示。代码如下：

```
<table>
    <tr>
        <td rowspan="4"> </td>
        <td> </td>
        <td> </td>
        <td> </td>
        <td> </td>
    </tr>
    …
    <tr>
        <td colspan="5"> </td>
    </tr>
</table>
```

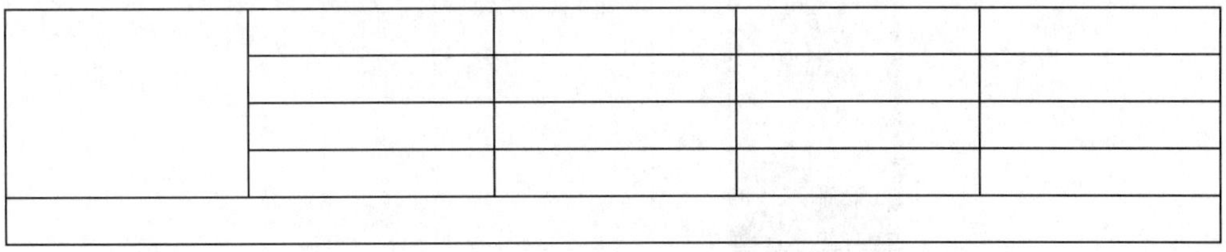

图 5-6　表格单元格合并

步骤 6：输入表格的内容。

（1）输入表头：在 table 标签下面添加 caption 元素，代码如下：

```
<caption>冬季大衣一季度销售情况表</caption>
```

（2）在第 1 个单元格中插入图片，设置该单元格的宽度为图片宽度，即 190 px。代码如下：

```
<td rowspan="4" width="190"><img src="images/t1.jpg" width="190" height="361"></td>
```

（3）输入表格文字内容，完成之后的效果如图 5-7 所示。

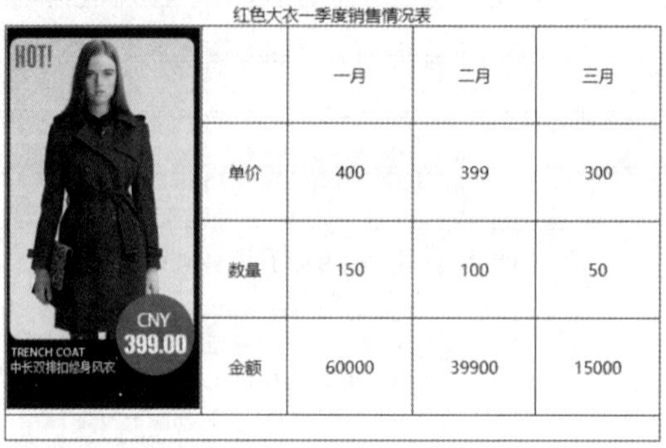

图 5-7　输入表格内容

步骤 7：制作表格第 5 行的链接。

（1）在表格第 5 行的单元格内嵌入一个 1 行 3 列的表格，在 3 个单元格内输入链接内容，代码如下：

```
<tr>
    <td colspan="5">
        <table>
            <tr>
                <td><a href="task5-1.html">红色大衣</a></td>
                <td><a href="task5-1-step8.html">灰色大衣</a></td>
                <td><a href="task5-1-step9.html">黄色大衣</a></td>
            </tr>
        </table>
    </td>
</tr>
```

（2）在 CSS 样式表中去掉嵌入表格的内外框线。代码如下：

```
table table{border:0;}
table table td{border:0;}
```

（3）保存 task5-1.html 文件，完成红色大衣表格的制作。

步骤 8：制作灰色大衣表格。

（1）将 task5-1.html 另存为 task5-1-step8.html。

（2）在网页 task5-1-step8.html 中修改插入的图片，输入灰色大衣表格的数据。

（3）保存 task5-1-step8.html 文件，完成灰色大衣表格的制作，效果如图 5-8 所示。

图 5-8　灰色大衣表格效果图

步骤 9：制作黄色大衣表格。

（1）将 task5-1.html 另存为 task5-1-step9.html。

（2）在网页 task5-1-step9.html 中修改插入的图片，输入黄色大衣表格的数据。

（3）保存 task5-1-step9.html 文件，完成黄色大衣表格的制作，效果如图 5-9 所示。

图 5-9　黄色大衣表格效果图

5.2　表　　单

表单在网页中主要负责数据采集功能，它是 Web 前端与后台数据的桥梁。一个表单由表单标签、表单域、表单按钮三个基本部分组成。

表单标签：表单采用<form>标签进行定义。

表单域：包含了文本框、密码框、隐藏域、多行文本框、复选框、单选按钮、下拉选择框和文件上传框等，是在 form 元素内插入<input>、<select>、<textarea>等标签构建。

表单按钮：包括提交按钮、复位按钮和其他按钮。

5.2.1　表单标签<form>

微　课
表单标签

格式：

```
<form action="…" method="…">
    表单域…
    表单按钮
</form>
```

功能：<form>标签为浏览者在屏幕上建立一张表单。表单标签<form>是成对标签，有 action 和 method 两个属性。

1．action 属性

WWW 是采用客户端/服务器工作方式的。在浏览器端得到的用户反馈信息将被传送到 Web 服务器中，由相应的处理程序进行处理。action 属性的作用就是指出该表单所对应的处理程序。它的参数值就是该程序的 URL。

2．method 属性

method 属性用于指定该表单的运行方式。属性的参数值为 get 和 post 之一，默认方式为 get。当值为 get 时表示该表单主要是从服务器中获取信息，具有较好的安全性，因此它传送给服务器的反馈信息长度不能超过 255 个字符；当值为 post 时表示该表单主要是向服务器发送信息的，它传送给服务器的反馈信息长度没有限制，但安全性较差。

5.2.2　表单域

微　课
表单域

表单域是指在<form>标签内的表单元素，包括文本框、密码框、隐藏域、多行文本框、复选框、单选按钮、下拉选择框和文件上传框等。

1．输入标签<input>

格式：

```
<input type="类型" value="值" name="名称">
```

功能：<input>标签用于定义一个用户输入项。根据不同的 type 属性值，输入字段拥有很多种形式。输入字段可以是文本字段、复选框、掩码后的文本控件、单选按钮、按钮等。<input>是个单标签，没有结束标签。

1）文本框

当 type 的类型为 text 时，input 元素为文本框，只能输入一行文字。例如，在 form 元素内输入如下代码，浏览器会在相应的位置显示一个文本框供用户输入信息，如图 5-10 所示。

```
账户: <input type="text" name="t1" size="10" value="123456" maxlength="6"/>
```

上述代码中，size、value 和 maxlength 为可选的属性。

size 属性：用于指定文本框的长度，默认值为 20，以字节为单位。

value 属性：设定预先出现在文本框中的内容。

maxlength 属性：表示该文本框允许用户输入的最大字符数。

2）密码框

当 type 的类型为 password 时，input 元素为密码框，表示该输入项的输入信息是密码串，不显示所输入的内容，而是用星号 "*" 代替每个密码字符，以保证密码的安全。例如，在 form 元素内输入如下代码，浏览器会出现一个密码框，输入的字符用 "*" 显示，如图 5-11 所示。

```
密码: <input type="password" name="t2" size="10" maxlength="8"/>
```

账户: 123456   密码: ••••••••

图 5-10　type="text"为文本框 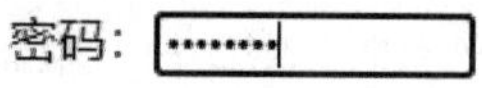　　　　　　　图 5-11　type="password"为密码框

3）文件选择框

当 type="file"时，浏览器会在相应位置产生一个文件选择框，如图 5-12 所示。单击 "选择文件" 按钮，打开文件选择窗口，代码如下：

```
照片: <input type="file" name="t3" size="20"/>
```

4）单选按钮

当 type="radio"时，表示该输入项是一个单选按钮。单选按钮一般有多个，视选项多少而定。所有单选按钮的 name 属性都应取相同的值，以确保用户只能选中表单中所有单选按钮中的一个作为输入信息；但 value 属性的值应是不同的；checked 属性是可选项，用于指定该选项在初始时处于被选中的状态。例如，在 form 元素内输入如下代码，浏览器会出现 3 个单选按钮，"跳绳" 处于初始选中状态，如图 5-13 所示。

```
<h3>选择你的项目: </h3>
<input  type="radio" name="m1" value="1"checked />跳绳
<input  type="radio" name="m1" value="2"/>800 米跑步
<input  type="radio" name="m1" value="3"/>1000 米游泳
```

照片: 选择文件 未选择任何文件

选择你的项目:
◉跳绳　○800米跑步　○1000米游泳

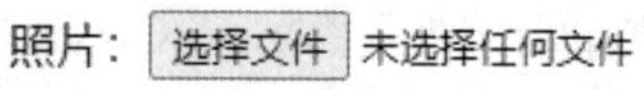

图 5-12　type="file"为文件选择框 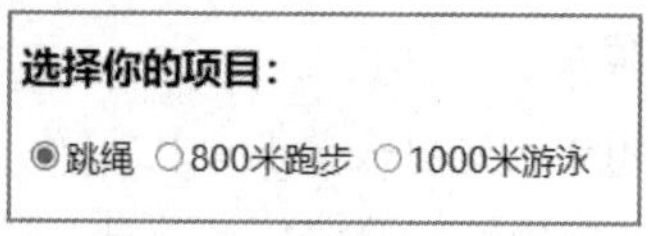　　　　　　　图 5-13　单选按钮效果

以上代码中三个单选按钮的 name 属性值相同，其功能表现为三选一。

5）复选框

当 type="checkbox"时，表示该输入项是一个复选框，用户可以同时选中表单中的一个或多个复选框作为输入信息。由于选择是多项的，name 属性应取不同值；value 属性值是该选项被选中并提交的数据；checked 属性用于指定该选项在初始时是被选中的。例如，在 form 元素内输入如下代码，会出现 3 个复选框，其中 "跳绳" "800 米跑步" 两个复选框处于初始选中状态，如图 5-14 所示。

```
<h3>选择你的项目: </h3>
<input  type="checkbox" name="b1" value="1" checked />跳绳
<input  type="checkbox" name="b2" value="2" checked />800 米跑步
<input  type="checkbox" name="b3" value="3"/>1000 米游泳
```

6）隐藏项

当 type="hidden"时，表示该输入项是一个隐藏项。隐藏域是用来收集或发送信息的不可见元素，对于网页的访问者来说，隐藏域是看不见的。

7）email 类型

当 type="email"时，输入类型用于电子邮件地址的输入字段。当提交表单时，会自动对 Email 字段的值进行验证。如果不是 Email 格式，会提示使用正确格式，效果如图 5-15 所示。代码如下：

```
Email: <input type="email" name="email" />
```

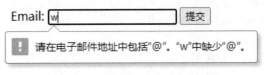

图 5-14　复选框效果　　　　　　　　　　　图 5-15　输入项为电子邮件类型

8）搜索框

当 type="search"时，输入类型用于搜索字段，比如站内搜索或百度搜索等。搜索字段的外观与常规的文本字段无异，如图 5-16 所示。代码如下：

```
搜索: <input type="search" name="search">
```

9）url 类型

当 type="url"时，输入类型用于 URL 地址的输入字段。系统会在提交表单时对 url 字段的值自动进行验证。当输入格式不正确时，在表单提交时会出现图 5-17 所示的效果。代码如下：

```
URL: <input type="url" name="user_url" />
```

图 5-16　输入项为搜索类型　　　　　　　　　图 5-17　url 类型字段

10）数值类型

当 type="number"时，输入类型用于数值的输入字段。在输入框的末尾会出现供单击用的增减箭头。如果在移动端中，属性 type="number"会唤起系统的数字键盘。数值类型可以设置输入数字的范围，min 属性用于设置最小值，max 属性用于设置最大值。例如，下面的代码输入 1 ~ 10 的数字，当输入的数字超出范围时，在表单提交时会出现图 5-18 所示的效果。代码如下：

```
Points: <input type="number" name="point1" min="1" max="10" />
```

11）电话类型

当 input type="tel"时，输入类型用于电话号码的输入字段。该属性外观与常规的文本字段无异。如果是在移动端中，属性 type="tel"会唤起系统的数字键盘。

12）范围类型

当 input type="range"时，输入类型用于指定范围值的输入字段。该属性与 min、max、step 属性搭配使用，可以设置可接受数字的范围限制，并且以数值滚动条的方式呈现。min 属性用于设置最小值，max 属性用于设置最大值，step 属性用于设置步长。例如，下面的代码用数值滚动条的方式呈现 10 以内的正偶数值，效果如图 5-19 所示。代码如下：

```
Range: <input type="range" name="point2" min="2" max="10" step="2"/>
```

图 5-18　数值类型字段效果　　　　　　　　　图 5-19　范围类型效果

13）颜色类型

当 input type="color"时，输入类型用于规定颜色。该输入类型允许从拾色器中选取颜色，效果如图 5-20 所示。代码如下：

```
Color: <input type="color" name="user_color" />
```

14）日期类型

格式：

```
<input type="date|month|week|time|datetime|datetime-local"/>
```

取值：

- date：选择日、月、年；
- month：选择月、年；
- week：选择周、年；
- time：选择时间（时、分）；
- datetime：选择时间、日期、月、年（UTC 时间）；
- datetime-local：选择时间、日期、月、年（本地时间）。

功能：该输入类型允许从日历中选取日期时间。例如，下面的代码中设置 type="date"，在浏览器中单击日期框右侧小图标，会出现日历进行日期选择，效果如图 5-21 所示。代码如下：

```
Date: <input type="date" name="user_date" />
```

图 5-20　颜色类型弹出拾色器　　　　　　图 5-21　日期类型效果

2. 选择标签<select>

格式：

```
<select>
    <option value ="值 1 ">选项 1</option>
    <option value ="值 2 ">选项 2</option>
    …
    <option value ="值 n ">选项 n</option>
</select>
```

功能：select 元素可创建单选或多选菜单，可使用 multiple、name、size、selected 等属性。select 元素默认是只能选择一个选项；Multiple 属性规定可选择多个选项；name 属性规定了下拉列表的名称；size 属性规定下拉列表中可见的行数，默认值是 size="1"。例如，下面的代码呈现下拉列表的状态，如图 5-22 所示。

```
<h3>选择你的项目: </h3>
<select name="zy">
    <option>跳绳</option>
    <option>1000 米跑步</option>
    <option>800 米游泳</option>
</select>
```

如果 size 值不为 1，会出现多行选项，例如，将上面的代码改为 size="4"，则显示 4 行选项，如图 5-23 所示。代码如下：

```
<select name="zy" size="4">
```

图 5-22　选择标签效果

图 5-23　多行显示效果

1）选项标签\<option\>

option 元素定义下拉列表中的一个选项条目。option 元素位于 select 元素内部，可以使用 selected 属性规定默认选项。

2）选项组合标签\<optgroup\>

格式：

```
<select>
    <optgroup label="选项组名">
        <option>选项 1</option>
        <option>选项 2</option>
        …
    </optgroup>
</select>
```

功能：\<optgroup\>标签定义选项组的名称。选项组本身不是选项，只是把相关的选项组合在一起。例如，下面的代码通过\<optgroup\>标签把相关的选项分成两组，效果如图 5-24 所示。

```
<select>
    <optgroup label="Swedish Cars">
        <option value ="volvo">Volvo</option>
        <option value ="saab">Saab</option>
    </optgroup>
    <optgroup label="German Cars">
        <option value ="mercedes">Mercedes</option>
        <option value ="audi">Audi</option>
    </optgroup>
</select>
```

3．数据列表标签\<datalist\>

格式：

```
<input list="name" />
    <datalist id="name">
        <option value="选项 1">
        <option value="选项 2">
        <option value="选项 3">
    </datalist>
```

功能：定义选项列表。与 input 元素配合使用该元素，来定义 input 可能的值。用 option 定义项目，datalist 及其选项不会显示出来，它仅仅是合法的输入值列表。使用时在 input 元素的 list 属性绑定 datalist。例如，制作图 5-25 所示的文本框，在输入文本时使用 datalist 进行选项提示。代码如下：

```
<h3>选择你的项目: </h3>
<input  list="sport" />
<datalist id="sport">
    <option value="跳绳">
    <option value="1000 米跑步">
    <option value="800 米游泳">
</datalist>
```

图 5-24　选项组合　　　　　　　　　　　　图 5-25　datalist 进行选项提示

4．文本域标签<textarea>

格式：

```
<textarea  rows="行值" cols="列值"> </textarea>
```

功能：<textarea>标签定义多行的文本输入控件，文本区中可容纳无限数量的文本。rows 属性定义文本域的行数，cols 属性定义文本域每行的字符数。例如，下面的代码建立了一个 3 行的文本域，每行 30 个字符。代码如下：

```
<textarea rows="3" cols="30"></textarea>
```

5．标签<label>

格式：

```
<label for="id名称">文字</label>
```

功能：<label>标签为 input 元素定义标注。label 元素不会向用户呈现任何特殊效果。不过，它为鼠标用户改进了可用性。当用户选择该标签时，浏览器会自动将焦点转到和标签相关的表单控件上。

label 中 for 属性表示 label 标签要绑定的 HTML 元素，当单击该标签时，所绑定的元素将获取焦点。例如，下面的代码在表单中创建了 label 与文本域，当用鼠标单击 label（即"请输入你的个人简历:"）时，光标会自动跳到 for 属性所指定的 id 所在的控件，即文本域上，效果如图 5-26 所示，代码如下：

```
<label for="jl">请输入你的个人简历: </label><br>
<textarea id="jl" rows=5 cols=60 ></textarea>
```

请输入你的个人简历:

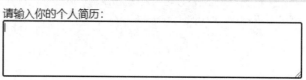

图 5-26　文本域获得焦点

● 微 课

表单按钮

5.2.3　表单按钮

表单按钮包括提交按钮、复位按钮和一般按钮。这三种按钮通过<input>标签的不同类型来实现。

1．提交按钮

一个 form 表单必须要有提交按钮，才能将表单数据传送到后台数据库中。表单元素中可通过以下两种方法将表单的输入信息传送给服务器。

1）提交按钮

格式：

```
<input type="submit" value="按钮文字"  name="名称">
```

当 input 标签中 type="submit"时，浏览器会在相应位置产生一个提交按钮。提交按钮的 name 属性是可以省略的。除 name 属性外，它还有一个可选的属性 value，用于指定显示在提交按钮上的文字。

2）图像按钮

格式：

```
<input type="image" value="按钮文字"  name="名称">
```

当 type="image"时，用户单击图像也可以提交表单。单击图片与单击"提交查询内容"按钮具有相同的功能，都可以提交表单，例如，以下代码使用了图像和提交按钮，两者的功能是一样的，如图 5-27 所示。

```
<input type="image" src="images/pic1.gif">
<input type="submit">
```

2．重置按钮

格式：

```
<input type="reset" value="按钮文字" name="名称">
```

当 type="reset"时，浏览器会在相应位置产生一个重置按钮。当用户单击该按钮时，浏览器就会清除表单中所有的输入信息而恢复到初始状态。重置按钮的 name 属性也是可以省略的。除 name 属性外，它也有一个可选的属性 value，用于指定显示在按钮上的文字。value 属性的默认值是"重置"。一般来说，提交与重置按钮应同时出现。

3．普通按钮

格式 1：

```
<input type="button" value="按钮文字" name="名称" onclick="">
```

当 type="button"时，浏览器会在相应位置产生一个普通按钮，需要用 value 属性指定显示在按钮上的文字，同时需要用 onclick 属性指定单击按钮发生的事件，该事件通过 JavaScript 定义。

格式 2：

```
<button onclick="">按钮文字</button>
```

<button>标签可在表单之外单独使用。下面的代码分别呈现一个重置按钮和两个普通按钮，如图 5-28 所示。

```
<input type="reset">
<input type="button" value="点我!">
<button onclick="">点我!</button>
```

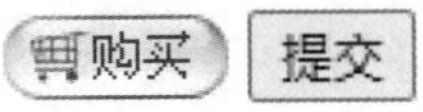

图 5-27　提交按钮 　　　　　　　　　　　　　　图 5-28　重置按钮和普通按钮

5.2.4　表单元素相关的其他属性

表单元素相关的属性有自动获得焦点属性 autofocus、提示文字属性 placeholder 和必填字段属性 required。

微 课
表单元素相关
的其他属性

1．autofocus 属性

格式：

```
<元素 autofocus>
```

功能：规定在页面加载时，表单域自动获得焦点。

2．placeholder 属性

格式：

```
<元素 placeholder ="提示文字">
```

功能：提供输入域中的提示文字，描述输入域所期待的值。例如，在文本框显示提示"输入 6 位字符"，效果如图 5-29 所示。

3．required 属性

格式：

```
<元素 required>
```

功能：规定在提交之前必须填写的输入域（不能为空）。例如在文本框中设置 required，为必填字段，如果没有填入内容就提交表单，则会出现图 5-29 所示的效果。代码如下：

```
用户名: <input type="text" autofocus placeholder ="输入6位字符"required>
```

图 5-29　提示文字属性

5.2.5 Bootstrap 表单元素样式

Bootstrap 表单元素样式包括 Bootstrap 按钮类的样式和表单元素排列位置的样式。

1. Bootstrap 按钮类

Bootstrap 按钮类是一系列按钮的样式，包括.btn 类、.btn-primary 类、.btn-secondary 类、.btn-success 类、.btn-info 类、btn-warning 类、.btn-danger 类、.btn-dark 类、.btn-light 类、.btn-link 类等。其中预定义.btn 类用于定义基本按钮，然后再通过其他类定义按钮的样式。

按钮类可用于<a>、<button>、<input>标签上。例如，下面的代码分别在 10 个 button 元素上定义按钮类，效果如图 5-30 所示。

```
<button type="button" class="btn">btn</button>
<button type="button" class="btn btn-primary">primary</button>
<button type="button" class="btn btn-secondary">secondary</button>
<button type="button" class="btn btn-success">success</button>
<button type="button" class="btn btn-info">info</button>
<button type="button" class="btn btn-warning">warning</button>
<button type="button" class="btn btn-danger">danger</button>
<button type="button" class="btn btn-dark">dark</button>
<button type="button" class="btn btn-light">light</button>
<button type="button" class="btn btn-link">link</button>
```

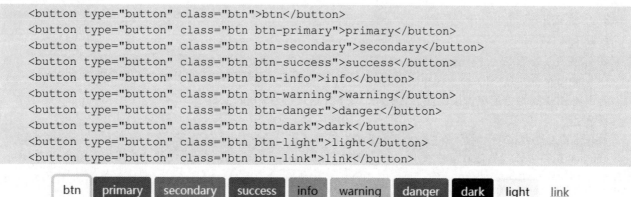

图 5-30　Bootstrap 按钮类的样式

2. Bootstrap 表单元素排列位置的样式

1）.form-label 类与.form-check-input 类

.form-label 类作用在<lable>标签，用来确保标签元素有一定的内边距。.form-check-input 类作用在<input type="checkbox">标签或者<input type="radio">标签，用来修饰复选框和单选按钮。

2）.form-control 类

.form-control 类作用在表单元素。使用了.form-control 类的表单元素宽度均设置为 100%，size 属性失效，并且加上边框样式。

5.2.6 使用 Bootstrap 制作一个网上调查表单案例

案例 5-2：使用 Bootstrap 制作一个网上调查表单，效果如图 5-31 所示。网上调查表单包含 2 个文本框、1 个文本域、1 个下拉列表、1 组单选按钮、1 组复选框、1 个提交按钮和 1 个重置按钮以及若干 label 元素。

图 5-31　网上调查表单效果图

表单整体用.container 类使其居中。在需要加边距的元素中使用.form-label 类或.form-check-input 类。2 个文本框和 1 个文本域用.form-control 类定义其显示的宽度。下拉列表、单选按钮、复选框通过预定义类.row 和.col 实现各个元素的横向并排。

表单内的文字全部使用<label>标签。在<label>标签中分别加入 for 属性，单击 label 元素，将焦点转到 for 属性匹配的 id 所在的元素中。代码如下：

```html
<!DOCTYPE html>
<html>
<head>
    <meta charset="utf-8">
    <title>案例 5-2</title>
    <link href="css/bootstrap.min.css" rel="stylesheet" type="text/css">
</head>
<body>
    <form action="" method="get" class="container">
    <label for="xm" class="form-label">昵称: </label>
    <input type="text" name="xm" id="xm" class="form-control form-label"/>
    <label for="bh" class="form-label">编号: </label>
    <input type="text" name="bh" id="bh" class="form-control form-label"/>
    <label for="jy" class="form-label">您对中国足球的建议: </label>
    <textarea rows="10" cols="60" name="jy" id="jy" class="form-control"></textarea>
    <div class="row">
        <div class="col text-center">
            <label for="zy">您的职业: </label><br />
            <select size="1" name="zy" id="zy">
                <option>运动员</option>
                <option>医生</option>
                <option>导游</option>
                <option>其他</option>
            </select>
        </div>
        <div class="col text-center">
            <label>您的性别: </label><br />
            <input type="radio" name="xb" value="1" checked="checked" class="form-check-input"/>男
            <input type="radio" name="xb" value="0" class="form-check-input"/>女</div>
            <div class="col text-center">
            <label>您经常参加的运动:</label><br />
            <input type="checkbox" name="xb1" value="1" class="form-check-input"/>爬山<br />
            <input type="checkbox" name="xb2" value="2" class="form-check-input"/>足球<br />
            <input type="checkbox" name="xb3" value="3" class="form-check-input"/>篮球
        </div>
    </div>
    <div class="text-center">
        <input type="submit" value="提交"/>
        <input type="reset" value="重选"/>
    </div>
    </form>
</body>
</html>
```

5.2.7　任务 5-2：运用 HTML5 表单标签制作注册页面

1. 任务描述

本任务在网页中插入一个表单，制作注册页面，效果如图 5-32 所示。表单域包含文本框、密码框、

微　课

任务 5-2

数据列表、Email 类型、电话类型、url 类型、数值类型、范围类型、颜色类型、复选框、提交按钮等表单元素。

图 5-32　注册页面效果图

2．任务要求

通过本任务的练习，学生要全面掌握常用表单元素的基本制作方法；掌握 label 元素对表单元素焦点的控制方法；掌握自动获得焦点属性、必填字段属性、提示文字属性的基本设置。

3．任务分析

本任务在表单中插入若干 input 元素，通过在<input>标签中设置不同的 type 属性，呈现出不同的输入框类型。表单内的文字全部使用了<label>标签。在<label>标签中分别加入 for 属性，单击 label 元素，将焦点转到 for 属性对应的 id 所在的元素中。在 label 元素中，文字带星号的为必填字段，在相应 id 的 input 元素中设置 required 属性，则该输入框为必填字段。

第一个输入框是文本框，在 input 元素中增加 autofocus 属性，则页面加载时自动获得焦点；第二个输入框是密码框，设置 maxlength 属性值为 8，即最大字符数为 8 位，再设置 placeholder 属性值为 "8 位字符"，则在浏览器中密码框会呈现文字提示："8 位字符"；"性别"输入框通过数据列表 datalist 元素实现项目内容选择；"出生日期"使用日期型输入框；Email 类型、电话类型和 url 类型在输入时必须使用正确的输入格式，否则会出现错误提示；"您对球队的排名目标"使用数值类型，取值范围为 1~18；"您对目前球队表现认可度"为范围类型，取值范围为 1~100。

4．工作过程

步骤 1：站点规划。

新建文件夹作为站点，在站点内新建网页，设置<title>为 "任务 5-2"。将网页命名为 task5-2.html，保存到站点所在的目录。

步骤 2：建立表单网页的基本结构。

（1）在网页 task5-2.html 的最外层插入 div#container 元素，在 div#container 内插入表单，代码如下：

```
<div id="container">
    <form method="get" action="#">
    </form>
</div>
```

（2）设置 div#container 的基本样式，定义宽度为 600 px，水平居中，代码如下：

```
#container{width:600px; margin:0 auto;text-align:center;}
```

步骤 3：制作 "用户名" 输入框。

（1）在表单中插入 div.item 元素，里面包括 label 文字和文本框两部分。

（2）在 input 元素中设置 type="text"为文本框。在 input 元素中增加 autofocus 属性，则页面加载时自动获得焦点；在 input 元素中增加 required 属性，则该文本框为必填字段。

（3）在 input 元素中增加 id，然后在<label>标签中加入 for 属性，for 属性值为文本框的 id，则在浏览器单击 label 元素时，焦点会转到文本框中，代码如下：

```
<form method="get" action="#">
    <div class="item">
        <label for="t1">*用户名: </label>
        <input type="text" name="t1" id="t1" size="30" required autofocus/>
    </div>
</form>
```

（4）设置 div.item 元素的样式，设置 label 元素为行内块，其中的文字向右对齐。样式表代码参考如下：

```
.item{ width:450px; margin:10px 0; overflow:hidden;}
.item label{ width:200px; height:30px; line-height:30px; text-align:right;display:inline-block;}
.item input{ width:220px; height:30px;}
```

步骤 4：制作"密码"输入框。

（1）"密码"输入包括"密码:"和"确认密码:"两部分。在表单中插入两个 div.item 元素，其中分别包括 label 文字和密码框两部分。

（2）在 input 元素中设置 type="password "为密码框。在 input 元素中设置 maxlength 属性值为 8，即最大字符数 8 位，再设置 placeholder 属性值为"8 位字符"，则在浏览器中密码框会呈现文字提示："8 位字符"。代码如下：

```
<div class="item">
    <label for="t2">*密码: </label>
    <input type="password" name="t2" id="t2" required placeholder ="8位字符"  maxlength="8"/>
</div>
<div class="item">
    <label for="t3">*确认密码: </label>
    <input type="password" name="t3" id="t3"  requiredmaxlength="8"/>
</div>
```

步骤 5：制作"性别"输入框。

（1）"性别"输入框通过数据列表 datalist 元素实现男女选项。在表单中插入 div.item 元素，其中包括 label 文字和文本框以及数据列表 datalist 元素三部分。

（2）设置 datalist 元素的 id，并在 input 元素中设置 list 属性值为 datalist 元素的 id 值，即在输入框中指定了数据列表来源，代码如下：

```
<div class="item">
    <label for="t4">性别: </label>
    <input  list="team" name="t4" id="t4" />
    <datalist id="team">
        <option value="男">
        <option value="女">
    </datalist>
</div>
```

步骤 6：制作"出生日期"输入框。

（1）在表单中插入 div.item 元素，其中包括 label 文字和输入框两部分。

（2）"出生日期"使用日期型输入框。在 input 元素中设置 type="date"为日期型输入框，代码如下：

```
<div class="item">
    <label for="t5"> 出生日期: </label>
    <input  type="date" name="t5" id="t5" />
</div>
```

步骤 7：制作"Email"输入框、"联系电话"输入框和"个人主页"输入框。

（1）在表单中插入三个 div.item 元素，其中分别包括 label 文字和输入框两部分。

（2）在 input 元素中设置 type="email"为"Email"输入框。

（3）在 input 元素中设置 type="tel"为"联系电话"输入框。

（4）在 input 元素中设置 type="url"为"个人主页"输入框。email 类型、电话类型和 url 类型在输入时必须使用正确的输入格式，否则会出现错误提示。代码如下：

```
<div class="item">
    <label for="t6">*您的 Email: </label>
    <input type="email" name="t6" id="t6"  required/>
</div>
<div class="item">
    <label for="t7">*联系电话: </label>
    <input type="tel" name="t7" id="t7"  required/>
</div>
<div class="item">
    <label for="t8">您的个人主页: </label>
    <input type="url" name="t8" id="t8" />
</div>
```

步骤 8：制作"排名目标"输入框和"表现认可度"输入框。

（1）在表单中插入两个 div.item 元素，其中分别包括 label 文字和输入框两部分。

（2）在 input 元素中设置 type="number"为数值类型输入框。"您对球队的排名目标"使用数值类型，取值范围为 1 ~ 18。

（3）在 input 元素中设置 type="range"为范围类型输入框。"您对目前球队表现认可度"为范围类型，取值范围在 1 ~ 100。代码如下：

```
<div class="item">
<label for="t9">您对球队的排名目标: </label>
<input  type="number" min="1" max="18" step="1" name="t9" id="t9"  placeholder ="请选择填
入数字"/>
</div>
<div class="item">
<label for="t10">您对目前球队表现认可度: </label>
<input  type="range" min="1" max="100" step="5" name="t10" id="t10" />
</div>
```

步骤 9：制作"颜色"输入框。

（1）在表单中插入一个 div.item 元素，其中包括 label 文字和输入框两部分。

（2）在 input 元素中设置 type="color"为颜色类型输入框。代码如下：

```
<div class="item">
    <label for="t11">请选择您的颜色: </label>
    <input  type="color" name="t11" id="t11" />
</div>
```

步骤 10：制作注册确认和提交按钮。

（1）在表单中插入一个复选框，在 input 元素中设置 type="checkbox"，即为复选框。

（2）输入同意注册文字。

（3）在表单中插入一个提交按钮，在 input 元素中设置 type="submit"，即为提交按钮，代码如下：

```
<input type="checkbox" checked="cheched">
我已阅读并同意<a href="#">赤焰军球迷会会员注册协议</a>
<input  type="submit" name="bu2"  value="立即注册" class="regist"/>
```

（4）设置提交按钮的样式，样式表参考代码如下：

```
.regist{display:block; width:120px; height:30px; margin:20px auto;}
```

步骤 11：保存文件，完成制作。

5.3　窗　口　容　器

本节介绍的 iframe 浮动框架和 Bootstrap 模态框、Bootstrap 侧边面板都是跟窗口相关的容器。iframe 浮动框架是在父窗口内设置的一个子窗口，把其他页面的内容显示在子窗口中；Bootstrap 模态框（Modal）则是覆盖在父窗口上的子窗口；Bootstrap 侧边面板是在窗口侧边隐藏或显示面板。

微　课 ●┄┄┄┄┄

浮动框架标签

5.3.1　浮动框架标签<iframe>

格式：

```
<iframe src="URL" name="子窗口名称"></iframe>
```

功能：<iframe>标签创建包含另外一个文档的内联框架，该框架以行内块的形式在一个页面中直接引入另一个页面，又称浮动窗口或子窗口。<iframe>标签可用于将窗口画面分割成多个小窗口，且每个小窗口中，可以显示不同的网页，达到在浏览器中同时浏览不同网页的效果。当将浏览的画面分割成多个窗口后，各窗口将可以扮演不同的功能。比如，可以把网页做成：一个窗口显示的是目录，另一个窗口显示在目录中所选取的项目内容。<iframe>标签的常用属性如下：

（1）src 属性：用于设定子窗口显示的初始页面。如果没有设定 src 属性，则子窗口不会有初始显示的内容。

（2）frameborder 属性：设定围绕 iframe 的边框宽度。例如，要隐藏 iframe 的边框，需要设置 frameborder 属性值为 0，代码如下：

```
<iframe frameborder="0"></iframe>
```

（3）height 属性：定义边框的宽度。

（4）width 属性：定义边框的高度。

（5）scrolling 属性：定义是否有滚动条（yes|no| auto）。当子窗口显示的内容超出子窗口的宽度和高度时，默认有滚动条。如果要把滚动条去掉，可用下面的代码：

```
<iframe scrolling="no"></iframe>
```

（6）name 属性：规定 iframe 子窗口的名称。如果要把子窗口作为超链接的目标窗口，则必须给子窗口定义名字。这个名字用属性 name 来定义。例如：

```
<iframe name="left"></iframe>
```

定义了窗口名称，就可以在超链接<a>标签中通过 target 属性配合使用。<a>标签中的 target 属性指定了所链接的文件出现在哪个窗口中。例如，可以在超链接<a>标签的 target 属性指定上述代码所定义的 iframe 子窗口中 name 定义的名称，代码如下：

```
<a href="http://www.baidu.com" target="left">链接</a>
```

5.3.2　Bootstrap 窗口容器

Bootstrap 窗口容器包括模态框和侧边面板。

1. Bootstrap 模态框

模态框（Modal）是覆盖在父窗口上的子窗口。子窗口可提供信息交互等内容。使用模态框需要在头元素中引入 Bootstrap 的基本 CSS 文件 bootstrap.min.css 和 bootstrap 的基本 js 文件 bootstrap.bundle.min.js。模态框的构建是把一个 div 元素用预定义类.modal 定义，并且要设置其 id 属性。该 div 元素中包含一个用预定义类.modal-dialog 定义的对话框。要激发该模态框时，在按钮中设置 data-bs-target 属性为对应模态框的 id 值，同时设置 data-bs-toggle="modal"即可。

HTML5 中定义的 data 属性用于模态框。模态框相关属性列表见表 5-4。

微　课 ●┄┄┄┄┄

Bootstrap 模态框

●┄┄┄┄┄

表 5-4　模态框相关属性

属　　性	功　　能
data-bs-target="# identifier "	指定要切换的特定的模态框（带有 id="identifier"），是激发模态框必须有的属性
data-bs-toggle="modal"	用于打开模态窗口，是激发模态框必须有的属性
data-bs-dismiss="modal"	用于关闭模态窗口

Bootstrap 模态框相关的预定义类列表则表 5-5。

表 5-5　Bootstrap 模态框相关的预定义类

类　　名	功　　能
.modal	用于定义模态框，把\<div\>的内容识别为模态框，是构建模态框必须有的预定义类
.modal-dialog	用于定义模态对话框，是构建模态框必须有的预定义类
.modal-content	用于为模态窗口整体设置样式
. modal-header	定义模态框头部
. modal-title	定义模态框标题
. modal-body	定义模态框内容，用于为模态窗口的主体设置样式
.modal-footer	定义模态框底部，用于为模态窗口的底部设置样式

2．Bootstrap 侧边面板

Bootstrap 侧边面板类似于模态框，都需要引用 jQuery 插件。单击图 5-33 所示的两个按钮，可打开侧边面板，如图 5-34 所示。

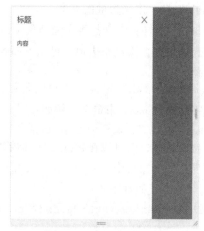

图 5-33　侧边面板开关按钮　　　　　　　　　图 5-34　打开侧边面板

侧边面板通过 offcanvas 类进行创建，通过以下四个类控制侧边面板的位置：.offcanvas-start 显示在页面左侧；.offcanvas-end 显示在页面右侧；.offcanvas-top 显示在页面顶部；.offcanvas-bottom 显示在页面底部。

可以使用 a 链接的 href 属性或者 button 元素使用 data-bs-target 属性设置侧边面板打开开关。这两种情况都需要使用 data-bs-toggle="offcanvas"。下面的代码是典型的侧边面板页面，使用链接元素和按钮元素两个开关，代码如下：

```
<a class="btn btn-primary" data-bs-toggle="offcanvas" href="#tt" role="button">
链接元素</a>
<button class="btn btn-primary" type="button" data-bs-toggle="offcanvas" data-bs-target="#tt">
按钮元素</button>
<!--创建侧边面板-->
<div class="offcanvas offcanvas-start" id="tt">
<div class="offcanvas-header">
<h5 class="offcanvas-title" id="tt">标题</h5>
<button type="button" class="btn-close" data-bs-dismiss="offcanvas">
```

```
</button>
</div>
<div class="offcanvas-body">内容</div>
</div>
```

5.3.3　Bootstrap 模态框应用案例

案例 5-3：运用 Bootstrap 制作一个模态框，如图 5-35 所示。单击按钮时打开模态框，在模态对话框中单击"关闭"按钮则关闭模态框。代码如下：

```
<html>
<head>
        <title>案例 5-3</title>
        <meta charset="utf-8">
        <link href="css/bootstrap.min.css" rel="stylesheet">
        <script src="js/bootstrap.bundle.min.js"></script>
</head>
<body>
    <div class="container mt-3">
        <p>单击按钮打开模态框</p>
        <button type="button" class="btnbtn-primary" data-bs-toggle="modal" data-bs-target=
"#myModal">
        打开模态框
        </button>
    </div>
        <!--构建模态框 -->
    <div class="modal" id="myModal">
        <div class="modal-dialog">
            <div class="modal-content">
                <!-- 模态框头部 -->
                <div class="modal-header">
                <h4 class="modal-title">模态框标题</h4>
                <button type="button" class="btn-close" data-bs-dismiss="modal"></button>
                </div>
                <!-- 模态框内容 -->
                <div class="modal-body">模态框内容..</div>
                <!-- 模态框底部 -->
                <div class="modal-footer">
                    <button type="button" class="btnbtn-danger" data-bs-dismiss="modal">关 闭
</button>
                </div>
            </div>
        </div>
    </div>
</body>
</html>
```

图 5-35　打开模态框

5.3.4　任务 5-3：运用 iframe 制作子窗口网页

1. 任务描述

按图 5-36 所示效果设计并制作网页，其导航栏包括：封面、静夜思、春晓、悯农，单击导航超链接，在下面的子窗口中显示相应的内容。初始显示为图片封面。

2. 任务要求

通过本任务的练习，要掌握在网页中创建子窗口的基本方法；熟练掌握<iframe>标签的基本语法；掌握在超链接中如何使用指定名字的子窗口作为目标窗口。

图 5-36　任务 5-3 效果

3. 任务分析

本任务共制作 4 个网页文件：主网页为 task5-3.html，网页 jys.html 为唐诗《静夜思》，网页 cx.html 为唐诗《春晓》，网页 mn.html 为唐诗《悯农》。

主网页 task5-3.html 从上到下分为标题、导航、子窗口、页脚四部分。子窗口 iframe 元素命名为 pwin，然后在导航栏超链接 a 元素中设置 target="pwin"，将超链接的目标窗口定为 pwin 子窗口。单击导航栏诗歌，就会在子窗口中显示相应唐诗的文件，如图 5-37 所示。

图 5-37　在子窗口中显示相应唐诗的文件

4. 工作过程

步骤 1：站点规划。

（1）新建文件夹作为站点，站点内建立 images 文件夹，将本节图片素材存放在 images 文件夹中。

（2）站点内建立 code 文件夹，用来存放三首唐诗网页。

（3）站点内建立 css 文件夹，用来存放唐诗网页的样式表文件。

步骤 2：制作唐诗《静夜思》网页。

（1）新建网页，设置<title>为"静夜思"，将网页命名为 jys.html，保存到 code 文件夹中。

（2）输入唐诗《静夜思》的内容，网页 jys.html 的代码如下：

```
<body>
    <p>静夜思</p>
    <p>床前明月光，<br />
    疑是地上霜。<br />
    举头望明月，<br />
    低头思故乡。</p>
</body>
```

（3）设置网页 jys.html 的样式，样式表保存为外部样式表文件 poem.css，并存放到 css 文件夹中。样式表代码参考如下：

```
body{color:#666; text-align:center;}
p{ font-size:24px;}
```

步骤 3：制作唐诗《春晓》网页。

（1）新建网页，设置<title>为"春晓"，将网页命名为 cx.html，保存到 code 文件夹中。

（2）输入唐诗《春晓》的内容。

（3）使用外部样式表文件 poem.css 作为页面样式，在头元素中输入如下代码：

```
<link href="../css/poem.css" rel="stylesheet" type="text/css">
```

步骤 4：制作唐诗《悯农》网页。

（1）新建网页，设置<title>为"悯农"，将网页命名为 mn.html，保存到 code 文件夹中。

（2）输入唐诗《悯农》的内容。

（3）使用外部样式表文件 poem.css 作为页面样式。

步骤 5：制作主页面。

（1）新建网页，设置<title>为"任务 5-3"，将网页命名为 task5-3.html，保存到站点所在的文件夹中。

（2）建立基本页面结构：最外层为 div#container，里面从上到下包含 div#top、div#window、div.nav 三部分。代码如下：

```
<div id="container">
    <div id="top"></div>
    <div id="window"></div>
    <div class="nav"><a href="#">唐诗三首</a></div>
</div>
```

（3）制作头部标题文字和导航：div#top 包含标题文字和导航。导航链接分别在指定窗口 pwin 中打开相应的唐诗网页，"封面"链接则直接在指定窗口 pwin 中打开图片 cover.jpg。div#top 元素的代码如下：

```
<div id="top">
    <div id="title">唐诗欣赏</div>
    <div class="nav">导航
        <a href="images/cover.jpg" target="pwin">封面</a>
        <a href="code/jys.html" target="pwin">静夜思</a>
        <a href="code/cx.html" target="pwin">春晓</a>
        <a href="code/mn.html" target="pwin">悯农</a>
    </div>
</div>
```

（4）制作子窗口：在 div#window 元素中插入 iframe 元素，将 iframe 子窗口命名为 pwin，并去掉框线和滚动条等窗口痕迹；子窗口初始打开的是图片 cover.jpg。div#window 元素的代码如下：

```
<div id="window">
    <iframe width="100%" height="303" name="pwin" src="images/cover.jpg" frameborder="0"
scrolling="no">
    </iframe>
</div>
```

（5）使用外部样式表文件 poem.css 作为页面样式，在头元素中输入如下代码：

```
<link href="css/poem.css" rel="stylesheet" type="text/css">
```

（6）设置网页的样式：样式表保存在外部样式表文件 poem.css 中。样式表代码参考如下：

```
body{color:#666; text-align:center;}
#title{font-family: "微软雅黑"; color: #FFF;text-align: center;font-size:42px;
    line-height: 100px;        /*实现垂直居中*/
    background: #FC0;text-shadow: 2px 2px 3px #333333;} /*设置字体阴影效果*/
#container{ width:650px;}
.nav{font-size:26px; background:#CF0;line-height: 60px;}
p{ font-size:24px;}
a:link,a:visited{ color:#669; text-decoration:none;}
a:hover{color:#C39;}
```

步骤 6：保存文件，完成主页面的制作。

5.4　小试牛刀

使用表格、表单、子窗口制作球迷会网站页面，如图 5-38 所示，页面主体采用表格进行布局，为一个 3 行 2 列的表格，其中在第 2 行的第 2 个单元格中插入一个子窗口，子窗口初始显示的是足球图像，效果如图 5-37 所示。当单击左侧单元格中的表单元素"注册"按钮时，子窗口会显示任务 5-2 的网页 task5-2.html；当单击左侧单元格中的表单元素"调查"按钮时，子窗口会显示案例 5-2 的网页"案例 5-2.html"。

参考步骤：

步骤 1：站点规划。

（1）新建文件夹作为站点，站点内建立 images 文件夹，将本节图片素材存放到 images 文件夹中。

（2）新建封面网页 cover.html 供子窗口初始显示。在 cover.html 页面中插入图片 images/cover.jpg，并设置 body 的样式，使边距为 0。完成之后保存到站点所在的目录。

图 5-38 球迷会网站页面效果

步骤 2：使用表格建立主网页的基本结构。

（1）新建网页，设置 <title> 为"小试牛刀 5"；保存文件，将网页命名为 ex5-0.html，并保存到站点所在的目录。

（2）在网页 ex5-0.html 中插入一个 3 行 2 列的表格，将第一行的两个单元格合并，将第三行的两个单元格合并。

（3）设置表格的样式：表格的边框为 0，宽度为 800 px，整体为水平居中；表格第一行高度为 250 px，背景颜色为红色，并采用 images 文件夹中的 logo.jpg 作为单一的背景图；表格第二行有两个单元格，高度都为 600 px；第二行第一个单元格宽度为 200 px，垂直对齐方向为顶部，背景颜色为橙色；第二行第二个单元格宽度为 600 px，背景颜色为灰色；表格第三行高度为 50 px，背景颜色为黑色。

（4）制作网页标题文字"赤焰军球迷会"：在表格第一行的单元格中输入文字，文字分为两行；在样式表中设置文字大小为 60 px，颜色为橙色，文字靠右对齐，并且离表格右边距 70 px 的位置。

步骤 3：插入子窗口。

（1）在表格第二行的第二个单元格中插入 iframe 子窗口。

（2）将 iframe 子窗口命名为 abc，宽度和高度都为 600 px，去掉框线和滚动条，子窗口初始打开的是步骤 1 制作的网页 cover.html。

步骤 4：加入表单。

（1）在表格第二行的第一个单元格中插入表单。

（2）制作表单域的元素：包括文本框和密码框。

（3）制作三个表单按钮：其中"登录"为提交按钮，"注册"和"调查"为普通按钮，需要用 onclick 属性指定单击按钮发生的事件，该事件通过 JavaScript 定义。当单击"注册"按钮时，子窗口会显示任务 5-2 的网页 task5-2.html，如图 5-39 所示；当单击"调查"按钮时，子窗口会显示案例 5-2 的网页"案例 5-2.html"，如图 5-40 所示。表单代码如下：

```
<form method="get" action="" name="fo1">
用户名: <input type="text" size="16" maxlength="6" name="t1"/><br />
密  码: <input type="password" size="16" name="t2"/><br /><br />
<input type="submit" value="登录"/>
<input type="button" value="注册" onclick="window.open('../5.2/任务/task5-2.html','abc')"/>
<input type="button" value="调查" onclick="window.open('../5.2/案例 5-2.html','abc')"/>
</form>
```

图 5-39 单击"注册"按钮时的效果

图 5-40 单击"调查"按钮时的效果

小　　结

本章学习了表格、表单、子窗口、模态框、侧边面板等容器元素的使用。表格容器是由行元素和单元格元素组成的一个区域；表单容器是包含了一系列表单元素的区域；在窗口容器中，iframe 是在网页中开辟一个用于显示其他 HTML 网页的区域，而模态框是在页面中弹出的子窗体，侧边面板是在窗体旁边设置的隐藏或显示面板。读者在学习过程中要注意区分这些容器元素的使用场合，掌握其基本规范和制作技巧。

思考与练习

1. <caption>标签的作用有哪些？

2. 在图 5-41 所示的页面中有两个提交按钮，分别对两组调查进行统计。要制作这样的网页需要插入多少个表单？说说你的解决方案。

3. 网页制作：按图 5-42 所示的效果制作表格。要求：表格框线为单线，并对单元格进行合并。

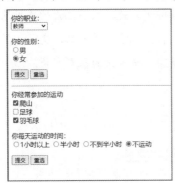

图 5-41　多表单页面

<table>
<tr><td>姓名</td><td>性别</td><td>成绩</td></tr>
<tr><td>张三</td><td rowspan="2">男</td><td>80</td></tr>
<tr><td>李四</td><td>86</td></tr>
<tr><td colspan="2">合计</td><td>196</td></tr>
</table>

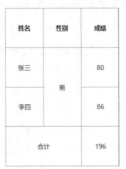

图 5-42　表格单元格合并效果

4. 网页制作：按图 5-43 所示制作两组单选按钮的表单。要求：第一组选项为 4 选 1；第二组选项为 6 选 1。

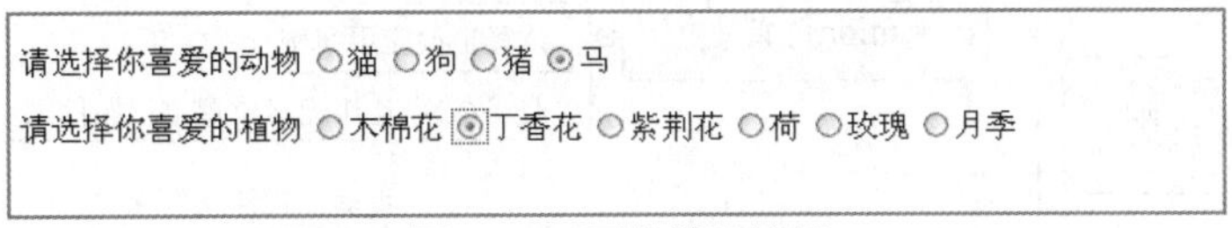

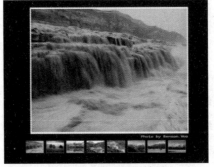

图 5-43　两组单选按钮

5. 网页制作：使用子窗口 iframe 元素制作图 5-44 所示的电子相册。要求：单击网页下方的缩略图，会在上方的子窗口中显示相应的大图。

图 5-44　电子相册效果

第**6**章

元素定位与桌面端排版

🖥️ 引言

前面我们使用 padding 或 margin 来改变元素的位置，但 padding 和 margin 标签的初衷并不是用来改变元素的位置。虽然从浏览器显示出来的效果看，元素的位置是改变了，但实际上只是扩大了元素的作用范围。本章学习的内容是真正改变元素位置的方法，即浮动定位、相对定位和绝对定位。元素位置一旦改变，必然涉及页面的排版。本章在学习元素定位的基础上，进一步探讨页面的居中排版以及桌面端页面的基本布局。

📖 内容结构图

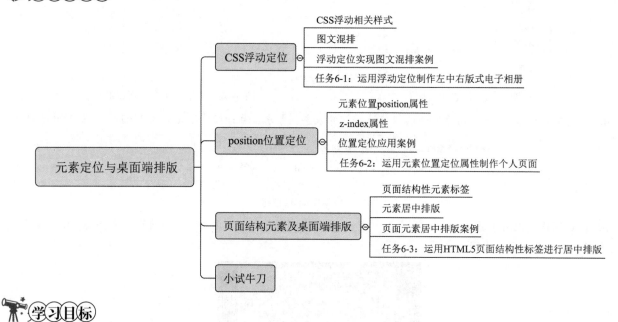

🔭 学习目标

- ➢ 了解元素定位的常用方法和手段；
- ➢ 理解浮动定位、相对定位和绝对定位的基本原理；
- ➢ 掌握浮动定位、相对定位和绝对定位的实现方法；
- ➢ 能运用结构性元素结合 CSS 定位机制进行页面排版。

6.1　CSS 浮动定位

CSS 最基本的定位机制是普通流定位。除非专门指定，否则所有块元素、行元素、行内块元素都在普通流中定位。元素从上到下一个接一个地排列，元素的位置由元素在 HTML 中出现的先后位置决定。要改变元素在普通流中的位置，需要使用浮动属性，或位置属性中的相对定位和绝对定位。

　　所谓浮动就是元素脱离原来的普通流，从普通流当中浮起来。它可以是左浮动，也可以是右浮动。浮动的结果不仅影响浮动元素的位置，还将影响该元素在普通流后面所有元素的位置，要想结束浮动造成的影响，需要清除浮动。

6.1.1　CSS 浮动相关样式

与 CSS 浮动相关的样式包括 float 属性和 clear 属性。前者设置浮动，后者清除浮动。

1. 元素浮动 float 属性

格式：

```
float: left|right
```

取值：

- left：元素向左浮动；
- right：元素向右浮动。

功能：该属性实现元素的浮动。浮动的元素（块）可以向左或向右移动，直至其外边缘碰到包含块或另一个浮动块的边缘为止。例如，在 HTML 文档中插入 3 个 div 框，如图 6-1 所示，当框 1 向右浮动时，它脱离文档流并且向右移动，直至其右边缘碰到包含块的右边缘。

当框 1 向左浮动时，它脱离文档流并且向左移动，直至其左边缘碰到包含块的左边缘。因为它不再处于文档流中，所以它不占据空间，效果如图 6-2 所示。

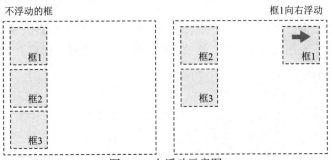

图 6-1　右浮动示意图

图 6-2　左浮动示意图

　　把所有三个块都向左移动，那么框 1 向左浮动直至碰到包含块，另外两个块向左浮动直至碰到前一个浮动块，因而可以形成三个块向左横向并排。同样，如果把三个块都向右浮动，也可以实现这三个块向右横向并排。如果包含块太窄，无法容纳水平排列的三个浮动元素，如图 6-3 所示，那么第三个浮动块会向下移动。如果浮动元素的高度不同，那么当它们向下移动时可能被其他浮动元素"卡住"，如图 6-4 所示。

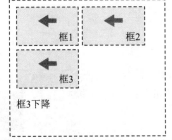

图 6-3　横向空间不够容纳三个框

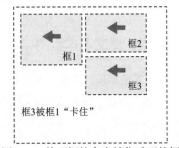

图 6-4　前面框的高度挡住后面的框

2. 清除浮动 clear 属性

格式：

```
clear: left|right |both |none
```

取值：

- left：清除左浮动；
- right：清除右浮动；
- both：清除左浮动和右浮动；
- none：默认值，允许两边都可以有浮动对象。

功能：clear 属性用于清除浮动。它定义了元素的哪边上不允许出现浮动元素。例如，要实现图 6-5 所示的效果，先在 HTML 文档中插入四个 div 框，其中第三个 div 使用类 c3，代码如下：

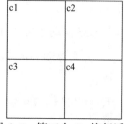

图 6-5　第三个 div 换行浮动

```
<body>
    <div>c1</div>
    <div>c2</div>
    <div class="c3">c3</div>
    <div>c4</div>
</body>
```

在样式表中通过 float 属性让四个 div 全部向左浮动（四个 div 横向排成一列），然后在第三个 div.c3 中添加 clear 属性，清除前面 div 浮动对其的影响，就可以换行。样式代码如下：

```
div { height: 100px;width: 100px;border:1px solid #999;
     float:left;}
.c3 {clear:both; }
```

6.1.2　图文混排

当一个容器浮动时，周围的文字（包括其他容器内的文字）不会像容器本身一样被浮动的容器遮住，而是围绕在浮动容器的周围。利用浮动的这一特性，可以实现图文混排效果。让插入的图像成为浮动框，可以使文本围绕图像，从而实现图文混排的效果，如图 6-6 所示。

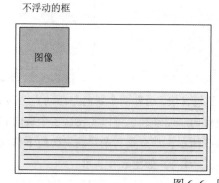

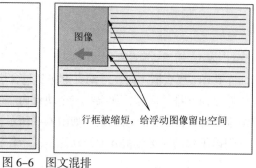

图 6-6　图文混排

6.1.3　浮动定位实现图文混排案例

案例 6-1：在文字前面插入图像，并且让图像向右浮动，实现图文混排效果。同时把首字放大，向左浮动，实现首字下沉效果，如图 6-7 所示。代码如下：

图 6-7　图文混排效果

```
<!doctype html>
<html>
    <head>
        <meta charset="utf-8">
        <title>案例 6-1</title>
        <style type="text/css">
            .pic{float:right;margin:10px;}
```

```
            #cont::first-letter{float:left; font-size: 80px;margin:10px;}
            #cont {font-size: 24px;letter-spacing: 3px;}
        </style>
    </head>
    <body>
        <div id="cont">
            <img src="ba2.jpg" class="pic"/>
            德天瀑布是我一直向往的地方…
        </div>
    </body>
</html>
```

6.1.4　任务 6-1：运用浮动定位制作左中右版式电子相册

1. 任务描述

电子相册的左边为 logo。中间插入一个子窗口，用来显示相片。右边是缩略图列表。单击缩略图，会在子窗口中显示相片大图，效果如图 6-8 所示。

图 6-8　左中右版式电子相册页面效果

2. 任务要求

要使用浮动定位完成整个页面的制作；通过本任务的练习，要掌握浮动定位的使用技巧；充分理解浮动定位的基本原理和实现机制。

3. 任务分析

本任务版式如图 6-9 所示。首先插入三个高度一致的 div 元素。然后设置 div#left 固定宽度并左浮动；div#right 固定宽度并右浮动；div#center 不浮动，自动适应屏幕宽度。为此需要在普通流中将 div#center 放在 div#left 和 div#right 的后面。

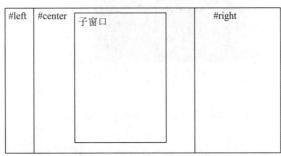

图 6-9　左中右版式示意图

div#right 中每个缩略图为一个超链接，放置在一个 80 px×80 px 的 div 元素中，用 float 属性实现横向排版。相片分别按横向、纵向设置两类样式。

4. 工作过程

步骤 1：站点规划。

（1）新建文件夹作为站点，站点内建立 source 文件夹，将本节素材存放在 source 文件夹中。source 文件夹内包含了大小格式的图片及图片页面。

（2）新建网页，设置<title>为"任务 6-1"；将网页命名为 task6-1.html 保存到站点所在的目录。

步骤 2：建立网页的基本结构。

网页 task6-1.html 普通流顺序为 div#left、div#right、div#center，基本代码如下：

```
<body>
    <div id="left"></div>
    <div id="right"></div>
    <div id="center"></div>
</body>
```

步骤 3：整体布局。

（1）设置 div#left 固定宽度为 60 px，高度 600 px，灰色背景，向左浮动。

（2）设置 div#right 固定宽度为 355 px，高度 600 px，白色背景，向右浮动。

（3）设置 div#center 高度为 600 px，黑色背景，内部元素水平居中，整体布局如图 6-10 所示。CSS 样式代码如下：

```
#left{
    float:left;
    width:60px;
    height:600px;
    background-color: #999;
}
#right {
    float:right;
    width:355px;
    height:600px;
    z-index:2;
    background-color: #FFF;
}
#center {
    background-color: #000;color:#fff;
    height: 600px;
    text-align: center;
}
```

图 6-10　整体布局

步骤 4：制作左侧 logo。

（1）在 div#left 中插入 logo.jpg 和文字"行摄天涯"，基本代码如下：

```
<div id="left">
    <img src="source/logo.jpg" width="60" height="60" /><div>行摄天涯</div>
</div>
```

（2）调整文字的大小和位置，使之呈现竖排排列，样式代码如下：

```
#left div{font-size: 24px; padding-left:15px; padding-top:5px;}
```

步骤 5：制作中间子窗口。

在 div#center 中插入子窗口 iframe，子窗口命名为 cwin。子窗口初始状态打开 0.html，效果如图 6-11 所示。基本代码如下：

```
<div id="center">
    <iframe src="source/0.html" frameborder="0" scrolling="no" width="585px" height="600px"
name="cwin"></iframe>
  </div>
```

图 6-11　中间层插入子窗口

步骤 6：制作右侧电子相册缩略图列表。

（1）右侧每张缩略图用一个 80 px × 80 px 的 div.pic 元素进行包裹，横向照片添加 ".heng" 类，纵向照片添加 ".shu" 类，代码如下：

```
<div id="right">
    …
    <div class="pic heng">
        <a href="05.html" target="cwin">
            <img src="05.jpg" width="65" height="44" /title="水墨黄山">
        </a>
    </div>
    <div class="pic shu">
        <a href="06.html" target="cwin">
            <img src="06.jpg" width="44" height="65" title="玉龙雪山"/>
        </a>
    </div>
    …
</div>
```

（2）电子相册的缩略图通过 float 实现横排，使用 margin 调整缩略图之间的距离，效果如图 6-12 所示。样式代码如下：

```
.pic {
    height: 80px;
    width: 80px;
    float:left;                /*向左浮动，实现横排*/
    margin:8px 3px;            /*缩略图之间的距离*/
}
```

图 6-12　电子相册的缩略图横排

（3）设置缩略图超链接的样式。电子相册的缩略图使用素材提供的图片作背景，设置超链接为块状显示，样式表代码如下：

```
.pic a{display:block;                /*超链接块状显示*/}
```

（4）将超链接区域扩大到整个背景块：

横向图片宽度为 65 px，加上 padding-left:7px 和 padding-right:8px，实际宽度占用为 80 px。图片高度为 44 px，

加上 padding-top:18px 和 padding-bottom:18px，实际高度占用为 80 px。

竖向图片宽度为 44 px，加上 padding-left:18px 和 padding-right:18px，实际宽度占用为 80 px。图片高度为 65 px，加上 padding-top:7px 和 padding-bottom:8px，实际高度占用为 80 px。样式表代码如下：

```
.heng a {padding: 18px 7px 18px 8px;}
.shu a {padding: 7px 18px 8px 18px;}
```

（5）去掉图片边框，实现鼠标移到缩略图上改变图片背景的功能。样式表代码如下：

```
.pic img{ border:0;}
.pic a:link,.pic a:visited{ background:url(source/frame.jpg) no-repeat;}
.pic a:hover{ background:url(source/frame_hover.jpg) no-repeat;}
```

步骤 7：保存文件，完成制作。

6.2 position 位置定位

position 属性是 CSS 专门用于元素定位的属性，它有 5 个属性值，分别是静态定位 static、相对定位 relative、固定定位 fixed、绝对定位 absolute 和黏性定位 sticky。position 定位的基本思想是：它允许用户定义元素框相对于其正常位置应该出现的位置，或者相对于父元素，或者相对于另一个元素甚至浏览器窗口本身的位置。

● 微 课

元素位置 position 属性

6.2.1 元素位置 position 属性

格式：

```
position: static|relative| absolute|fixed | sticky
```

取值：

- static：元素框默认的静态位置，遵循正常的文档普通流；
- relative：元素相对于原来的位置偏移某个距离，它原本所占的空间仍保留；
- absolute：元素从文档流完全脱离，并相对于已做定位的祖先元素偏移某个距离；
- fixed：元素的位置相对于浏览器窗口是固定位置，即使窗口滚动它也不会移动；
- sticky：元素位置随浏览器窗口滚动到一定位置后固定不动。

功能：该属性设置元素的定位方式。元素定位的具体位置要通过 top 属性或 bottom 属性、left 属性或 right 属性进行设置。top、bottom、left、right 属性的值可以是百分比，也可以是像素等绝对值，并允许为负值。

1. 相对定位

当容器的 position 属性值为 relative 时，这个容器即被相对定位了。如果对一个元素进行相对定位，它出现的位置是相对于这个元素原来的位置作为起点进行移动。设置为相对定位的元素仍然保持其未定位前的形状，它原本所占的空间仍保留，只是偏移到另外一个地方显示。如图 6-13 所示，框 1、框 2、框 3 原本通过浮动定位排成一行，现将框 2 设置为相对定位，即 position 属性为 relative；将 top 值设置为 20 px，框 2 将出现在离原位置顶部 20 px 的地方，即向下偏移 20 px；将 left 值设置为 30 px，框 2 将出现在离原位置左边 30 px 的地方，即元素向右移动。

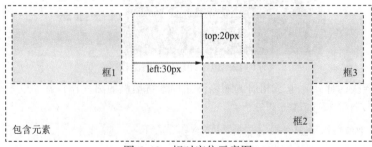

图 6-13 相对定位示意图

在使用相对定位时，元素仍然占据原来的空间，只是移动到其他位置显示，因而移动元素会导致它覆盖其他框，但不影响整体布局结构。

2．绝对定位

当容器的 position 属性值为 absolute 时，这个容器即被绝对定位了。绝对定位的元素的位置是相对于最近的已定位祖先元素的位置，如果元素没有已定位的祖先元素，那么其位置是相对于 body 进行偏移。使用绝对定位的容器，会脱离文档流，从文档普通流中完全删除，不占据空间，原来的位置会被其他元素取代。如图 6-14 所示，框 1、框 2、框 3 原本通过浮动定位排成一行，现将框 2 设置为绝对定位，即 position 属性为 absolute，将 top 值设置为 20 px，left 值设置为 30 px，那么框 2 的偏移位置首先取决于它的父元素外框有没有进行 position 定位。如果父元素有 position 定位，框 2 将出现在离父元素顶部 20 px、离父元素左边 30 px 的地方。如果父元素没有 position定位，那么再看祖父元素，依此类推。如果框 2 所有祖先元素都没有进行 position 定位，那么框 2 将以 body 为基准，出现在离页面顶部 20 px、离页面左边 30 px 的位置。

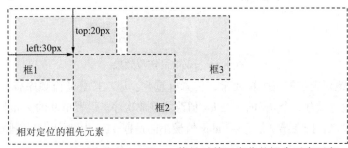

图 6-14　绝对定位的 left 和 top 值是对其已定位的祖先元素而言

在 Dreamweaver 设计视图中可以对绝对定位的元素直接进行拖动，改变其位置和长宽。

3．固定定位

当容器的 position 属性值为 fixed 时，这个容器即被固定定位了。固定定位的元素的位置相对于页面 body 进行偏移。这个位置永远固定，不会随浏览器窗口滚动而变化。固定定位与绝对定位一样会脱离文档流，从文档普通流中完全删除，不占据空间，原来的位置会被其他元素取代。

4．黏性定位

当容器的 position 属性值为 sticky 时，该容器即被黏性定位。黏性定位基于用户使用浏览器窗口滚动的位置。该定位占有原先的位置，具有相对定位的特点；该定位以浏览器的可视窗口为参照点移动元素，又有固定定位的特点。所以说黏性定位是相对定位 relative 和固定定位 fixed 的结合。在浏览器窗口滚动过程中，黏性定位元素距离其父元素的距离达到 sticky 黏性定位阈值要求时，就相对于 fixed 定位，固定到适当的位置。黏性定位阈值必须通过 top、left、right、bottom 属性其中一个进行设置才有效。

6.2.2　z-index 属性

格式：

```
z-index: <整数值>
```

取值：整数值，默认值为 1，可以为负数。

功能：控制元素的堆放次序。由于 position 属性所定位的框改变了元素在文档普通流的位置，所以它们可以覆盖页面上的其他元素。通过设置 z-index 属性可以控制这些框的堆放次序，取值大的在上面，取值小的在下面，如果 z-index 取值相同，则依据原来文档普通流的顺序，普通流中先出现的在下面，后出现的在上面。

微 课
z-index 属性

6.2.3　位置定位应用案例

案例 6-2：如图 6-17 所示，框 1、框 2、框 3、框 4、框 5、框 6 通过浮动定位横向排列，现将框 2 设置为相对定位，框 5 设置为绝对定位，效果如图 6-15 所示。

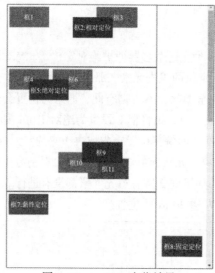

图 6-15　position 定位效果

框 9、框 10、框 11 为绝对定位的三个块元素，位置有重叠。原本按普通流顺序叠放，即框 9 在下，框 10 在中间，最上面是框 11。现通过设置 3 个 div 的 z-index 值改变叠放次序。设置框 9 的 z-index 值最大，使框 9 排在最上面；框 10 的 z-index 值次之，排在第 2 层；z-index 值最小的是框 11，为默认值 1，排在最下面。效果如图 6-15 所示。

框 7 为黏性定位元素，设置 position 属性值为 sticky，阈值为 top：50 px；当鼠标滚动不超过阈值时，框 7 随页面滚动，效果如图 6-16 所示。当鼠标向上滚动使页面到离顶端 50 px 时，框 7 就固定不动了，如图 6-17 所示。

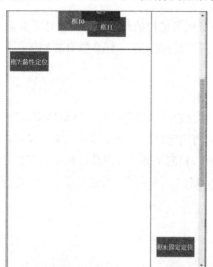

图 6-16　滚动不超过阈值时，框 7 随页面滚动

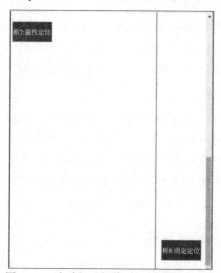

图 6-17　滚动超过阈值时，框 7 固定不动

框 8 为固定定位元素，固定在离页面右边 10 px、离页面底部 50 px 的位置，无论浏览器窗口如何滚动，框 8 的位置保持不变。代码如下：

```
<!doctype html>
<html>
  <head>
    <meta charset="utf-8">
    <title>案例 6-2</title>
    <style type="text/css">
      #container{width: 750px; height:1334px; }
```

```
#c1,#c2,#c3,#c4{height: 300px;border: 1px solid #03F;}
#c2,#c3{ position:relative;}
#c4{height:2000px;}
 [class]{ margin:10px; height: 100px; line-height:100px; text-align:center;
       width: 200px; color:#fff; font-size:30px;float:left;}
.box{background-color: #0C6;}
.box2 {background-color: #F03;position: relative;left:100px;top:50px;}
.box5 {background-color: #F03;position: absolute;left:100px;top:50px;}
.box8 {background-color: #09C;position: fixed;right:10px;bottom:50px;}
.box7 {background-color: #09C;position:sticky;position:-webkit-sticky;top:50px;}
.box9{background-color: #F03;position: absolute;left:370px;top:50px;z-index:3;}
.box10{background-color: #0C6;position: absolute;left:250px;top:100px;z-index:2;}
.box11{background-color: #09C;position: absolute;left:400px;top:130px;z-index:1;}
    </style>
</head>
<body>
  <div id=container>
    <div id="c1">
      <div class="box">框 1</div>
      <div class="box2">框 2:相对定位</div>
      <div class="box">框 3</div>
    </div>
    <div id="c2">
      <div class="box">框 4</div>
      <div class="box5">框 5:绝对定位</div>
      <div class="box">框 6</div>
    </div>
    <div id="c3">
      <div class="box9">框 9</div>
      <div class="box10">框 10</div>
      <div class="box11">框 11</div></div>
    <div id="c4">
      <div class="box7">框 7:黏性定位</div>
      <div class="box8">框 8:固定定位</div>
    </div>
  </div>
</body>
</html>
```

6.2.4 任务 6-2:运用元素位置定位属性制作个人页面

1. 任务描述

此任务运用 CSS 居中布局制作宽度为 800 px 并且居中的个人网页。页面主体分为头部、左侧、右侧和页脚四部分,效果如图 6-18 所示。

微课 ●
任务 6-2

图 6-18 固定宽度且居中布局的页面效果

2．任务要求

通过本任务的练习，读者要掌握 position 位置属性的基本使用技巧；熟练使用绝对定位和相对定位；灵活运用 position 定位技术制作页面，做到举一反三，不断强化和巩固。

3．任务分析

本任务使用相对定位制作居中页面。页面最外层为 div#container，其作用就是让 div#container 相对于屏幕（body）居中。设置 div#container 的宽度为 800 px，用相对定位将 div#container 向右移动到屏幕一半的位置，把页面主体定位在水平中间线右侧，即 left：50%。然后再往左退回宽度的一半（400 px），即 margin-left:-400px。这样就完成了 div#container 居中，其机制如图 6-19 所示。

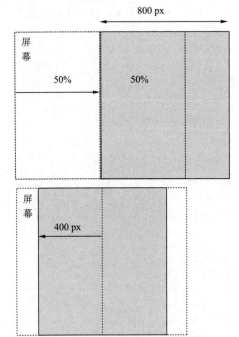

图 6-19　相对定位制作固定宽度且居中页面示意图

4．工作过程

步骤 1：站点规划。

（1）新建文件夹作为站点，站点内建立 images 文件夹，将本节素材存放在 images 文件夹中。

（2）新建网页，设置<title>为"任务 6-2"；将网页命名为 task6-2.html 保存在站点所在的目录。

步骤 2：建立网页的基本结构。

网页 task6-2.html 普通流顺序为 div#banner、div#left、div#right、div#center，包含在最外层 div#container 中，基本代码如下：

```
<div id="container">
    <div id="banner"> 头部含导航 </div>
    <div id="left">左侧</div>
    <div id="right">右侧</div>
    <div id="footer">页脚</div>
</div>
```

步骤 3：页面整体排版。

（1）设置居中版式，div#container 宽度为 800 px，用相对定位将其居中，代码如下：

```
div#container{
    position:relative;
    width:800px;
```

```
    left:50%;
    margin-left:-400px;
}
```

（2）设置 div#banner 的高度为背景图的高度，即 190 px；

（3）设置 div#left 与 div#right 高度相同，都为 400 px；宽度之和为 800 px。用绝对定位将 div#right 定位在 left:150px;top:190px;的位置，实现并排。该位置 left 值等于 div#left 的宽度，top 值等于 div#banner 的高度。

（4）设置 div#footer 的高度 50 px，行间距 50 px，做到垂直居中；设置 text-align:center 做到水平居中。整体布局效果如图 6-20 所示，代码如下：

```
#banner {background:#3CF; height: 190px;}
#right {background-color: #CCC;
    position:absolute;left:150px;top:190px;height: 400px; width: 650px;}
#left {background-color:#2693ff;height: 400px; width: 150px;}
#footer {background-color: #91BCFF; text-align:center;height: 50px;line-height:50px;}
```

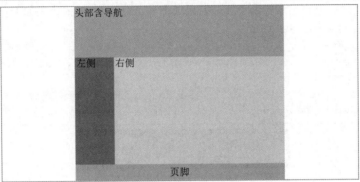

图 6-20　整体布局效果

步骤 4：制作 banner 的样式。

（1）输入 banner 的内容，代码如下：

```
<div id="banner">
    <ul>
        <li><a href="images/tzlx/tzlx11.html" target="abc">拓展练习</a></li>
        <li><a href="#">东北赏雪</a></li>
        <li><a href="#">川到甘南</a></li>
        <li><a href="#">桂林山水</a></li>
        <li><a href="#">香格里拉</a></li>
        <li><a href="#">东南沿海</a></li>
    <li><a href="#">京华风采</a></li>
    </ul>
</div>
```

（2）banner 使用 banner1.jpg 作背景。

（3）使用相对定位将 banner 中的项目列表 ul 整体向下移动到导航所在的位置。

（4）设置导航的样式，效果如图 6-21 所示，参考代码如下：

```
#banner { height: 190px; background: url(images/banner1.jpg) no-repeat;}
#banner ul {margin: 0px;padding: 0px;list-style-type: none; position:relative;top:170px;}
#banner ul li { float: left;width:80px;text-align:center;}
#banner a {font-size: 12px;text-decoration: none;display: block;}
#banner a:link,#banner a:visited{ color:#36C;}
#banner a:hover{color: #F63;}
```

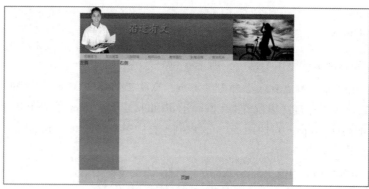

图 6-21　banner 的样式

步骤 5：左侧文章标题导航的制作。

（1）输入左侧 div#left 文章标题导航的内容。

（2）参照 3.2.4 案例 3-2，制作文章标题导航。效果如图 6-22 所示，样式代码如下：

```
#left ul {margin: 0px;padding: 0px; list-style-type: none;}
#left ul li a { font-size: 12px;text-decoration: none;padding:8px;display: block;
          border-left:12px solid #36C; border-righ: 1px solid #36C;}
#left li {border-bottom: 1px solid #3F0;}
#left a:link,#left a:visited{color:#FFF;background-color:#2693ff;}
#left a:hover{ color: ;background-color: #069;}
```

图 6-22　左侧 div#left 文章标题导航的样式

步骤 6：制作右侧 div#right 的样式。

（1）输入右侧 div#right 文章的内容。

（2）制作右侧 div#right 的样式。效果如图 6-23 所示，样式代码如下：

```
#right {background-color: #CCC; height: 400px;width: 650px;
      position:absolute;left:150px;top:190px;
      font-size: 20px;line-height: 44px;color: #069;letter-spacing: 3px;}
#right p {padding:30px 20px; margin:0;}
```

图 6-23　右侧 div#right 文章内容的样式

步骤 7：保存文件，完成制作。

6.3　页面结构元素及桌面端排版

div 元素广泛用于桌面端网页排版，但语义化并不好。网页中大量使用 div，不能区分各自的结构。HTML5 引入了大量块级元素代替 div 元素，以帮助提升网页的语义，使页面具有逻辑性结构和容易维护，并且对数据挖掘服务更友好。

6.3.1　页面结构元素标签

HTML5 定义了一组结构性的语义化标签来描述元素的内容，如 main、nav、article、header、section、footer、aside 等标签，明确表达了网页的页眉、页脚、内容区块等与文档结构相关联的结构，使文档的结构更加清晰明确。

微　课 ●
页面结构性元素标签

1．文章标签<article>

文章标签<article>用于定义外部的内容。外部的内容可以是一篇文章，也可以是来自 blog 的文本，或者是来自论坛的文本，或者是来自其他外部源内容。

2．页眉标签<header>

页眉标签<header>定义文档或某部分区域的头部（页眉），通常作为介绍信息或者导航链接栏的容器。在一个 HTML 文档中，可以定义多个<header>标签。但不能被放在<footer>、<address>或者另一个<header>标签内部。

3．导航标签<nav>

导航标签<nav>用于定义导航链接。

4．章节标签<section>

章节标签<section>用于定义一个区域，可以是文档章节、头部、底部或者文档的其他区域。

5．侧边标签<aside>

侧边标签<aside>用于定义页面的侧边栏。

6．页脚标签<footer>

页脚标签<footer>用于定义一个页面或一个区域的底部。

7．主结构标签<main>

主结构标签<main>用于定义一个页面或一个区域的主体内容。在一个文档中，不能出现一个以上的 main 元素。main 元素不能是以下元素的后代：article、aside、footer、header 或 nav。

8．地址标签<address>

地址标签<address>用于定义地址。

9．标题分组标签<hgroup>

标题分组标签<hgroup>用于将标题和子标题进行分组。如果一篇文章 article 或一个区块 section 出现多个标题，可以用 hgroup 将标题包裹起来，然后按标题组设定样式。

6.3.2　元素居中排版

在传统 PC 端排版中，居中是一种最常见的方式。它需要设置一个固定的宽度，然后让页面的主体放置在屏幕中间。随着网络媒体的更新换代，一个网页版式很难同时兼顾各种不同分辨率的显示终端。一个以不变应万变的方法是将网页放在屏幕中间，并且固定页面的宽度，这就是居中排版。

微　课 ●
元素居中排版

1. 行元素及行内块元素的居中

text-align:center 属性作用在容器上可以对容器内的行元素以及行内块元素实施居中，包括文字、图像、表单、子窗口等。此外，text-align:center 属性还对文本类块元素起居中作用。这些块元素包括 p 元素、h1~h6 标题元素等。

2. 结构性块元素的居中

结构性块元素可使用以下两种方式居中：

（1）在块元素样式中使用相对定位设置居中版式，此方法在任务 6-1 中进行了详细介绍。

（2）在块元素样式中设置左、右边界为 auto，可以使块元素居中，一般会设置 margin:0 auto;该块元素必须有一个固定的宽度，居中才有意义。参考代码如下：

```
div#container{
    height: 500px;
    width: 800px;
    border: 1px solid #333;
    margin:0 auto;
    position: relative;
}
```

上述代码是宽度固定且居中的版式，如图 6-24 所示，用 div#container 作为最外层，设置 div#container 的 width 属性为固定宽度；再设置 margin 属性为 0 auto 0 auto，就实现 div#container 的居中。宽度固定且居中的版式一般还需设置最外层相对定位，目的是给层内需要绝对定位的元素一个定位依据。

图 6-24　固定宽度并且居中版式示意图

3. 表格的居中

表格 table 需要直接设置标签属性 align="center"进行居中。

6.3.3　页面元素居中排版案例

案例 6-3：本案例展示各种行元素、行内块元素、结构性块元素以及表格元素的居中效果，效果如图 6-25 所示。

图 6-25　各种行元素、块元素以及表格元素的居中效果

最外层 div#container 固定宽度为 800 px，用相对定位的方式进行居中版式布局。div#container 设置 text-align: center;使内部的文字元素、h3 标题元素、图像元素、表单元素、p 元素、子窗口 iframe 元素实施居中。超链接 a 元素默认是行元素，受 text-align: center 控制也居中显示；如果把 a 元素变为 block 块状元素，则需要设置 margin: 0 auto 才能居中。同样，article 元素作为块状元素，也需要设置 margin: 0 auto 才能居中。表格 table 元素的居中比较特殊，需要直接在 table 标签中设置属性 align="center"进行居中。代码如下：

```
<!doctype html>
<html>
<head>
    <meta charset="utf-8">
    <title>案例 6-1</title>
    <style type="text/css">
        body {background-color: #999;}
            div#container {position: relative;width: 800px;height: 550px;left: 50%;
                    margin-left: -400px;text-align: center;background-color: #fff;}
            article {width: 500px;margin: 0 auto;background-color: #CCC;}
            a.block {display: block;width: 300px;height: 20px;margin: 0 auto;}
    </style>
</head>
<body>
    <div id="container">
        <h3>居中布局案例</h3>
        <img src="bs-1.jpg" width="168" height="126">
        <form><input type="text" value="表单"></form>
        <p>子窗口: </p>
        <iframe width="200px" height="100px"></iframe><br>
text-align:center 属性对于文字、图像、表单、子窗口、p 标签等都能起到居中作用,
        <article>但对 block 块以及表格则失效, 需设置 margin:0 auto;</article>
        <a href="#">行链接居中采用 text-align:center</a><br>
        <a href="#" class='block'>block 块链接居中设置 margin:0 auto;</a>
        <table width="436" border="1" align="center">
            <tr>
                <td width="59">表格居中</td>
                <td width="183"> 在 table 标签设置属性 align=&quot;center&quot;</td>
            </tr>
            <tr>
                <td> </td>
                <td> </td>
            </tr>
        </table>
    </div>
  </body>
</html>
```

6.3.4 任务 6-3: 运用 HTML5 页面结构元素标签进行居中排版

1. 任务描述

绝对定位常用于网页整体布局, 其优点是直观, 可直接在设计视图上进行位置和宽度高度的设置。此任务运用 position 定位机制制作 "方寸神游" 页面。效果如图 6-26 所示。

任务 6-3

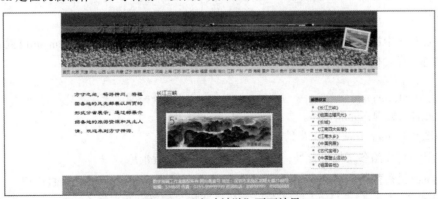

图 6-26 "方寸神游" 页面效果

2．任务要求

通过本任务的练习，要掌握居中布局的基本技巧；灵活运用各种技术制作页面导航；熟练使用 position 定位及 float 浮动定位，做到举一反三，不断巩固。

3．任务分析

网页各区域结构及布局如图 6-27 所示。页面最外层是 main 元素，固定宽度为 1 000 px，并且居中对齐。aside#left 元素、figure 元素、aside#right 元素和 footer 元素用绝对定位。开始布局时 aside #left 元素、figure 元素、aside #right 元素的位置、宽度、高度不必精确定义，先在设计视图中给出一个大致值，待其中的内容完成样式设置后，特别是设置了 margin、padding 之后，块的宽度、高度会变化，此时再对各层进行精确定位。

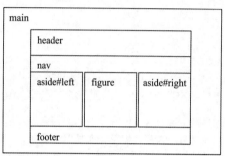

图 6-27　"方寸神游"网页布局示意图

footer 元素在最下面，可以遮盖 aside #left、figure 元素、aside #right 元素高度不一致的部分，使之对齐。

4．工作过程

步骤 1：站点规划。

（1）新建文件夹作为站点，站点内建立 images 文件夹，将本节素材存放在 images 文件夹中。

（2）新建网页，设置 \<title\> 为"任务 6-3"；将网页命名为 task6-3.html，保存到站点所在的目录。

步骤 2：建立网页的基本结构。

网页 task6-3.html 最外层为 main 元素，其中包含的元素普通流顺序为 header、nav、aside#left、figure、aside#right、footer，基本代码如下：

```
<body>
    <main>
        <header></header>
        <nav></nav>
        <aside id="left"></aside>
        <figure></figure>
        <aside id="right"></aside>
        <footer></footer>
    </main>
</body>
```

步骤 3：整体布局。

按宽度 1 000 px 且居中进行整体布局。由于内层用绝对定位，所以必须在最外层 main 设置 position: relative;，给出绝对定位的基准。样式代码如下：

```
body {margin: 0px;}
main {width: 1000px;position: relative;margin: 0 auto;}
```

步骤 4：设置页眉、页脚，完成布局。

（1）header 用图片 banner-fcsy.jpg 作背景，高度为 167 px。

（2）为方便设计，可先给各层加上背景，待完成设计后再修改背景色。

（3）设置导航 nav 元素背景色 background-color: #C6FF8C;，高度 height: 30px;，垂直居中。

（4）设置 aside#left、figure、aside#right 为绝对定位，调整其位置以及高度（300 px）和宽度。先大体进行布局，待其中的内容完成样式设置后，特别是设置了 margin、padding 后，块的宽度、高度会变化，此时再对各层进行精确定位。

（5）设置 footer 元素为绝对定位，宽度 width:1000px;，高度 height:50px;，左边 left:0;，用图片 backgif.gif 作背景，横向重复；完成布局设置后的效果如图 6-28 所示。

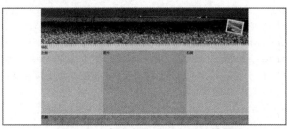

图 6-28　完成布局设置之后的效果

步骤 5：导航制作。

（1）输入 nav 元素导航内容。

（2）设置导航样式，让全国 34 个一级行政区在同一行内排列，效果如图 6-29 所示，代码如下：

```
nav { background-color: #C6FF8C;height: 30px; line-height:30px;}
nav a {font-size:11px; display:block;float:left;
    margin-left:4px; text-decoration:none;  letter-spacing:0px; }
nav a:link,nav a:visited{color: #333333;}
nav a:hover{ color: #FF6600;}
```

图 6-29　完成导航之后的效果

步骤 6：aside#left 元素的制作。

（1）输入左侧文字。

（2）精确定位 aside#right 元素位置：left: 0px; top: 197px;。

（3）制作样式，调整背景颜色为白色，字体为隶书，代码如下：

```
aside#left {position:absolute;width:300px;height:300px;left: 0px;top: 197px;
    background-color: #FFF;font-size: 18px; font-weight: 400;color: #000;
    font-family: "隶书"; line-height: 28px;
    box-sizing:border-box; padding:40px;
}
```

步骤 7：figure 元素的制作。

（1）在 figure 元素内插入图片 cq3.jpg，输入标题"长江三峡"。

（2）整体向下调整定位 top: 237px;。

（3）调整背景颜色为白色，代码如下：

```
figure {position:absolute;width:400px;height:300px;left: 300px;top: 237px;
    background-color:#fff;margin:0;
}
```

步骤 8：aside#right 层制作。

（1）用项目列表作超链接。

（2）调整 aside#right 层的位置及宽度、高度。

（3）设置#right 层各元素的样式，可参考任务 3-2，此处不再赘述，代码如下：

```
aside#right {position:absolute;background-color:#fff;font-size:13px;
         width:210px;height:224px;left: 764px;top: 260px;}
aside#right h4{ margin:0px 18px 0px 18px;padding:3px 0px 1px 5px;
            background-color:#C7CA59;font-size:12px;}
aside#right ul{ list-style:none;margin:0px;padding:5px 22px 15px 22px; font-size:13px;}
aside#right ul li{padding:2px 0px 2px 16px;border-bottom:1px dashed #999999;
            background:url(images/icon1.gif) no-repeat 5px 7px;}
aside#right a:link, aside#right a:visited{color:#000000;text-decoration:none;}
aside#right a:hover{color:#666666; text-decoration:underline;}
```

步骤 9：footer 元素的制作。

（1）在 footer 元素内输入文字。

（2）修改 footer 元素样式，代码如下：

```
footer{position:absolute; width:1000px;height:50px;left: 0px;top: 500px;
    background: url(images/backgif.gif) repeat-x;padding-top:10px;
    font-size: 13px;color: #FFF; text-align: center;
}
```

步骤 7：保存文件，完成制作。

6.4 小 试 牛 刀

制作"户外休闲"页面。页面主体包括 6 个样式相同的文章列表，将这六部分内容排成两行，效果如图 6-30 所示。

图 6-30 "户外休闲"页面效果

参考步骤：

步骤 1：站点规划。

（1）新建文件夹作为站点，站点内建立 images 文件夹，将本节素材存放在 images 文件夹中。

（2）新建网页，设置\<title\>为"小试牛刀 6"；保存文件，将网页命名为 ex6-0.html，并保存到站点所在的目录。

步骤 2：建立网页的基本结构。

网页 ex6-0.html 最外层为 div#container，其中包含 8 个 div 层，分别是 banner 层、6 个内容层以及 footer 层。

步骤 3：设置最外层及横幅样式。

（1）设置最外层 div#container 的宽度为 1 000 px。

（2）设置 banner 样式：用 banner.jpg 作背景，高度为 167 px。

步骤 4：设置 6 个内容框的样式。

（1）在样式表中创建.content 类，统一加边，宽度为 300 px，高度为 300 px，上下边界为 20 px。

（2）创建左、中、右三个类，通过左浮动实现左边两个框靠左对齐；通过右浮动实现右边两个框靠右对齐；中间两个框左浮动，设置左边界为 47 px，实现居中。

（3）将创建的类应用到 6 个内容框中，6 个内容框都用 content 类进行控制。

步骤 5：制作第一个框的内容。

（1）输入第一个内容框的内容，用 H4 标签作栏目名称；列表项分为文章标题和发表时间两部分，分别用类 titlel 和类 timer 定义其样式。

（2）设置 h4 标签栏目的样式：字体大小为 24 px；下边加一条与内容框相同的边；缩进 22 px；高度为 24 px；水平居中；上边界为 8 px。

步骤 6：设置内容框的样式。

（1）设置 ul 和 li 的样式。ul 去掉项目符号，边界为 0，字体大小为 12 px；左 padding 为 5 px；li 的高度为 22 px。

（2）设置 ul 内超级链接的样式，效果如图 6-31 所示。

步骤 7：设置内容列表样式。

使用 float 属性将每个项目列表的标题和时间分开，效果如图 6-32 所示，样式代码如下：

```
.titlel{text-align:left; float: left; width: 200px;}
.timer {float: right; margin-left: 0px; width: 80px; color: #666; mergin-right: 4px}
```

图 6-31 设置内容框样式　　　　　　　图 6-32 设置内容列表样式

步骤 8：制作其余内容框。

内容框每个块的基本结构都一样，按第一个内容框的结构输入内容，完成 6 个内容框的制作。

步骤 9：制作页脚。

（1）输入页脚的内容

（2）设置页脚的样式：宽度为 1 000 px；向左浮动。

步骤 10：保存文件，完成制作。

小　　结

本章学习了元素定位和排版的常用手段。float 可以实现块元素同一行排列，通常用于多个块元素横排并列。需要横排的块元素要同时设置 float。相对定位和绝对定位移动元素时，不会影响其他元素的位置、宽度和高度，通常用于总布局。相对定位是相对原来的位置进行移位，还占据元素原来的位置，只是在别处显示。绝对定位是相对于上一级已定位元素进行移位，原来的位置不在，不占据空间，像浮在页面上一样。

思考与练习

1. 如何用 float 将四个 div 按图 6-33 所示排列？

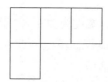

图 6-33　四个 div 排列 2 行效果

2. 基于 CSS 定位，自己设计并制作一个"豆腐块"页面，参考图 6-34 所示样式。

3. 绝对定位在祖先元素缺失时与固定定位有何区别？

4. 如何实现图片居右的样式？有哪些方法？

5. 基于 position 位置定位，自己设计并制作一个页面，参考图 6-35 所示样式。

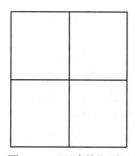

图 6-34　"豆腐块"页面

图 6-35　第 5 题网页

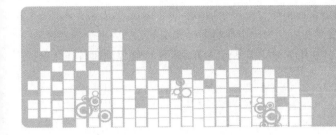

第 7 章

移动端页面布局

📖 引言

布局是前端开发最基础的技能之一，从拿到设计稿的那一刻起，布局的思考就已经开始了。是左右结构布局，还是左中右结构布局；是左边导航右边内容，还是主要内容在中间，次要内容放两边。可以用来作页面布局的技术很多，第 6 章学习的浮动和定位都可以作为一种布局方式。本章学习移动端页面布局常用的 Flex 弹性盒子布局、Grid 网格布局和瀑布流布局。

📖 内容结构图

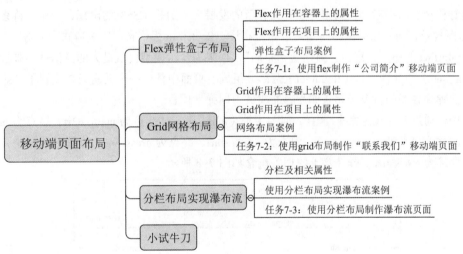

🔭 学习目标

➢ 了解网页布局的常用方法和手段；

➢ 理解弹性布局、网格布局和瀑布流的基本原理；

➢ 掌握弹性布局、网格布局和瀑布流的实现机制；

➢ 能运用弹性布局、网格布局和分栏布局进行移动端页面制作。

7.1 Flex 弹性盒子布局

页面布局技术在 CSS 出现之前主要是用表格实现的。表格作为一个二维的页面布局，需要进行表格嵌套表格。要做一个比较复杂的页面有时需要几百个表格单元格才能实现。图 7-1 所示为一个典型表格布局（实际布局通常会去掉表格线）。"左侧精华区"采用了表格的嵌套。表格的初衷是承载数据，用表格来布局，不但代码量大，而且结构复杂，不易修改。

表格布局之后又出现了框架（Frame）布局，框架将浏览器的窗口分成多个区域，每个区域可以单独显示一个 HTML 文件，各个区域也可以相关联地显示某一个内容。图 7-2 所示为一个典型的框架布局，分为三个框架区域，每个框架区域打开一个页面。框架布局的特点是布局简单，制作方便，但不够灵活，一个框架集同时打开几个页面，对资源是一种消耗，不利于页面在互联网的传送。

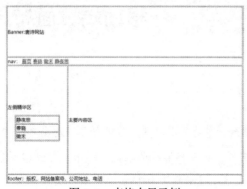

图 7-1　表格布局示例

图 7-2　框架布局示例

CSS 出现之后，DIV+CSS 布局方式逐渐流行，使得我们在桌面端能实现一些复杂的页面布局。用 DIV+CSS 进行布局可以让表现和内容相分离，提高了页面浏览速度，易于维护和改版，并保持视觉的一致性。

近年来，随着移动端的兴起，页面布局技术又有新的发展。特别是 CSS3 的出现，产生了许多新的页面布局技术，如 Flex 弹性盒子布局、Grid 网格布局、瀑布流布局、Bootstrap 栅格布局、响应式布局等。

Flex 是 Flexible Box 的缩写，意为"弹性盒子布局"，用来为盒状模型提供最大的灵活性。弹性盒子布局由弹性容器（flex container）和弹性项目（flex item）两部分组成。页面中任何一个元素只要设置了 display:flex 属性，就称为弹性容器。弹性容器的所有子元素称为容器成员，即弹性项目。

在弹性容器中，通过属性规定水平/垂直方向为主轴（main axis），起点为 main start，终点为 main end；与主轴垂直的另一方向称为交叉轴（cross axis），起点为 cross start，终点为 cross end。在弹性项目中，元素的宽度称为 main size，高度称为 cross size。弹性盒子的相关概念如图 7-3 所示。

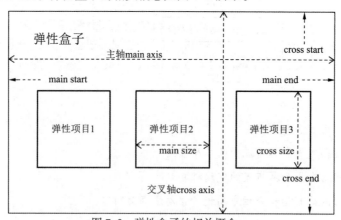

图 7-3　弹性盒子的相关概念

7.1.1　Flex 作用在容器上的属性

Flex 作用在容器上的属性主要有：方向属性 flex-direction、换行属性 flex-wrap、方向与换行属性 flex-flow、主轴对齐方式属性 justify-content 和交叉轴项目对齐方式属性 align-items。

1. 方向属性 flex-direction

格式：

```
flex-direction: row | row-reverse | column | column-reverse
```

取值：

- row：默认值，主轴为水平方向，起点在左端；
- row-reverse：主轴为水平方向，起点在右端；
- column：主轴为垂直方向，起点在上沿；
- column-reverse：主轴为垂直方向，起点在下沿。

功能：flex-direction 属性作用在容器上，决定项目的排列方向。

2. 换行属性 flex-wrap

格式：

```
flex-wrap: nowrap | wrap | wrap-reverse;
```

取值：

- nowrap：默认值，不换行；
- wrap：按从上到下换行；
- wrap-reverse：按从下到上反向换行。

功能：flex-wrap 属性作用在容器上，它定义如果一条轴线排不下，如何换行。

3. 方向与换行属性 flex-flow

格式：

```
flex-flow: <flex-direction><flex-wrap>
```

功能：flex-flow 属性是 flex-direction 属性和 flex-wrap 属性的简写形式，默认值为 row nowrap。

4. 主轴对齐方式属性 justify-content

格式：

```
justify-content: flex-start | flex-end | center | space-between | space-around;
```

取值：

- flex-start：默认值，左对齐；
- flex-end：右对齐；
- center：居中；
- space-between：两端对齐；
- space-around：分散对齐。

功能：justify-content 属性作用在容器上，它定义了项目在主轴上的对齐方式。

5. 交叉轴项目对齐方式属性 align-items

格式：

```
align-items: flex-start | flex-end | center | baseline | stretch;
```

取值：

- flex-start：交叉轴的起点对齐；
- flex-end：交叉轴的终点对齐；
- center：交叉轴的中间对齐；
- baseline：以项目的第一行文字作基线对齐；
- stretch：默认值，如果项目未设置高度或设为 auto，将占满整个容器的高度。

功能：align-items 属性作用在容器上，它定义项目在交叉轴上如何对齐。

7.1.2　Flex 作用在项目上的属性

Flex 作用在项目上的属性主要有：项目顺序属性 order、项目放大比例属性 flex-grow、项目缩小比例属性 flex-shrink、项目大小基准属性 flex-basis、flex 属性、项目私有对齐属性 align-self。

1. 项目顺序属性 order

格式：

```
order: <n>
```

取值：整数值。

功能：order 属性作用在项目上，定义项目的排列顺序。数值越小，排列越靠前，默认值为 0，可以为负数。

2. 项目放大比例属性 flex-grow

格式：

```
flex-grow: <number>
```

取值：数值

功能：flex-grow 属性作用在项目上，定义项目的放大比例，默认值为 0，即如果存在剩余空间，也不放大。如果所有项目的 flex-grow 属性值都相同（如都为 1），则它们将等分可能的剩余空间。如果一个项目的 flex-grow 属性值为 2，其他项目都为 1，则前者占据的剩余空间将比其他项多一倍。

3. 项目缩小比例属性 flex-shrink

格式：

```
flex-shrink: <number>
```

取值：数值

功能：flex-shrink 属性作用在项目上，定义了项目的缩小比例。默认值为 1，即如果空间不足，该项目将缩小。如果所有项目的 flex-shrink 属性值都相同（如都为 1），当空间不足时，都将等比例缩小。如果一个项目的 flex-shrink 属性值为 0，则空间不足时，该项目不缩小。

4. 项目大小基准属性 flex-basis

格式：

```
flex-basis: 数值|auto
```

取值：

- 数值：希望达到的项目实际宽度或高度大小，会覆盖项目的本来大小；
- auto：采用项目的本来大小。

功能：flex-basis 定义了元素在分配剩余空间之前的默认大小。默认值是 auto，即自动。以主轴为水平方向为例，如果有设置 width，占用空间就是 width；如果没有设置 width，按照内容宽度。若 flex-basis 为数值，并且同时设置 width 和 flex-basis，则会忽略 width，此时 flex-basis 属性的优先级大于 width，将覆盖项目本来的宽度。

5. flex 属性

格式：

```
flex: <flex-grow><flex-shrink><flex-basis>
```

取值：

- 0 1 auto：默认值，当容器有剩余空间时不放大，当容器空间不足时会缩小；
- 0 0 auto（flex:none）：元素既不放大也不缩小，尺寸由内容决定，不具弹性；
- 0 1 0%（flex:0）：元素不放大但空间不足时会缩小，尺寸为最小内容宽度；
- 1 1 0%（flex:1）：元素会放大，也可以缩小，在尺寸不足时为最小内容宽度；
- 1 1 auto（flex:auto）：元素会放大，也可以缩小，尺寸由内容决定。

功能：flex 属性是 flex-grow、flex-shrink 和 flex-basis 的简写，后两个属性可选。使用时建议优先使用这个属性，而不是单独分开写三个分离的属性。

6．项目私有对齐属性 align-self

格式：

```
align-self: auto | flex-start | flex-end | center | baseline | stretch;
```

取值：该属性可取 6 个值，除了 auto，其他都与 align-items 属性完全一致。

功能：align-self 属性作用在项目上，允许单个项目有与其他项目不一样的对齐方式，可覆盖 align-items 属性。默认值为 auto，表示继承父元素的 align-items 属性，如果没有父元素，则等同于 stretch。

7.1.3　弹性盒子布局案例

案例 7-1：制作图 7-4 所示弹性盒子，展示相关属性效果。

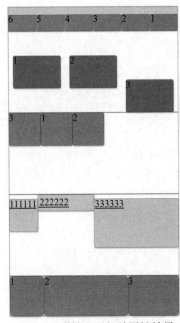

图 7-4　弹性盒子相关属性效果

首先将最外层 container 设置为弹性盒子，div.container 中在垂直方向放置 5 个弹性项目 box1、box2、box3、box4、box5，其中 box1 和 box5 固定高度，其余三个等分剩余的高度（都设置为 flex: 1）。

box1、box2、box3、box4、box5 作为 container 容器项目的同时，又通过设置 display: flex;成为弹性盒子，其中分别放置若干子元素作为弹性项目。

box1 内有 6 个项目，水平等分 box1 容器的横向空间，反向排列，并与 box1 底部对齐。

box2 内有 3 个项目，宽度设置为 300 px，水平方向分散对齐，垂直方向居中对齐，第三个项目与 box2 底部对齐。

box3 内有 3 个项目，大小为项目原本尺寸，不采用弹性大小，将第三个项目排在前面。

box4 内有 3 个项目，水平方向居中对齐，垂直方向以项目的第一行文字作基线对齐。

box5 内有 3 个项目，分别在水平方向以 20%、50%、30%的比例设置宽度。

参考代码如下：

```
<!doctype html>
<html>
    <head>
        <meta charset="utf-8">
```

```html
        <title>案例 7-1</title>
        <style type="text/css">
            .container {
                width: 1080px;
                height: 1920px;
                font-size: 42px;
                display: flex;
                flex-flow: column nowrap;
            }
            .container div {border: 1px #000 solid;}
            .box1 {
                background-color: #CCC;
                flex: 0 1 150px;               /*box1 作为.Container 的项目，高度为 150 px*/
                display: flex;                 /*将 box1 设置为容器*/
                flex-direction: row-reverse;   /*box1 内的项目反向排列*/
                align-items: flex-end;         /*box1 内的项目垂直方向底部对齐*/
            }
            .item1 {flex: 1;width: 200px;height: 100px;}
            .box2 {
                flex: 1;
                display: flex;
                justify-content: space-around; /*box2 内的项目分散对齐*/
                align-items: center;           /*box2 内的项目垂直居中*/
                }
            .item2 {flex: 0 0 300px;width: 200px;height: 200px;}
            .it23{align-self:flex-end;}        /*box2 的第三个项目靠底部对齐*/
            .box3 {
                background-color: #CCC;
                flex: 1;display: flex;
            }
            .item3 {flex: none; width: 200px;height: 200px;}
            .order {order: -1;}                /*box3 的将第三个项目排在前面*/
            .box4 {flex: 1;
                display: flex;
                justify-content: center;       /*水平方向居中对齐*/
                text-decoration: underline;
                align-items: baseline;         /*垂直方向以第一行文字作基线对齐*/
            }
            .it1 {flex: 1;width: 700px;height: 200px;}
            .it2 {flex: 2; width: 100px;height: 100px;font-size: 68px;}
            .it3 {flex: 3;width: 330px;height: 300px;}
            .box5 {
                flex: 0 0 250px;
                display: flex;
                background-color: #CCC;
            }                   /*box5 的项目在水平方向以 20%、50%、30%的比例设置宽度*/
            .it4 {flex: 1 1 20%;}
            .it5 {flex: 1 1 50%;}
            .it6 {flex: 1 1 30%;}
        </style>
    </head>
<body>
    <div class="container">
        <div class="box1">
            <div class="item1">1</div>
            <div class="item1">2</div>
```

```
            <div class="item1">3</div>
            <div class="item1">4</div>
            <div class="item1">5</div>
            <div class="item1">6</div>
        </div>
        <div class="box2">
            <div class="item2">1</div>
            <div class="item2">2</div>
            <div class="item2it23">3</div>
        </div>
        <div class="box3">
            <div class="item3">1</div>
            <div class="item3">2</div>
            <div class="item3 order">3</div>
        </div>
        <div class="box4">
            <div class="it1">111111</div>
            <div class="it2">22</div>
            <div class="it3">333333</div>
        </div>
        <div class="box5">
            <div class="it4">1</div>
            <div class="it5">2</div>
            <div class="it6">3</div>
        </div>
    </div>
  </body>
</html>
```

7.1.4　任务 7-1：使用 Flex 制作"公司简介"移动端页面

1. 任务描述

使用 Flex 弹性布局制作"公司简介"移动端页面。页面包括头部、"关于你的网站"标题及文字内容、"你的团队"标题及人员列表和页脚。效果如图 7-5 所示。

微　课
任务 7-1

图 7-5　"公司简介"Flex 弹性布局页面效果

2．任务要求

使用 Flex 弹性布局完成整个页面的制作。通过本任务的练习，要掌握 Flex 弹性布局的制作技巧；掌握相关属性的基本设置；理解弹性布局的基本原理和实现机制。

3．任务分析

本任务首先设置最外层 .container 为弹性盒子，主轴方向为垂直方向，包含头部、文字标题、文字内容、团队标题、人员列表和页脚共六个弹性项目。头部和页脚采用图像作背景，其高度固定。头部用 Flex 布局在水平方向分为宣传文字和 logo 图像两个弹性项目；文字内容的图标和链接部分通过 Flex 水平对齐；人员列表部分使用 Flex 将人员介绍分成三个弹性项目，在水平方向分散对齐。

4．工作过程

步骤 1：站点规划。

（1）新建文件夹作为站点，站点内建立 images 文件夹，将本节素材存放在 images 文件夹中。

（2）新建网页，设置 <title> 为 "任务 7-1"；将网页命名为 task7-1.html，保存到站点所在的目录。

步骤 2：建立网页的基本结构。

网页 task7-1.html 最外层为 div.container，网页基本代码如下：

```
<body>
    <div class="container">
        <header>头部</header>
        <h2><span>关于</span> 你的网站</h2>
        <div id="about_us">网站介绍</div>
        <h2><span>你的 </span>团队</h2>
        <div id="fresh_news">团队介绍</div>
    <footer>页脚</footer>
    </div>
</body>
```

步骤 3：整体布局。

设置最外层 div.container 为弹性容器，其中包含六个弹性项目，主轴方向为垂直方向。头部和页脚采用图像作背景，其高度固定，效果如图 7-6 所示。网页样式代码如下：

```
.container{ width:1080px; height:1920px;font-size:42px;
        display:flex;
        flex-flow:columnnowrap;          /*主轴方向为垂直方向*/
}
.container>div{ border:#999 1px solid;}
header{ flex:none;height:392px;          /*高度固定*/
        background:url(images/header-bg.jpg)no-repeattop;
}
h2{ flex:none;}
#about_us{ flex:1;}
#fresh_news{ flex:1;}
footer{ flex:none;height:127px;          /*高度固定*/
        background:url(images/footer-bg.jpg) repeat-xbottom;
}
```

图 7-6　整体布局

步骤 4：设置头部及标题样式。

（1）头部插入两个 div，其中 div.logo-box 放置宣传文字，div.logo-pic 用 logo 图像作背景。头部基本 HTML 代码如下：

```
<header>
    <div class="logo-box">
        <h1><strong>营业</strong> 时间</h1>
        <h2>为您的业务提供新想法</h2>
```

```
    </div>
    <div class="logo-pic"></div>
</header>
```

（2）设置 header 为弹性容器，其中的项目水平方向两端对齐。头部元素 div.logo-pic 用图像作背景，宽度固定；头部元素 div.logo-box 设置为 flex:1，宽度弹性伸缩。头部样式效果如图 7-7 所示。参考代码如下：

```
header {display: flex;justify-content:space-between;}
.logo-pic {
    width: 436px;
    height: 392px;
    z-index: 1;
    background: url(images/big-model.png)no-repeat;
    flex: none;
}
.logo-box {
    color: #FFF;
    text-align: center;
    padding-top: 30px;
    padding-left: 25px;
    box-sizing: border-box;
    height: 163px;
    flex: 1;
}
.logo-box h2 {
    font-size: 36px;
    position: relative;
    top: -20px;
}
```

图 7-7　头部样式效果

步骤 5：设置文字内容的样式。

（1）在 div#about_us 中插入文字内容，中间插入 div.img-box，包含图片和链接两部分，基本 HTML 代码如下：

```
<div id="about_us">
    <p>也许你没听说过他的名字…</p>
    <div class="img-box">
        <img src="images/2page-img1.jpg" alt="" />
        <a href="#">CSS Zen Garden</a>
    </div>
    <p> Dave Shea 是禅意花园主人，CSS 技术的倡导者和推动者。</p>
    <p>Dave Shea: WEB 设计师的主要工作是…</p>
</div>
```

（2）设置 div.img-box 为弹性容器，里面的图像和链接在水平方向和垂直方向都居中，效果如图 7-8 所示。参考代码如下：

```
h2 span {color: #690;}
#about_us {color: #666;margin: 20px;box-sizing: border-box;}
.img-box {display: flex;
        justify-content: space-around;
        align-items: center;
}
```

步骤 6：设置"团队介绍"样式。

（1）在 div#fresh_news 中插入三个 section 元素，每个都包含图像和文字介绍。基本 HTML 代码如下：

```
<div id="fresh_news">
    <section>
        <img src="images/img4.jpg" alt="" />
        <h4><a href="#">Team Member One</a><br>
        He is the most important member of your team.</h4>
```

```
    </section>
    <section>
        <img src="images/img5.jpg" alt="" />
        <h4><a href="#">Another Member</a><br>
        We hope that you will place some real text here.</h4>
    </section>
    <section>
        <img src="images/img3.jpg" alt="" />
        <h4><a href="#">Another Member</a><br>We hope that you will place some real text
here.</h4>
    </section>
</div>
```

（2）设置头部样式。设置 div#fresh_news 为弹性容器，其中的三个 section 元素在水平方向平均分配空间，效果如图 7-9 所示。参考代码如下：

```
#fresh_news{
    display:flex;padding:20px;box-sizing:border-box;
    background-image:url(images/box-bg.gif);font-size:30px;
}
section{flex:1}
#fresh_newsh4{ color:#ccc;padding:0; margin:0;}
#fresh_newsstrong{color:white;}
#fresh_news a:link,#fresh_news a:visited{color:#690;}
#fresh_news a:hover{color:white;}
```

图 7-8　文字内容样式　　　　　　　　图 7-9　"你的团队"样式

步骤 7：输入页脚内容，并设置页脚的样式。

步骤 8：保存文件，完成页面的制作。

7.2　Grid 网格布局

Grid 布局通过 CSS 构建了一个强大的二维网格布局系统。当一个块元素的样式设置了 display:grid 属性，该块元素即被定义成网格容器，容器内的直系子元素称为项目。容器和项目都是 HTML 的元素，而布局是在 CSS 层面实现的。CSS 将容器划分成"行"和"列"，产生单元格，然后指定项目所占用的单元格区域，从而实现网格布局排版。Grid 网格的相关概念如图 7-10 所示。

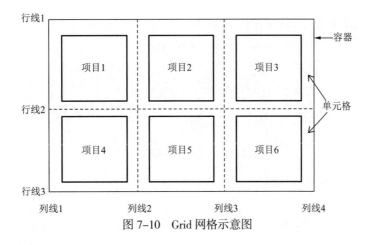

图 7-10　Grid 网格示意图

7.2.1 Grid 作用在容器上的属性

微 课 ●········
Grid 作用在容
器上的属性

Grid 主要通过下面 7 个属性作用在容器上来构建网格：grid-template-columns/grid-template-rows 设置列或行的属性、grid-gap 设置列/行间距的属性、grid-template-areas 设置单元格区域的属性、grid-auto-flow 设置单元格方向的属性、align-items 设置项目对齐垂直方式属性、justify-items 设置项目水平对齐方式属性、place-items 设置单元格内内容排列位置的属性。

1. 列或行属性 grid-template-columns/grid-template-rows

格式：

```
grid-template-columns: <列宽 1，列宽 2，列宽 3…>
grid-template-rows: <行高 1，行高 2，行高 3…>
```

取值：

- 绝对单位：使用 px 等大小绝对单位；
- 百分比%：用百分比作为大小单位；
- Repeat(n,m)方法：n 是重复的次数，m 是所要重复的大小值；
- fr 关键字：大小比例，2fr 是 1fr 的两倍；
- minmax(min,max)方法：根据剩余空间自动分配空间，大小在最小值和最大值长度范围内；
- auto 关键字：浏览器自己决定长度；
- 网格线的名称：网格线是虚拟的线，可以给每根网格线加上名字以方便引用。各网格线名字用方括号括起来。

功能：grid-template-columns 属性用来构建网格容器的列；grid-template-rows 属性用来构建网格容器的行。如对 div 元素实施以下 CSS 样式，将宽度为 1 000 px 的 div 设置为网格容器，划分为 3 行 4 列的区域。第 1 列固定宽度为 200 px；第 2 列、第 3 列单元格按 1∶2 的比例分配宽度，第 4 列宽度按内容自动分配。3 行的高度以每行按 33%重复 3 次，等比例分配。代码如下：

```
div { width:1000px;
    display: grid;
    grid-template-columns: [c1] 200px [c2]1fr  [c3]2fr  [c4]auto [c5];
                    /* [c1], [c2], [c3], [c4], [c5]为网格线名称，可去掉 */
    grid-template-rows: repeat(3,33%) ; /*等价于 33%  33%  33% */
}
```

以上代码仅仅是在容器上形成网格，还需要在该容器内插入 12 个元素作为项目，这 12 个项目将按 3 行 4 列进行分布。网格示意图如图 7-11 所示。

2. 列/行间距属性 grid-gap

格式：

```
grid-gap: <行间距值><列间距值>
```

功能：grid-gap 属性用来设置行/列的间距，是 grid-row-gap 属性和 grid-column-gap 属性的合并简写。这 3 个属性最新标准也可不写前缀，写为：row-gap、column-gap、gap。

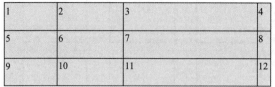

图 7-11　3 行 4 列网格示意图

3. 网格区域属性 grid-template-areas

格式：

```
grid-template-areas: <网格区域>
```

取值：

- 区域单元格用字母代表，各行分别用引号进行标识；
- 将单元格写成相同的字母即可合并区域；
- 如果某些区域不需要利用，则使用小数点表示。

功能：有别于 grid-template-columns 和 grid-template-rows 通过设置列和行定义网格，该属性以直观的方式定义区域形成网格。例如对 div 元素实施以下 CSS 样式，直接将 div 划分为 3 行 4 列的区域。

```
div { display: grid;
grid-template-areas:
    'aaaa '
    'bbbc '
    'd e .f ';
}
```

其中第 1 行合并为 1 个区域；第 2 行前 3 个单元格合并为 1 个区域；第 3 行第 3 个单元格不被使用，所以在容器内共有 6 个区域，分别用字母 a,b,c,d,e,f 代表。然后容器内 6 个项目中通过“grid-area：区域字母代号”分配项目所对应的区域，从而完成布局。

4. 排列方向属性 grid-auto-flow

格式：

```
grid-auto-flow: row | column
```

取值：

- row：默认值，按单元格行排列，即先填满第一行，再开始放入第二行；
- column：项目按单元格列排列，即先填满第一列，再开始放入第二列。

功能：该属性设置容器的子元素（项目）的排列方向。

5. 项目水平对齐方式属性 justify-items

格式：

```
justify-items: <水平位置>
```

取值：

- start：对齐单元格的起始边缘；
- end：对齐单元格的结束边缘；
- center：单元格内部居中；
- stretch：拉伸，项目大小没有指定时会占满单元格的整个空间（默认值）。

功能：该属性决定项目在单元格中的水平位置。

6. 项目对齐垂直方式属性 align-items

格式：

```
align-items: <垂直位置>
```

取值：与 justify-items 取值相同。

功能：该属性决定项目在单元格中的垂直位置。

7. 项目对齐方式属性 place-items

格式：

```
place-items: <align-items><justify-items>
```

取值：与 justify-items 取值相同。

- align-items：项目垂直对齐方式；
- justify-items：项目垂直水平方式；
- 如果省略第二个值，则浏览器认为与第一个值相等。

功能：该属性决定项目在单元格的水平和垂直位置，是 align-items（垂直位置）属性与 justify-items（水平位置）属性的合并缩写。

7.2.2　Grid 作用在项目上的属性

微　课

Grid 作用在项目上的属性

Grid 在容器上定义了网格是如何布局的，而要把内容呈现出来，则需要设置容器内项目的样式。作用在项目上的属性主要有：grid-column/grid-row 按列/行设置项目位置、grid-area 按区域设置项目区域、align-self 设置项目垂直私有位置属性、justify-self 设置项目水平私有位置属性、place-self 设置项目在单元格内的私有位置。

1. 项目占用列/行属性 grid-column/grid-row

格式：

```
grid-column: <开始位置>/ <结束位置>
grid-row: <开始位置>/ <结束位置>
```

取值：

- 数字：可以通过数字指定第几根网格线；
- 网格线名字：事先通过 grid-template-columns/rows 设置的网格线名字；
- span：表示跨越多少个网格。

功能：按列/行设置项目在容器中的位置。grid-column 是 grid-column-start（左边框所在的垂直网格线）、grid-column-end（右边框所在的垂直网格线）的缩写。grid-row 是 grid-row-start（上边框所在的水平网格线）、grid-row-end（下边框所在的水平网格线）的缩写。

2. 项目占用区域属性 grid-area

格式：

```
grid-area: 区域字母代号
```

取值：grid-template-areas 属性设置代表区域的字母代号。

功能：该属性按区域设置项目在容器中的区域位置。该区域用字母代号表示，对应字母在 grid-template-areas 属性所设置的位置。

3. 项目垂直私有位置属性 align-self

格式：

```
align-self: <垂直位置>
```

取值：与 align-items 属性取值相同。

功能：该属性只作用于单个项目，能覆盖 align-items 的值，用于设置单个单元格内容的垂直位置。

4. 项目水平私有位置属性 justify-self

格式：

```
justify-self: <水平位置>
```
取值：与 justify-items 属性取值相同。

功能：该属性只作用于单个项目，能覆盖 justify-items 的值，设置单元格内容的水平位置。

5. 项目私有位置属性 place-self

格式：

```
place-self: <垂直位置><水平位置>
```
取值：与 place-items 属性取值相同。

功能：该属性只作用于单个项目，能覆盖 place-items 的值。是 justify-self 属性和 align-self 属性的合并缩写。

7.2.3 网格布局案例

案例 7-2：运用网格进行页面布局，案例效果如图 7-12 所示。

● 微 课

网格布局案例
●

图 7-12　网格区域进行页面布局效果

本案例将 div#container 设置为网格容器，通过 grid-template-areas 属性定义 5 个网格区域，分别用 a,b,c,d,e 表示；网格之间有 10 px 的间隙。在 div#container 容器内放置了 5 个 div 元素作为项目。每个项目用 grid-area 属性通过字母区域代号指定在容器中的位置。参考代码如下：

```html
<!doctype html>
<html>
    <head>
        <meta charset="utf-8">
        <title>案例 7-2</title>
        <style>
            #container {width: 400px; height: 300px;
                display: grid;
                grid-template-areas:
                    'aa b'
                    'aa c'
                    'd e c';
                gap: 10px;
            }
            .tt1 {background-color: #F33;grid-area: a; }
            .tt2 {background-color: #069;grid-area: b; }
            .tt3 {background-color: #FC0;grid-area: c; }
            .tt4 {background-color: #939;grid-area: d; }
            .tt5 {background-color: #6C6;grid-area: e; }
        </style>
    </head>
    <body>
        <div id="container">
            <div class="tt1">1</div>
            <div class="tt2">2</div>
            <div class="tt3">3</div>
```

```
            <div class="tt4">4</div>
            <div class="tt5">5</div>
        </div>
    </body>
</html>
```

7.2.4　任务 7-2：使用 Grid 布局制作"联系我们"移动端页面

微　课 ●

任务 7-2

1. 任务描述

使用 Grid 布局制作"联系我们"移动端页面。页面包括头部、四个"联系人"、"个人信息"及页脚，效果如图 7-13 所示。

2. 任务要求

使用 Grid 布局完成整个页面的制作。通过本任务的练习，要掌握 Grid 布局的制作技巧以及相关属性的基本设置，理解 Grid 布局的基本原理和实现机制。

3. 任务分析

本任务的关键是用 Grid 进行整体布局。首先设置最外层 div.container 为 6 行 2 列的网格容器。第 1 行两个单元格合并成一个区域，对应头部项目，第 6 行两个单元格合并成一个区域对应页脚，第 2 列从第 2 行到第 5 行单元格合并成一个区域，对应"个人信息"项目，左侧是四个联系人项目。整体布局设计如图 7-14 所示。做好整体布局后，再分别制作头部、左侧四个联系人项目、右侧"个人信息"以及页脚的样式，最后完成整个页面的制作。

图 7-13　"联系我们"Grid 布局页面效果

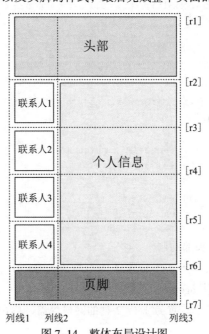

图 7-14　整体布局设计图

4. 工作过程

步骤 1：站点规划。

（1）新建文件夹作为站点，站点内建立 images 文件夹，将本节素材存放在 images 文件夹中。

（2）新建网页，设置<title>为"任务 7-2"；将网页命名为 task7-2.html，保存到站点所在的目录。

步骤 2：建立网页的基本结构。

网页 task7-2.html 最外层为 div.container，包含头部、四个联系人信息、个人信息以及页脚 7 个部分。根据图 7-14 整体布局设计，按从上到下、从左到右的顺序安排项目先后次序。网页基本代码如下：

```
<body>
    <div class="container">
```

```
    <header>头部</header>
    <div class="Contact">联系人 1</div>
    <div class="info"><h2>个人信息</h2></div>
    <div class="Contact">联系人 2</div>
    <div class="Contact">联系人 3</div>
    <div class="Contact">联系人 4</div>
    <footer>页脚</footer>
  </div>
</body>
```

步骤 3：整体布局。

（1）设置最外层 div.container 为网格容器。容器先按 6 行 2 列划分区域。第 2 列宽度是第 1 列宽度的两倍；第 1 行和第 6 行按背景图的高度设置为固定高度，其余各行高度平均分配。

（2）设置头部样式：加入头部背景图，并设置头部所在位置横跨 2 个单元格。

（3）设置页脚样式：加入页脚背景图，并设置页脚所在位置横跨 2 个单元格。

（4）设置个人信息的样式：加入页脚背景图，并设置个人信息所在位置向下跨 4 个单元格，从第 2 行网格线到第 6 行网格线，同时需设置所占用列的位置为第 2 列网格线到第 3 列网格线，构成一个网格区域；整体布局的页面效果如图 7-15 所示。参考代码如下：

```
.container {font-size: 42px; width: 1080px; height: 1920px;
   display: grid;
   grid-template-columns: 1fr 2fr;       /*第 2 列宽度是第 1 列宽度的两倍*/
   grid-template-rows:[r1]363px[r2]1fr[r3]1fr[r4]1fr[r5]1fr[r6]127px[r7];
}
header {background: url(images/header-bg.jpg) no-repeat top;
   grid-column-start: 1;
   grid-column-end: span 2;              /*采用关键字 span 表示跨 2 个单元格*/
}
footer { background: url(images/footer-bg.jpg) repeat-x bottom;
   grid-column: 1/3;
}
.info { background: url(images/box-bg.gif);
   grid-row-start: r2;
   grid-row-end: r6;                     /*采用 grid-template-rows 属性定义的网格线名字*/
   grid-column-start:2;
   grid-column-end:3;
}
```

步骤 4：头部的制作。

（1）参照任务 7-1 步骤 4 的头部基本 HTML 代码，在头部插入两个 div，其中 div.logo-box 放置宣传文字，div.logo-pic 用 logo 图像作背景。

（2）将头部设置为 1 行 2 列的网格容器，内部两个项目平均分配宽度，效果如图 7-16 所示。参考样式代码如下：

```
header {
   display:grid;
   grid-template-column:1fr 1fr;}
.logo-pic {width: 436px;height: 392px;z-index: 1;
   background: url(images/big-model.png) no-repeat;
   grid-column: 2/3;}
.logo-box {color: #FFF;text-align: center;height: 163px;
   padding-top: 30px;padding-left: 25px;box-sizing: border-box;
   grid-column: 1/2;}
.logo-box h2 {font-size: 36px;position: relative;top: -20px;}
```

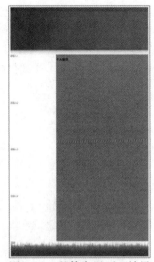

图 7-15 整体布局页面效果

图 7-16 头部制作效果

步骤 5："联系人"的制作。

（1）在 div.Contact 中分别插入四个联系人的照片、姓名以及联系方式三个项目，其中"联系人 3"的参考代码如下。

```
<div class="Contact">
    <img src="images/img3.jpg" alt="" />
    <div class="name">联系人 3: <br>X-man</div>
    <div class="tel">电话: 075528888888<br>
                QQ: 8888888
    </div>
</div>
```

（2）将 div.Contact 设置为 2 行 2 列的网格容器，第 1 行的两个单元格分别是联系人照片和名字，第 2 行两个单元格合并为一个区域，用于显示联系方式。效果如图 7-17 所示。样式代码如下：

```
.Contact{font-size:36px;
    display: grid;
    grid-template-columns:100px 1fr;
    grid-template-rows:100px 1fr;
}
.Contact img{grid-column: 1/2; }
.Contact .tel{grid-column: 1/3;color: #999;}
.Contact .name{grid-column: 2/3;color:#690;}
```

步骤 6："个人信息"的制作。

（1）在 div.info 中插入表单，输入表单内容，参考代码如下：

```
<div class="info">
    <h2><span>个人</span>信息</h2>
    <form>
        <div class="field"><label>您的姓名:</label><input type="text" value="" /></div>
        <div class="field"><label>您的邮箱:</label><input type="text" value="" /></div>
        <div class="field"><label>您的主页:</label><input type="text" value="" /></div>
        <div class="field"><label>您的建议:</label><br>
            <textarea cols="100" rows="50"></textarea>
        </div>
        <div class="alignright">
            <a href="#" onClick="document.getElementById('contacts-form').submit()">
                Send YourMessage!
            </a>
        </div>
```

```
        </form>
    </div>
```

（2）将 div.info 设置为 2 行 1 列的网格容器，第 1 行是标题，第 2 行是 form 表单，两个项目的对齐方式设置为垂直靠上、水平居中。又将 form 的私有对齐方式设置为垂直居中，效果如图 7-18 所示。样式代码如下：

```
.info{display:grid;
    grid-template-columns:1fr;
    grid-template-rows:10% 90%;
    place-items:  start center;}
.info h2 span{color:#ABBC47;}
.info h2 {color:#fff;}
.info form{align-self:center;}
```

图 7-17 "联系人"制作效果

图 7-18 "个人信息"制作效果

步骤 7：制作页脚。

输入页脚的内容，并设置页脚的样式。

步骤 8：保存文件，完成页面的制作。

7.3 分栏布局实现瀑布流

分栏又称多列布局、多栏布局，这种布局可以将内容布局到多个列框中，类似报纸上的排版。在一些文字内容较多的网站中，通常会采用多列布局的显示方式。CSS3.0 新增 column 属性来实现网页的多列布局。分栏布局将子元素在内的所有内容拆分为列，这与打印网页的时候将网页内容分成多个页面的方式类似。分栏布局主要针对图文排版布局，应用在横向排版场景中，文档流是倒 N 方向。随着移动端电子商务的发展，分栏布局也应用于移动端商品列表等页面之中，特别体现在瀑布流的实现。

最早采用瀑布流的网站是 Pinterest 网站，它将图像分布在宽度相等的若干列上，里面放置高度不等的图像，像瀑布一样从上到下排列。图 7-19 所示为一种典型的瀑布流布局，图像能根据页面的整体高度自适应其位置，添加一个图像或删除一个图像，都不会影响页面的整体布局。

瀑布流布局的核心是每行包含的项目列表高度是随机的，对于移动设备上通过滑动手势动态加载结果是非常直观的。另外，相较于桌面端，移动设备的屏幕面积往往更小，因此一次性显示的内容不多，信息显示更加清晰。所以对于移动端来说，"瀑布

图 7-19 典型的瀑布流布局

流"看起来是个明智的选择。瀑布流可以通过 JavaScript 脚本实现，也可以通过 CSS 实现。分栏是其中一种用 CSS 实现瀑布流的方法。

7.3.1　分栏及相关属性

1．分栏宽度属性 column-width

格式：

```
column-width: auto | length
```

取值：

- auto：取计算机值；
- length：由浮点数字和单位标识符组成的长度值，不可为负值。

功能：该属性用于设置栏宽。

2．分栏数量属性 column-count

格式：

```
column-count: auto | <n>
```

取值：

- auto：取计算机值；
- n：整数值。

功能：该属性用于定义栏目的数目。

3．分栏排版属性 columns

格式：

```
columns: <column-width><column-count>
```

取值：

- column-width：栏目宽度；
- column-count：栏目数量。

功能：该属性是栏目宽度属性 column-width 和栏目数量属性 column-count 的简写，可以同时定义多栏的数目和每栏的宽度。如果栏目宽度小于屏幕则按栏目数量的均分值，栏目宽度失效，实际宽度为屏幕按栏目数量的均分值；如果栏目宽度大于屏幕，则栏目数量失效，其实际分栏数目为屏幕宽度除以每栏宽度。

4．栏间框线粗细属性 column-rule-width

格式：

```
column-rule-width:<length>
```

取值：由浮点数字和单位标识符组成的长度值。不可为负值。

功能：该属性定义每栏之间框线的宽度。

5．栏间框线样式属性 column-rule-style

格式：

```
column-rule-style: none| hidden| dotted| dashed | solid | double | groove | ridge | inset | outset
```

取值：与 border-style 属性取值相同。

功能：该属性用于定义每栏之间框线的样式。

6．栏间框线颜色属性 column-rule-color

格式：

```
column-rule-color: <color>
```

取值：指定颜色。

功能：该属性定义每栏之间框线的颜色。

7．栏间框线属性 column-rule

格式：

```
column-rule:<column-rule-width><column-rule-style>< column-rule-color>
```

取值：

- column-rule-width：定义每栏之间边框的宽度；
- column-rule-style：定义每栏之间边框的样式；
- column-rule-color：定义每栏之间边框的颜色。

功能：该属性是一个简写属性，定义每栏之间框线的宽度、样式和颜色。

8．栏间距属性 column-gap

格式：

```
column-gap: normal | length
```

取值：

- normal：normal 的值为 1em。
- length：由浮点数字和单位标识符组成的长度值。不可为负值。

功能：该属性用于定义两栏之间的间距距离。

9．分栏填充方式属性 column-fill

格式：

```
column-fill: auto | balance
```

取值：

- auto：各栏目内容填充的高度随着其内容的多少而自动变化；
- balance：各栏目内容填充的高度均衡分布。

功能：该属性用于定义栏目的高度是否统一均衡分布。Firefox 浏览器默认是均衡填充，而其他浏览器默认是自动填充。

10．元素之前断行属性 column-break-before

格式：

```
column-break-before: auto | always | avoid
```

取值：

- auto：自动断行；
- always：总是断行；
- avoid：总是不断行。

功能：该属性用于定义元素之前是否断行。针对不同引擎类型的浏览器书写成不同的形式，Webkit（Chrome/Safari）内核的浏览器写成：

```
-webkit-column-break-before
```

11．元素之后断行属性 column-break-after

格式：

```
column-break-after: auto | always | avoid
```

取值：与 column-break-before 属性取值相同。

功能：该属性用于定义元素之后是否断行。针对不同引擎类型的浏览器书写成不同的形式，Webkit（Chrome/Safari）内核的浏览器写成：

```
-webkit-column-break-after
```

12．元素是否内部中断属性 break-inside

格式：

```
break-inside: auto | avoid
```

取值：

- auto：元素中断；
- avoid：元素不中断。

功能：该属性用于定义页面、列或区域发生中断时元素该如何表现。如果没有中断，则忽略该属性。

7.3.2　使用分栏布局实现瀑布流案例

案例 7-3：使用分栏布局实现瀑布流页面展示，案例效果如图 7-20 所示。第 2 个块、第 6 个块、第 8 个块内部发生中断（换了一栏）以保持整体高度的统一。

图 7-20　分栏效果

最外层为 div#container，其中包含 10 个宽度相等、高度不等的 div 块。设置 div#container 的宽度为 650 px，分为 5 栏，栏间距为 20 px，栏框线为灰色单线，栏高平衡分布，实现瀑布流布局。参考代码如下：

```
<!doctype html>
<html>
    <head>
        <meta charset="utf-8">
        <title>案例 7-3</title>
        <style>
            #container{ width:650px; border:red 2px solid;
                column-count: 5;                    /*分为 5 栏*/
                column-gap:20;                      /*栏间距为 20px*/
                column-rule: 1px solid #CCC;        /*栏框线为灰色单线*/
                column-fill: balance;               /*栏高平衡分布*/
            }
            #container>div{ margin:10px;}
            .t1{ background-color:#0C9; width:100px; height:200px;}
            .t2{ background-color:#990; width:100px; height:180px;}
            .t3{ background-color:#6C9; width:100px; height:220px;}
            .t4{ background-color:#069; width:100px; height:100px;}
            .t5{ background-color:#FC6; width:100px; height:130px;}
            .t6{ background-color:#0CC; width:100px; height:210px;}
            .t7{ background-color:#66C; width:100px; height:100px;}
            .t8{ background-color:#096; width:100px; height:180px;}
            .t9{ background-color:#900; width:100px; height:100px;}
            .t10{ background-color:#C99; width:100px; height:50px;}
        </style>
    </head>
    <body>
        <div id="container">
            <div class="t1">1</div>     <div class="t2">2</div>
            <div class="t3">3</div>     <div class="t4">4</div>
            <div class="t5">5</div>     <div class="t6">6</div>
```

```
            <div class="t7">7</div>    <div class="t8">8</div>
            <div class="t9">9</div>    <div class="t10">10</div>
        </div>
    </body>
</html>
```

如果将栏内 div 元素的样式改为：

```
.container>div { margin-top: 20px;break-inside:avoid;  }
```

则 div 元素将不会断行，效果如图 7-21 所示

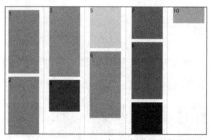

图 7-21 div 元素不断行的效果

7.3.3 任务 7-3：使用分栏布局制作瀑布流页面

1. 任务描述

使用分栏布局制作移动端瀑布流照片列表页面。页面分为三栏，每栏的宽度相同。每一幅照片下面有文字说明。页面高度不固定，添加或删除照片不会影响整体布局，效果如图 7-22 所示。

微 课

任务 7-3

图 7-22 移动端瀑布流照片列表页面

2. 任务要求

使用分栏布局完成整个页面的制作。通过本任务的练习，要掌握分栏布局制作瀑布流的技巧；掌握相关属性的基本设置；理解瀑布流的基本原理和实现机制。

3. 任务分析

本任务首先将不同尺寸的照片按相同的宽度插入页面，外面用 div 进行包裹，并作文字说明。然后将最外层

div.container 分为 3 栏，设置其宽度固定、高度不固定。再通过 column-fill 属性控制各栏内容的填充方式，设置栏高度控制属性 column-fill: balance;，使各栏均衡填充，从而实现瀑布流的效果。

4．工作过程

步骤 1：站点规划。

（1）新建文件夹作为站点，站点内建立 images 文件夹，将本节素材存放在 images 文件夹中。

（2）新建网页，设置<title>为"任务 7-3"；将网页命名为 task7-3.html，保存到站点所在的目录。

步骤 2：建立网页的基本结构。

网页 task7-3.html 最外层为 div.container，网页基本代码如下：

```
<body>
    <div class="container">
        <div><img src="images/bg_00.gif" width='250px' />梧桐山</div>
        <div><img src="images/bg_01.gif" width='250px' />亚丁</div>
        <div><img src="images/bg_02.gif" width='250px' />黄山</div>
        <div><img src="images/bg_03.gif" width='250px' />坝上草原</div>
        ......
</body>
```

步骤 3：分栏布局。

（1）设置最外层 div.container 宽度固定，分为 3 栏，设置各栏填充控制属性 column-fill: balance;，使各栏均衡填充。

（2）设置 div 图层的样式：上边界 20 px，元素内部不断行。网页基本代码如下：

```
.container {width: 768px; column-count: 3;column-fill: balance;}
.container>div {margin-top: 20px;break-inside:avoid; }
```

步骤 4：保存文件，完成制作。

7.4　小　试　牛　刀

应用 Grid 制作"网站地图"移动端页面，页面整体包括头部、"网站地图"、"专业团队"以及页脚 4 部分，效果如图 7-23 所示。

图 7-23　"网站地图"移动端页面效果

参考步骤：

步骤 1：站点规划。

（1）新建文件夹作为站点，站点内建立 images 文件夹，将本节素材存放在 images 文件夹中。

（2）新建网页，设置\<title\>为"小试牛刀 7"；保存文件，将网页命名为 ex7-0.html，保存到站点所在的目录。

步骤 2：页面整体布局。

（1）建立网页的基本结构，最外层为 div.container，按顺序包含头部、"网站地图"、"专业团队"以及页脚 4 部分。参考代码如下：

```
<body>
    <div class="container">
        <header>头部</header>
        <div id="site_map">网站地图</div>
        <div id="team">专业团队</div>
        <footer>页脚:Copyright - Type in your name here</footer>
    </div>
</body>
```

（2）整体布局设置最外层.container 为 4 行 1 列的网格容器。头部和页脚采用图像作背景，其高度固定，"网站地图"、"专业团队"平均分配剩余高度。效果如图 7-24 所示。

步骤 3：头部的制作。

参照任务 7-2 步骤 4 进行头部制作，将头部设置为 1 行 2 列的网格容器，内部文字和图片两个网格项目平均分配宽度，效果如图 7-25 所示。

图 7-24　页面整体布局

图 7-25　页面头部布局

步骤 4："页面地图"的制作。

（1）输入"页面地图"的内容。

（2）设置"页面地图"的基本样式，效果如图 7-26 所示。

步骤 5：制作"专业团队"的基本样式。

（1）输入"专业团队"的内容。

（2）设置"专业团队"的基本样式，将每位团队成员的照片和名字作为网格项目，用一个 1 行 2 列的网格容器包裹。名字和图片在上沿对齐，效果如图 7-27 所示。

步骤 6：调整"专业团队"的样式。

用一个 2 行 3 列的网格容器包裹"专业团队"的 6 位成员列表作为网格项目。设置网格容器的宽度为 800 px，高度为 600 px。效果如图 7-28 所示。

图 7-26 "页面地图"的基本样式   图 7-27 "专业团队"的基本样式   图 7-28 调整"专业团队"的样式

步骤 7：调整"专业团队"的位置。

（1）将 div.team 设置为 2 行 1 列的网格容器，标题高度占 10%，成员列表占 90%。

（2）在"成员列表"中设置私有对齐方式为水平居中、垂直居中。

步骤 8：保存文件，完成制作。

小　结

本章学习了移动端页面布局常用的 Flex 弹性布局、Grid 网格布局和瀑布流布局。Flex 弹性布局是一种响应式布局，为盒状模型提供最大的灵活性，能自动伸缩盒模型达到自适应的效果。弹性布局提供一个更有效的布局、对齐方式。父容器能够调节子元素的高度、宽度以及排列顺序，从而能够最好地填充可用空间，适应多种类型的显示设备和屏幕尺寸。Grid 网格布局类似传统的 table，二者都是在网页中构建一个二维的网格，然后将内容放进单元格中从而实现布局的目的。但 Grid 是在 CSS 中实现的布局而不像表格是在 HTML 中实现，同时 Grid 改进了表格布局的局限性，功能远远比 table 更加强大。瀑布流是目前移动端比较流行的一种页面布局，视觉表现为参差不齐的多栏布局，一般多采用高度不同的图片，每一个图片都能自动适应栏目高度，随着页面滚动条向下滚动。广泛应用于移动端电子商务商品列表页面。实现瀑布流的方法很多，本章采用的是 CSS 分栏技术实现瀑布流。

选择什么样的技术进行页面布局不是一成不变的，一般来说，Flex 适合垂直居中、三等分等特殊的排版需求；Grid 一般用于整体布局。Flex 布局和 Grid 布局可以交叉使用，容器和项目也是相对的，一个 div 既可以是容器又可以作为上一级容器的项目，要根据页面设计的特点灵活运用。用 Grid 布局一定要先画出区域分布草图，进行整体布局设计，再做细节。

思考与练习

1. 页面布局经历了哪些代表性方式？

2. 在对齐方式方面，Flex 弹性布局和 Grid 网格布局有何异同？

3. 制作一个页面，交叉使用 Flex 和 Grid 进行布局，写出实现的代码。

4. 什么是瀑布流，如何实现？

5. 解释 break-inside:avoid;所产生的效果。

6. 参考图 7-29 所示的样式自己设计并制作页面。整体布局采用 Flex 弹性布局。文字所在的项目水平方向和垂直方向都居中。

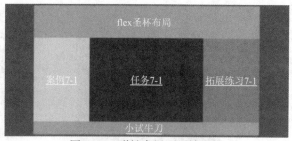

图 7-29 弹性布局页面效果图

7. 参考图 7-30 所示的样式自己设计并制作页面。整体布局采用 grid 布局。

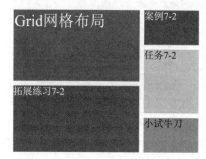

图 7-30 网格布局页面效果图

8. 参考图 7-31 所示的样式自己设计并制作页面。整体布局采用分栏布局。

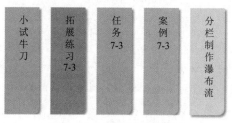

图 7-31 分栏页面效果图

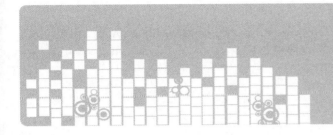

第8章

CSS 动态效果

引言

页面动态效果可以使页面生动活泼，吸引读者的注意，增加页面的表示力。页面需要什么样的动态效果需要提前进行动效设计。CSS3.0 提供了变形（Transform）、过渡（Transition）、动画（Animation）三种动态效果属性。本章详细讲解 CSS3.0 变形、过渡和动画的基本原理和实现方法，介绍其使用技巧，使页面变得丰富多彩和动感十足。

内容结构图

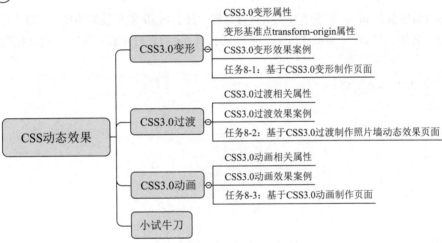

学习目标

➢ 了解 CSS3.0 网页动态效果的类型；

➢ 理解 CSS3.0 变形效果、过渡效果和动画效果的基本概念；

➢ 掌握变形、过渡、动画相关属性的基本语法；

➢ 能运用元素变形、过渡、动画相关技巧制作页面。

8.1 CSS3.0 变形

CSS3.0 动态效果由变形（Transform）、过渡（Transition）、动画（Animation）三种动态效果属性去实现这三种动态效果作用在元素上，与其他各种样式属性结合在一起，可以直接在 Web 层面进行动效设计与制作，无须借助第三方工具和脚本程序。

CSS3.0 变形通过 transform 属性实现。该属性作用在块状元素上，可以使块状元素产生平移、旋转、缩放和扭曲的效果。

8.1.1 CSS3.0 变形属性

格式：

```
transform:rotate(<angle>)|translate(x,y)|translateX(x)|  translateY(y)|scale(x,y)  |
scaleX(x)| scaleY(y)|skew(x,y)| skewX(x)| skewY(y)
```

取值：

- rotate(<angle>)：旋转；
- translate(x,y)：移动；
- translateX(x)：水平移动；
- translateY(y)：垂直移动；
- scale(x,y)：缩放；
- scaleX(x)：水平缩放；
- scaleY(y)：垂直缩放；
- skew(x,y)：扭曲；
- skewX(x)：水平扭曲；
- skewY(y)：垂直扭曲。

1．旋转 rotate(<angle>)

transform 属性的属性值为 rotate 时表示对元素进行旋转。其中 angle 是指旋转角度，正数表示顺时针旋转，负数表示逆时针旋转。例如，对 div 元素实施以下 CSS 样式，该 div 将顺时针旋转 30°，效果如图 8-1 所示。样式代码如下：

```
div{transform:rotate(30deg);}
```

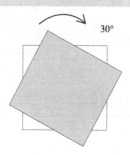

图 8-1 div 顺时针旋转 30°

2．平移 translate

transform 属性的属性值为 translate 时表示对元素进行平移。

（1）translate(x,y)为水平方向和垂直方向同时移动。x 为水平方向偏移值，正数表示向右平移，负数表示向左平移；y 为垂直方向偏移值，正数表示向下平移，负数表示向上平移。例如，对 div 元素实施以下 CSS 样式，该 div 将向右移动 100 px，向下移动 50 px，如图 8-2 所示。样式代码如下：

```
div{transform:translate(100px,50px);}
```

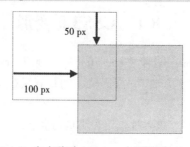

图 8-2 div 向右移动 100 px，向下移动 50 px

（2）translateX(x)仅水平方向移动（X 轴移动），例如，对 div 元素实施以下 CSS 样式，该 div 将向左移动 100 px，效果如图 8-3 所示。样式代码如下：

```
div{transform:translateX(-100px);}
```

（3）translateY(y)仅垂直方向移动（Y 轴移动），如对 div 元素实施以下 CSS 样式，该 div 将向上移动 20 px，效果如图 8-4 所示。样式代码如下：

```
div{transform:translateY(-20px);}
```

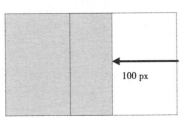

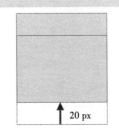

图 8-3　div 向左移动 100 px　　　　　　　　　　　图 8-4　div 向上移动 20 px

3. 缩放 scale

transform 属性的属性值为 scale 时表示对元素进行缩放。

（1）scale(x,y)使元素水平方向和垂直方向同时缩放，基中 x 表示水平方向的缩放倍数；y 表示垂直方向的缩放倍数。y 是一个可选参数，如果没有设置 y 值，则表示 x、y 两个方向的缩放倍数是一样的。缩放中心点就是元素的中心位置，缩放基数为 1，如果其值大于 1，元素就放大，反之其值小于 1，元素缩小。例如，对 div 元素实施以下 CSS 样式，该 div 在水平方向放大 3 倍，垂直方向放大 2 倍，效果如图 8-5 所示。样式代码如下：

```
div{transform:scale(3,2);}
```

如果水平方向和垂直方向同时缩小 0.5 倍，效果如图 8-6 所示。样式代码如下：

```
div{transform:scale(0.5);}
```

图 8-5　div 在水平方向放大 3 倍，垂直方向放大 2 倍　　　　图 8-6　水平方向垂直方向同时缩小 0.5 倍

（2）scaleX(x)使元素仅水平方向缩放。例如，对 div 元素实施以下 CSS 样式，该 div 仅在水平方向放大 2 倍，效果如图 8-7 所示。样式代码如下：

```
div{transform:scaleX(2);}
```

（3）scaleY(y)使元素仅垂直方向缩放。例如，对 div 元素实施以下 CSS 样式，该 div 仅在水平方向放大 3 倍，效果如图 8-8 所示。样式代码如下：

```
div{transform:scaleY(3);}
```

图 8-7　水平方向放大 2 倍　　　　　　　　　　　图 8-8　垂直方向放大 3 倍

4．扭曲 skew

transform 属性的属性值为 skew 时表示对元素进行扭曲。

（1）skew(x,y)使元素在水平和垂直方向同时扭曲，x 是水平方向扭曲角度，y 是垂直方向扭曲角度。其中第二个参数 y 是可选参数，如果没有设置第二个参数，那么 y 轴为 0deg。扭曲是以元素中心为基点。例如，对 div 元素实施以下 CSS 样式，该 div 在 x 方向扭曲 30°，在 y 方向扭曲 20°，效果如图 8-9 所示。样式代码如下：

```
div{transform:skew(30deg,20deg);}
```

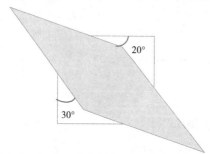

图 8-9　div 在 x 方向扭曲 30°，在 y 方向扭曲 20°

（2）skewX(x)仅使元素在水平方向扭曲变形，例如，对 div 元素实施以下 CSS 样式，该 div 在 x 方向扭曲 30°，效果如图 8-10 所示。样式代码如下：

```
div{transform:skewX(30deg);}
```

如要使该 div 在 x 方向扭曲-30°，效果如图 8-11 所示，样式代码如下：

```
div{transform:skewX(-30deg);}
```

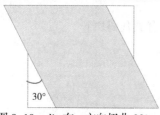 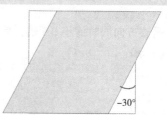

图 8-10　div 在 x 方向扭曲 30°　　　　　　图 8-11　div 在 x 方向扭曲-30°

（3）skewY(y)仅使元素在垂直方向扭曲变形，例如，对 div 元素实施以下 CSS 样式，该 div 在 y 方向扭曲 30°，效果如图 8-12 所示。样式代码如下：

```
div{transform:skewY(30deg);}
```

如要使该 div 在 y 方向扭曲-30°，效果如图 8-13 所示，样式代码如下：

```
div{transform:skewY(-30deg);}
```

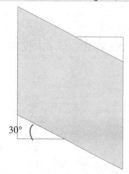 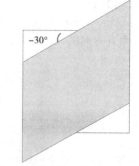

图 8-12　div 在 y 方向扭曲 30°　　　　　　图 8-13　div 在 y 方向扭曲-30°

●微　课

变形基准点
transform-origin
属性

8.1.2　变形基准点 transform-origin 属性

格式：

```
transform-origin:(x,y);
```

取值：(x,y)为元素基点位置。

功能：用来设置元素变形的基点（参照点）。在没有使用 transform-origin 改变元素基点位置的情况下，transform 进行的 rotate、translate、scale、skew 等操作都是以元素自己的中心位置进行变化的。但有时候需要在不同的位置对元素进行这些操作，那么就可以使用 transform-origin 对元素进行基点位置改变，使元素基点不再是中心位置。

x 值是定义基准点在水平方向的位置，其值可以是关键字 left、center、right 也可以是百分值，也可以是直接以 em、px 等为单位的数字位置值。left 对应的百分值为 0%；center 对应的百分值为 50%；right 对应的百分值为 100%。

y 值是定义基准点在水平方向的位置，其值可以是关键字 top、center、bottom 也可以是百分值，也可以是直接以 em、px 等为单位的数字位置值。top 对应的百分值为 0%；center 对应的百分值为 50%；bottom 对应的百分值为 100%。

例如，对 div 元素实施以下 CSS 样式，该 div 将以左上角为基准顺时针旋转 60°，效果如图 8-14 所示，参考代码如下：

```
div { background-color: #396;
    height: 100px;
    width: 200px;
    transform: rotate(60deg);
    transform-origin: left top;
}
```

transform-origin: left top;设置了旋转基准点为左上角，等价于 transform-origin: 0 0;或 transform-origin:0% 0%;。

图 8-14　以左上角为中心顺时针旋转 60°

8.1.3　CSS3.0 变形效果案例

案例 8-1：本案例通过导航的制作展示 transform 属性变形效果。导航初始状态如图 8-15 所示。

图 8-15　导航初始状态

导航在鼠标悬停时，超链接将会产生位移、平移、垂直移动、顺时针旋转 45°、缩小、水平缩放、垂直缩放、扭曲、水平扭曲、垂直扭曲等变形效果，如图 8-16 所示。

图 8-16　鼠标悬停后各链接的效果

参考代码如下：

```
<!doctype html>
<html>
<head>
```

```html
<meta charset="utf-8">
<title>transform 属性制作导航</title>
<style type="text/css">
    ul {
        border-top: 15px solid black;
        padding: 0 10px;
        list-style-type:none;
    }
    a{
        display:block;
        color: #fff;
        float: left;
        margin: 0 5px;
        font-size: 14px;
        height: 50px;
        line-height: 50px;
        text-align: center;
        width: 65px;
        padding: 10px 5px;
        background: #151515;
        border-radius: 0 0 5px 5px;
        box-shadow: 0 0 1px #ccc,inset 0 0 2px #fff;
        text-shadow: 0 1px 1px #686868;
        text-decoration: none;
    }
    .translate a{   background: #2EC7D2; }
    .translate-x a {   background: #8FDD21; }
    .translate-y a {   background: #F45917; }
    .rotate a {   background: #D50E19; }
    .scale a {   background: #cdddf2; }
    .scale-x a {   background: #0fDD2; }
    .scale-y a {   background: #cd5917; }
    .skew a {   background: #519000; }
    .skew-x a {   background: #D50000; }
    .skew-y a {   background: #E19000; }
    .translate a:hover {transform: translate(-10px,-10px); }      /*鼠标经过时发生位移*/
    .translate-x a:hover {transform: translateX(-10px); }         /*鼠标经过时发生平移*/
    .translate-y a:hover {transform: translateY(-10px); }         /*鼠标经过时发生垂直移动*/
    .rotate a:hover {transform: rotate(45deg); }                  /*鼠标经过时旋转 45° */
    .scale a:hover {transform: scale(0.8,1.8); }                  /*鼠标经过时缩小*/
    .scale-x a:hover {transform: scaleX(0.8); }                   /*鼠标经过时水平缩放*/
    .scale-y a:hover {transform: scaleY(1.2); }                   /*鼠标经过时垂直缩放*/
    .skew a:hover {transform: skew(45deg,15deg); }                /*鼠标经过时扭曲*/
    .skew-x a:hover {transform: skewX(-30deg);  }                 /*鼠标经过时水平扭曲*/
    .skew-y a:hover {transform: skewY(30deg); }                   /*鼠标经过时垂直扭曲*/
</style>
</head>
<body>
    <div class="menu">
        <ul>
            <li class="translate"><a href="#">Translate</a></li>
            <li class="translate-x"><a href="#">TranslateX</a></li>
            <li class="translate-y"><a href="#">TranslateY</a></li>
            <li class="rotate"><a href="#">Rotate</a></li>
            <li class="scale"><a href="#">Scale</a></li>
```

```
        <li class="scale-x"><a href="#">ScaleX</a></li>
        <li class="scale-y"><a href="#">ScaleY</a></li>
        <li class="skew"><a href="#">Skew</a></li>
        <li class="skew-x"><a href="#">SkewX</a></li>
        <li class="skew-y"><a href="#">SkewY</a></li>
      </ul>
    </div>
</body>
</html>
```

8.1.4　任务 8-1：基于 CSS3.0 变形制作页面

微 课
任务 8-1

1. 任务描述

用 CSS3.0 变形效果制作"神游网"首页。页面采用固定宽度居中版式，整体效果如图 8-17 所示。主体部分左边照片逆时针旋转；中间部分插入照片，鼠标悬停时照片放大；主体部分右侧是导航，鼠标经过时导航链接向左平移。

图 8-17　"神游网"首页效果

2. 任务要求

要完成整个页面的制作，特别是主体部分照片和导航变形效果的处理，注意其细节。通过本任务的练习，要掌握变形相关的制作技巧以及 transform 属性的基本设置。

3. 任务分析

本任务首先制作固定宽度且居中的页面。主体部分左边 div 用照片作背景，通过设置 transform: rotate(-3deg) 旋转变形属性，使之逆时针旋转-3°；主体中间部分插入照片，通过设置鼠标经过时 transform:scale(1.05,1.05) 缩放变形属性，使照片放大 1.05 倍；主体部分右侧是导航，通过设置鼠标经过时 transform:translateX(-10px) 平移变形属性，导航超链接产生平移效果，使页面呈现动态效果。

4. 工作过程

步骤 1：站点规划。

（1）新建文件夹作为站点，站点内建立 images 文件夹，将本节素材存放在 images 文件夹中。

（2）新建网页，设置<title>为"任务 8-1"；将网页命名为 task8-1.html，保存到站点所在的目录。

步骤 2：建立网页的基本结构。

网页 task8-1.html 最外层为 div#container，里层 div#pic 用于展示左侧封面照片，在 div#banner 层插入横幅图片，项目列表用于制作导航。网页基本代码如下：

```
<body>
<div id="container">
    <div id="pic"></div>
    <div id="banner"><img src="ba1.jpg" width="400" height="267" /></div>
    <ul>
        <li><a href="#">方寸神游</a></li>
```

```
            <li><a href="#">诗行天下</a></li>
            <li><a href="#">沿途有文</a></li>
            <li><a href="#">行摄天涯</a></li>
            <li><a href="#">景点攻略</a></li>
            <li><a href="#">户外休闲</a></li>
        </ul>
    </div>
</body>
```

步骤 3：设置页面整体样式。

设置 body 的背景颜色，并将 margin 设置为 0，不产生缝隙，参考代码如下：

```
body{
    margin:0;
    background-color: #2A3A00;
}
```

步骤 4：用固定宽度且居中进行页面排版。

最外层 div#container 采用相对定位，宽度 800 px、左边置于 50%的位置，即页面水平中间线右侧，然后再往左退回一半的位置（margin-left:-400px;），完成#container 居中，效果如图 8-18 所示。参考代码如下：

```
#container{
    text-align:left; height: 500px; top:50px;
    position:relative;left:50%;width:800px;
    margin-left:-400px;
    background-color:#ABBC47;
}
```

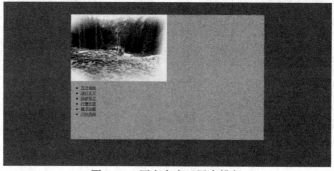

图 8-18　固定宽度且居中排版

步骤 5：设置左边照片的样式。

左侧 div 用绝对定位调整位置。用照片作为背景图，设置 div 的大小，并使用旋转变形，将 div#pic 逆时针旋转-3°。参考代码如下：

```
#pic {
    background-image: url(images/ba3.jpg);
    background-repeat: no-repeat;
    height: 486px;
    width: 234px;
    position: absolute;
    left: 16px;
    top: 7px;
    transform: rotate(-3deg);
}
```

步骤 6：设置中间照片 div#banner 的样式。

（1）用相对定位调整 div#banner 的位置，并给中间图像加边框，参考代码如下：

```
#banner {
    height: 267px;width: 400px;
```

```
    position:relative;left:150px;top:120px;
    border:#C55E21 2px solid;
}
```

上述样式中，left:150px;top:120px;皆相对于原来的位置，宽度 400 px（图片宽度）必须加上，否则会影响整个页面的宽度。

（2）给 div#banner 加上鼠标悬停时图片放大的变形特效。参考代码如下：

```
#banner:hover{ transform:scale(1.05,1.05);}
```

步骤 7：设置右侧导航的样式。

（1）设置项目列表样式，将导航项目列表 ul 下的超链接呈块状显示。将 ul 从原来的位置调整到 banner 图片的右边，注意要定义宽度，否则会加宽整个页面，使页面产生横向滚动条。参考代码如下：

```
ul{
    margin: 0px;
    padding: 0px;
    list-style-type: none;
    position:relative;
    left:550px;
    top:-162px;
    width:120px;
}
li{ margin-top:15px;}
```

（2）设置右侧导航超链接样式。超链接用图片作背景，鼠标经过时，改变背景图及字的颜色。

（3）设置导航在鼠标经过之后，超链接产生平移效果，效果如图 8-19 所示。参考代码如下：

```
a{
    font-size:12px;
    display:block;
    text-align:center;
    padding-top:10px;
    width:80px;
    height:22px;
    text-decoration:none;
}
a:link,a:visited{
    color: #F60;
    background:url(button1.jpg) no-repeat;
}
a:hover{
    color: #fff;
    background:url(button2.jpg) no-repeat;
}
a:hover{
    transform:translateX(-10px);
}
```

图 8-19　导航在鼠标经过之后，超链接产生平移效果

步骤 8：保存文件，完成神游网页面的制作。

8.2　CSS3.0 过渡

过渡是指元素可以从一种状态平滑地变化到另一种状态，体现在 CSS 上就是允许某些属性值在一定时间区间内平滑地过渡到另一个取值。这种效果可以在鼠标单击、获得焦点、被单击或对元素任何改变中触发。CSS3.0 通过 transition 属性设置属性的过渡变换，它能圆滑地以动态效果的形式展示属性值从一种状态变化到另一种状态的过程与轨迹。

8.2.1　CSS3.0 过渡相关属性

● 微 课

CSS3.0 过渡
相关属性

CSS3.0 过渡相关属性包括过渡时间（transition-duration）、属性类型（transition-property）、过渡延时（transition-delay）以及速率变化（transition-timing-function）共 4 种属性，其中，过渡时间属性（transition-duration）是过渡效果必须设置的属性。过渡属性作用在需要过渡的元素上，过渡效果涉及该元素的初始状态和结果状态，过渡属性应作用于该元素的初始状态样式。

1. 过渡时间 transition-duration 属性

格式：

```
transition-duration:<time>
```

取值：以秒（s）或毫秒（ms）计，默认值为 0 s。如果针对多个属性各自有多个过渡时间，则用逗号分隔。

功能：该属性规定完成过渡效果需要花费的时间。此属性是过渡效果必须要设置的属性。例如，对 div 元素实施以下 CSS 样式，则鼠标经过该 div 时，div 将在 3 s 内右移过渡 500 px，如图 8-20 所示。

```
div{transition-duration: 3s;}
div:hover{transform:translateX(500px);}
```

图 8-20　div 将在 3 s 内右移过渡 500 px

2. 属性类型 transition-property 属性

格式：

```
transition-property:<属性类型>
```

取值：需要实施过渡的属性类型，属性类型之间用逗号分隔，如 width,height。

功能：该属性规定应用过渡效果的 CSS 属性的名称。当有多个属性进行过渡，并且过渡时间不一致时，需要分别定义各个过渡属性及其时间。当取值为 all 时表示针对所有属性类型实行过渡。例如，对 div 元素实施以下 CSS 样式，则鼠标经过该 div 时，div 将在 3 s 内右移过渡 500 px，并且 4 s 内宽度从 100 px 过渡到 200 px，如图 8-21 所示，代码如下：

```
div{
    width:100px;
    transition-duration: 3s,4s;
    transition-property:transform,width;
}
div:hover{transform:translateX(500px);width:200px;}
```

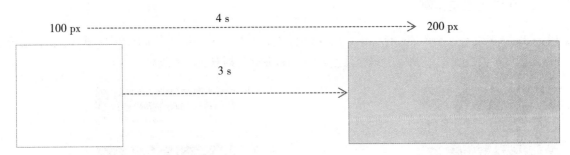

图 8-21　div 分别在 3 s、4 s 右移 500 px 同时宽度从 100 px 过渡到 200 px

3. 过渡延时 transition-delay 属性

格式：

```
transition-delay:<time>
```

取值：延时时间以秒（s）或毫秒（ms）作时间单位，默认值为 0 s，即没有延时。

功能：该属性规定在过渡效果开始之前需要等待的时间，以秒或毫秒计。例如，对 div 元素实施以下 CSS 样式，则鼠标经过该 div 延时 2 s 后，div 才用 3 s 右移过渡 500 px。

```
div{transition-duration: 3s;transition-delay:2s;}
div:hover{transform:translateX(500px);}
```

4. 速率变化 transition-timing-function 属性

格式：

```
transition-timing-function: ease| linear | ease-in | ease-out | ease-in-out
```

取值：

- ease：逐渐变慢，默认值；
- linear：匀速；
- ease-in：加速；
- ease-out：减速；
- ease-in-out：加速然后减速。

功能：该属性规定过渡效果的速度曲线，使用三次贝塞尔（Cubic Bezier）函数来生成速度曲线。属性值 linear 过渡从头到尾的速度是相同的；ease 过渡是默认值，该过渡值以低速开始，然后加快，在结束前变慢；ease-in 过渡以低速开始，然后加速；ease-out 过渡以高速开始，低速结束；ease-in-out 过渡以低速开始和结束，中间进行一次加速。

5. transition 属性

格式：

```
transition:<transition-duration><transition-property>
<transition-delay><transition-timing-function>
```

取值：

- transition-property：属性类型值，即执行过渡的属性；
- transition-duration：过渡时间值，即过渡持续的时间；
- transition-timing-function：速率变化值，即过渡持续时间段中的速率变化；
- transition-delay：过渡延时值，即过渡延迟的时间。

功能：transition 属性是一个简写属性，将过渡相关的 4 个属性集成在一个 transition 属性中，以参数形式进行统一设置，4 个参数中间用空格隔开。如对 div 元素实施以下 CSS 样式，表示对 div 所有状态改变的属性在延时 0.5 s 后实施 3 s 的加速过渡。

```
div{transition: all 3s ease-in 500ms;}
```

8.2.2 CSS3.0 过渡效果案例

案例 8-2：本案例通过 9 个 div 展示 transition 属性过渡效果。div 初始状态如图 8-22 所示，鼠标悬停 div 元素后，div 的宽度扩大。图 8-23 所示为鼠标悬停"Ease-in 加速"时最后的状态。

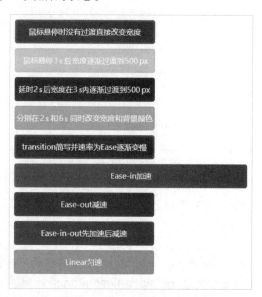

图 8-22　各 div 的初始状态　　　　　　图 8-23　鼠标悬停"Ease-in 加速"时最后的状态

各 div 采用不同的过渡方式，包括：鼠标悬停时没有过渡直接改变位置、鼠标悬停 3 s 后宽度逐渐过渡到 500 px、延时 2 s 后宽度在 3 s 内逐渐过渡到 500 px、分别在 2 s 和 6 s 同时改变宽度和背景颜色、transition 简写并速率为 Ease 逐渐变慢、Ease-in 加速、Ease-out 减速、Ease-in-out 先加速后减速、Linear 匀速。参考代码如下：

```
<!doctype html>
  <html>
  <head>
    <meta charset="utf-8" />
    <title>案例 8-2</title>
    <style type="text/css">
      #timings-demo {
        border: 1px solid #ccc;padding: 10px;height: 550px;width: 500px;
      }
      .demo-box {
        width: 300px;height: 50px;text-align: center;line-height: 50px;
        text-align: center;color: #fff;background: #96c;border-radius: 5px;
        box-shadow: inset 0 0 5px rgba(102, 153, 0, 0.5);margin-bottom: 10px;
      }
      #box1 {/*鼠标悬停时没有过渡直接改变宽度*/
        background: #F3F;
      }
      #box1:hover {
        width: 500px;
      }
      #duration { /*鼠标悬停 3 s 后宽度逐渐过渡到 500 px*/
        background: #FC0;
        transition-duration:3s;
      }
      #duration:hover {
        width: 500px;
      }
```

```
#delay {/*延时 2 s后宽度在 3 s内逐渐过渡到 500 px */
    background: #03F;
    transition-duration: 3s;
    transition-delay: 2s;
}
#delay:hover {
    width: 500px;
}
#prop { /*分别在 2 s和 6 s同时改变宽度和背景颜色*/
    background: #6d6;
    transition-property: width, background;
    transition-duration: 2s, 6s;
}
#prop:hover{
    width: 500px;background: red;
}
/*采用 transition 简写方式，分别设置不同的速率*/
#ease {transition: all 5s ease 0.3s;background: #f36;}
#ease-in {transition: all 3s ease-in 0.5s;background: #369;}
#ease-out {transition: all 5s ease-out 0s;background: #636;}
#ease-in-out {transition: all 1s ease-in-out 2s;background: #936;}
#linear {transition: all 6s linear 0s;background: #999;}
#ease:hover,#ease-in:hover,#ease-out:hover,#ease-in-out:hover,#linear:hover {
    width: 500px;
}
    </style>
</head>
<body>
    <div id="timings-demo">
        <div id="box1" class="demo-box">鼠标悬停时没有过渡直接改变宽度</div>
        <div id="duration" class="demo-box">鼠标悬停 3 s后宽度逐渐过渡到 500 px</div>
        <div id="delay" class="demo-box">延时 2 s后宽度在 3 s内逐渐过渡到 500 px</div>
        <div id="prop" class="demo-box">分别在 2 s和 6 s同时改变宽度和背景颜色</div>
        <div id="ease" class="demo-box">transition 简写并速率为 Ease 逐渐变慢</div>
        <div id="ease-in" class="demo-box">Ease-in 加速</div>
        <div id="ease-out" class="demo-box">Ease-out 减速</div>
        <div id="ease-in-out" class="demo-box">Ease-in-out 先加速后减速</div>
        <div id="linear" class="demo-box">Linear 匀速</div>
    </div>
</body>
</html>
```

8.2.3 任务 8-2：基于 CSS3.0 过渡制作照片墙动态效果页面

微 课●┄┄┄┄

任务 8-2

1. 任务描述

用 CSS3.0 过渡效果制作"行摄天涯"页面。主体部分为八张照片组成的照片墙。鼠标在照片上悬停，分别产生向下拉帘效果、文字落幕效果、文字升幕效果、幻灯片切换效果、图片透明效果、图片移除效果、图片全景效果、图片旋转效果。整体效果如图 8-24 所示。

2. 任务要求

完成整个页面八个动态效果的制作。通过本任务的练习，要掌握过渡相关的制作技巧以及 transition 属性的基本设置；要对比多种实现手段，做到举一反三。

图 8-24 "行摄天涯"照片墙效果

3. 任务分析

本任务首先制作固定宽度且居中的页面，然后采用 Flex 弹性布局，垂直方向分三行制作照片墙，八张照片作为项目，分别用.p11、.p12、.p21、.p22、.p23、.p31、.p32、.p33 八个类修饰。

主体部分左上角（div.p11）照片在鼠标经过时呈现自上而下的拉帘效果，帘幕是通过增加空的 CSS 伪元素实现的。该伪元素设置成颜色半透明，初始高度为 0，鼠标经过 div.p11 时，伪元素的高度过渡到 100%，从而达到自上而下的拉帘效果。注意，过渡的主体是伪元素，所以过渡属性要在伪元素的初始状态设置。

div.p12 是文字落幕效果、div.p21 是文字升幕效果、div.p22 是幻灯片切换效果、div.p31 是图片移除效果，这些效果的制作关键是内部增加了两个块 box1 和 box2，通过这两个块的位置平移过渡，实现以上 4 种动态效果。

div.p23 是图片透明效果，通过不透明度属性过渡实现；div.p32 是图片全景效果，通过 margin-left 属性的过渡实现横向扫描；div.p32 是图片旋转 360° 效果，通过旋转属性的过渡实现。如果没有过渡，将图片旋转 360° 将不会有任何外观上的变化。

4. 工作过程

步骤 1：站点规划。

（1）新建文件夹作为站点，站点内建立 images 文件夹，将本节素材存放在 images 文件夹中。

（2）新建网页，设置<title>为"任务 8-2"；将网页命名为 task8-2.html，保存到站点所在的目录。

步骤 2：建立网页的基本结构。

其中类 p11、p12、p21、p22、p23、p31、p32、p33 所在的 div 用来作为 8 个照片的展示块，分成 3 行。代码如下：

```
<body>
    <div id="container">
        <div class="line">
            <div class="p11"></div>
            <div class="p12"></div>
        </div>
        <div class="line">
            <div class="p21"></div>
            <div class="p22"></div>
            <div class="p23"></div>
        </div>
        <div class="line">
            <div class="p31"></div>
            <div class="p32"></div>
            <div class="p33"></div>
        </div>
    </div>
</body>
```

步骤 3：页面整体布局。

参照 6.2.4 的内容，制作固定宽度为 800 px 并且居中显示的整体布局，设置 body 和最外层 div#container 的样式。参考样式如下：

```
body {background-color: #660;margin: 0px;}
#container {background-color: #ABBC47;height: 500px;width: 800px;
    position: relative; left: 50%; top: 50px; margin-left: -400px;}
```

步骤 4：页面主体排版。

div#container 采用 Flex 弹性布局，分为三行，用 3 组<div class="line"></div>作为#container 容器的项目，设置每一行平均分配#container 总高度；同时又作为容器分别包含 2 个或 3 个照片项目。样式参考代码如下：

```
#container {display: flex;flex-direction: column;} /* 最外层#container 作为容器，项目垂直分布*/
.line {width: 760px;margin: 10px 20px;background-color: #FFF;
    flex: 1;                   /* 作为#container 容器的每一个项目，平均分配总高度*/
    display: flex;             /* 同时又作为内部照片块项目的容器*/
}
.line div {
    flex:1;                    /* .line 容器的项目，平均分配总宽度*/
    margin: 8px 5px 0 5px;overflow: hidden;height: 130px;
}
```

步骤 5：页面主体第 1 行第 1 张照片实现拉帘效果。

（1）页面主体第 1 行第 1 个块写入内容"行摄天涯"。代码如下：

```
<div class="p11">行摄天涯</div>
```

（2）设置 div.p11 的样式，效果如图 8-25 所示。代码如下：

```
div.p11 {background-image: url(images/bg_01.gif);
    font-size: 40px; color: #FC0;text-shadow: #333 2px 2px 6px;
    flex:0 0 243px;              /* 第一张照片项目，固定宽度*/
    box-sizing: border-box; padding: 30px;
    position: relative;
    z-index: 2;                  /*让 div 被触碰到*/
}
```

（3）在 div.p11 内增加内容为空的 CSS 伪元素用作帘幕。设置该伪元素背景颜色半透明，初始高度为 0，鼠标经过 div.p11 时，伪元素高度在 3 s 秒内过渡到 100%，实现拉帘效果，效果如图 8-26 所示。为了保证让 div.p11 被鼠标触碰到，并且让 div.p11 的文字内容"行摄天涯"显示出来，需要设置 div.p11 的堆放顺序位于伪元素的上面。

```
div.p11::after {
    content: "";                           /*伪元素内容为空*/
    height: 0px;                           /*伪元素初始高度为 0*/
    position: absolute;
    left: 0;
    top: 0;
    width: 100%;
    background: hsla(198, 51.52%, 93.53%, .5);  /*设置伪元素颜色半透明*/
    transition-duration: 3s;               /*设置过渡时间*/
    z-index: -1;                           /*让文字显示出来*/
}
div.p11:hover::after {
    height: 100%;                          /*鼠标经过 div.p11，伪元素高度变为 100%*/
}
```

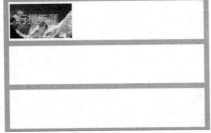

图 8-25 第 1 行第 1 张照片的样式

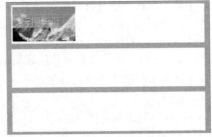

图 8-26 实现拉帘效果

步骤 6：页面主体第 1 行第 2 张照片实现文字落幕效果。

（1）页面主体第 1 行第 2 个块内增加两个块 div.box1 和 div.box2，这.box1 和.box2 两个类是作为第 2 张照片到第 7 张照片内部块的通过样式。p12 下第二个块的私有样式要通过 p12box2 类定义。代码如下：

```
<div class="p12">
    <div class="box1"></div>
    <div class="box2 p12box2">边走边拍</div>
</div>
```

（2）设置.box1 和.box2 两个类的样式，其中 div.box1 的大小与 div.p12 大小相同，占满整个父 div 的空间；div.box2 在 div.box1 的下面，并设置成颜色半透明，用作帘幕。由于 div.line div 进行了 overflow: hidden 溢出处理，故 div.box2 不会被显示出来，代码如下：

```
.box1 {width: 100%;height: 130px;}
.box2{ height: 130px; font-size: 24px; color: #FC0;
    box-sizing: border-box; padding:30px;
    background-color: hsla(198, 51.52%, 93.53%, .5);}
```

（3）设置 div.p12 的样式，效果如图 8-27 所示，代码如下：

```
div.p12 {background-image: url(images/bg_02.gif);}
```

（4）设置 div.p12 下第二个块的私有样式。将原本处于第 1 个块下面的第 2 个块向上移动，初始状态覆盖在第 1 个块上面。鼠标经过时，第 2 个块在 1 s 内向下过渡到原来的位置（此处通过 margin-top 属性调整位置），实现文字落幕效果，如图 8-28 所示。代码如下：

```
div.p12 .p12box2 {margin: 0;font-size: 40px; text-shadow: #333 2px 2px 6px;
    margin-top: -137px;
    transition-duration: 1s;}
div.p12:hover .p12box2 {margin-top: 0px;}
```

图 8-27　第 1 行第 2 张照片的样式

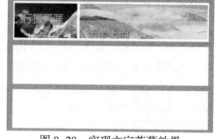

图 8-28　实现文字落幕效果

步骤 7：页面主体第 2 行第 1 张照片实现文字升幕效果。

（1）页面主体第 2 行第 1 个块内增加 div.box1 和 div.box2 两个块，代码如下：

```
<div class="p21">
    <div class="box1"></div>
    <div class="box2 p21box2">坝上草原</div>
</div>
```

（2）设置 div.p21 的样式，效果如图 8-29 所示，代码如下：

```
div.p21 {background-image: url(images/bg_03.gif);}
```

（3）设置第 2 个块的私有样式。鼠标经过 p21 时，原本处于第 1 个块下面的第 2 个块在 1 s 内向上过渡，覆盖在第 1 个块上面，实现文字升幕效果，效果如图 8-30 所示。样式代码如下：

```
div.p21 .p21box2 {margin:0;transition-duration: 1s;}
div.p21:hover .p21box2 {margin-top: -137px;}
```

步骤 8：页面主体第 2 行第 2 张照片实现幻灯片切换效果。

（1）页面主体第 2 行第 2 个块内增加两个 div，代码如下：

```
<div class="p22">
    <div class="box1"></div>
    <div class="box2 p22box2"></div>
</div>
```

（2）设置 div.p22 的样式，效果如图 8-31 所示，代码如下：

```
div.p22 {background-image: url(images/bg_04.gif);}
```

（3）设置第 2 个块的私有样式。第 2 个块用照片作背景，将原本处于第 1 个块下面的第 2 个块移动到第 1 个块的右边。由于父块做了溢出处理，第 2 个块初始状态被隐藏。鼠标经过 p22 时，第 2 个块在 1 s 内向左过渡平移，覆盖在第 1 个块上面，实现幻灯片切换效果，效果如图 8-32 所示。代码如下：

```
div.p22 .p22box2 {margin:0; position: relative;top:-138px;left:250px;
    background-image:url(images/bg_00.gif);
    transition-duration: 1s;}
div.p22:hover .p22box2 {margin-left:-250px;}
```

图 8-29　第 2 行第 1 张照片的样式

图 8-30　实现文字升幕效果

图 8-31　第 2 行第 2 张照片的样式

图 8-32　实现幻灯片切换效果

步骤 9：页面主体第 2 行第 3 张照片实现图片透明效果

（1）页面主体第 2 行第 3 个块内增加两个 div，代码如下：

```
<div class="p23">
    <div class="box1"></div>
    <div class="box2 p23box2"></div>
</div>
```

（2）设置 div.p23 的样式，代码如下：

```
div.p23 {background-image: url(images/bg_05.gif);}
```

（3）设置第 2 个块的私有样式.p23box2。将原本处于第 1 个块下面的第 2 个块（帘幕）向上移动，覆盖在第 1 个块上面，实现图片半透明显示，效果如图 8-33 所示。鼠标经过时，第 2 个块（帘幕）在 1 s 内不透明度属性过渡到 0，使帘幕消失，照片变为清晰，效果如图 8-34 所示。代码如下：

```
div.p23 .p23box2 {margin:0; position: relative;top:-138px;
    transition-duration: 1s;}
div.p23:hover .p23box2 {opacity:0;}
```

图 8-33　第 2 行第 3 张照片实现图片透明效果

图 8-34　鼠标悬停时照片过渡到清晰状态

步骤 10：页面主体第 3 行第 1 张照片实现图片移除效果。

（1）页面主体第 3 行第 1 个块内增加两个 div，代码如下：

```
<div class="p31">
    <div class="box1"></div>
    <div class="box2 p23box2"></div>
</div>
```

（2）设置 div.p31 的样式，效果如图 8-35 所示，代码如下：

```
div.p31 {background-image: url(images/bg_06.gif); }
```

（3）设置第 2 个块的私有样式。第 2 个块用照片作背景图，通过相对定位覆盖在第 1 个块上面。鼠标经过 p31 时，第 2 个块在 1 s 内向右边过渡平移，原本处于第 1 个块的照片得以出现，实现图片移除效果，效果如图 8-36 所示。代码如下：

```
div.p31 .p31box2 {margin:0;background-image:url(images/bg_07.gif);
    position: relative;top:-138px;
    transition-duration: 1s;
    left:0;}            /*需要过渡的属性要写上*/
div.p31:hover .p31box2 {left:250px;}
```

图 8-35　第 3 行第 1 张照片的样式

图 8-36　实现图片移除效果

步骤 11：页面主体第 3 行第 2 张照片实现图片全景效果。

（1）页面主体第 3 行第 2 个块内增加 1 个 div，代码如下：

```
<div class="p32">
    <div class="box2 p32box2"></div>
</div>
```

（2）设置.p32box2 的样式。该块用一副宽度大于显示窗口的照片作背景图，效果如图 8-37 所示。鼠标经过 p32 时，该块向左过渡平移，将原本被父块遮挡的部分得以从左到右扫描呈现，实现图片全景效果，效果如图 8-38 所示。代码如下：

```
div.p32 .p32box2 {margin:0;position: relative;
    background-image:url(images/bg_08.gif);
    box-sizing: border-box;
    transition-duration: 1s;}
div.p32:hover .p32box2 {margin-left:-250px;}
```

图 8-37　第 3 行第 2 张照片的样式

图 8-38　鼠标经过后的效果

步骤 11：页面主体第 2 行第 3 张照片实现图片旋转效果。

设置 div.p33 的样式，用照片作背景图，效果如图 8-39 所示。鼠标经过时，照片顺时针旋转 360°，设置过渡时间为 1 s，可以看到旋转的轨迹过程，效果如图 8-40 所示，代码如下：

```
div.p33 {background-image: url(images/bg_09.gif);
    transition-duration: 1s;}
div.p33:hover{transform:rotate(360deg);}
```

图 8-39　第 1 行第 2 个照片的样式　　　　　　　　图 8-40　实现图片旋转效果

步骤 12：保存文件，完成"行摄天涯"照片墙页面的制作。

8.3　CSS3.0 动画

CSS3.0 动画是通过 keyframes（即"关键帧"）控制元素从初始状态到结束状态每一时间段的属性实现的。这与上一节 transition 只定义初始属性和最终属性不同，因而可以做到更好、更多的动画细节。CSS3.0 动画无须通过动作触发就能自动播放。它采用 @keyframes 规则结合 animation 属性实现对关键点的属性控制。@keyframes 中的样式规则是由多个时间百分比构成的时间节点。可以在这个规则中创建多个百分比时间段，分别在每个时间段给需要有动画效果的元素加上不同的属性，从而让元素达到不断变化的效果，比如说移动、改变元素颜色、大小、形状等。

8.3.1　CSS3.0 动画相关属性

1．@keyframes 规则

格式：

```
@keyframes  animationname {keyframes-selector {css-styles;}}
```

取值：
- animationname：animation-name 属性所定义的动画名称；
- keyframes-selector：动画持续时间的百分比，可以用关键字 from 和 to，等价于 0% 和 100%。

功能：@keyframes 规则作用于 animation-name 属性所定义的动画，以百分比来规定属性改变发生的时间，也就是时间线上的关键帧。0% 是动画开始的时间，100% 是动画结束的时间。为了获得最佳的浏览器支持，必须始终定义 0% 和 100% 这两个时间段选择器。

微　课

CSS3.0 动画
相关属性

2．animation-name 属性

格式：

```
animation-name: <name>
```

取值：自定义动画名称。
功能：该属性为 @keyframes 动画规定一个名称，是 @keyframes 动画必须定义的属性。

3．animation-duration 属性

格式：

```
animation-duration: <time>
```

取值：以秒（s）或毫秒（ms）计，默认值为 0，意味着没有动画效果。
功能：该属性规定完成动画效果需要花费的时间，是 @keyframes 动画必须定义的属性。

4．animation-iteration-count 属性

格式：

```
animation-iteration-count: n | infinite
```

取值：

- n：定义动画播放次数的数值；
- infinite：规定动画无限次播放。

功能：该属性定义动画的播放次数，是@keyframes 动画必须定义的属性。

5．animation-timing-function 属性

格式：

```
animation-timing-function: ease| linear | ease-in | ease-out | ease-in-out
```

功能：该属性规定动画的速度曲线，取值与 transition-timing-function 属性相同。

6．animation-delay 属性

格式：

```
animation-delay:<time>
```

取值：延时时间以秒（s）或毫秒（ms）计，默认值为 0 s，即没有延时。

功能：该属性定义动画何时开始，允许负值。例如，animation-delay:-2s 使动画马上开始，但跳过 2 s 进入动画。

7．animation-direction 属性

格式：

```
animation-direction:alternate |normal
```

取值：

- alternate：动画轮流反向播放。
- normal：动画正常播放（默认值）。

功能：该属性定义是否应该轮流反向播放动画。如果 animation-direction 值是 alternate，则动画会在奇数次数（1、3、5 等）正常播放，而在偶数次数（2、4、6 等）向后播放。如果把动画设置为只播放一次，则该属性没有效果。

8．animation 属性

格式：

```
animation:<animation-name><animation-duration><animation-timing-function>
<animation-delay><animation-iteration-count><animation-direction>
```

取值：

- animation-name：动画名称,即需要绑定到选择器的 keyframe 名称；
- animation-duration：动画时间值,即完成动画所花的时间，以秒或毫秒计；
- animation-timing-function：速率变化值，即动画的速度曲线；
- animation-delay：动画延时值，即在动画开始之前的延迟；
- animation-iteration-count：播放次数值，即动画应该播放的次数；
- animation-direction：反向播放，即是否应该轮流反向播放动画。

功能：animation 属性是一个简写属性。将动画与 div 元素绑定，必须规定 animation-duration 属性，否则时长为 0，就不会播放动画了。

8.3.2　CSS3.0 动画效果案例

案例 8-3：本案例通过 4 个 gif 小天使动画展示@keyframes 结合 animation 属性的效果。效果如图 8-41 所示。

图 8-41　gif 小天使 animation 属性效果展示

　　在页面中插入 4 个 gif 小天使图片，采用@keyframes 动画展示 animation 效果。在不同的时间段自动改变小天使的位置和文字颜色，其中"天使 1"仅使用 keyframes 动画中必须定义的基本属性：动画名称属性、动画持续时间属性和播放次数属性；"天使 2"在"天使 1"动画的基础上延时 3 s；"天使 3"在"天使 1"动画的基础上将动画速率定义为 ease-out 减速，并且轮流反向播放；"天使 4"使用 animation 简写，动画延时 2 s，速率为 ease-in 加速，只播放 3 次就停下。参考代码如下：

```
<!DOCTYPE html>
<html>
    <head>
        <meta charset="utf-8">
        <title>案例 8-3</title>
        <style>
            #an1{ position:absolute;right:0;
                animation-name:mymove1;
                animation-duration:5s;
                animation-iteration-count:infinite;
            }
            @keyframes mymove1{
                0% {left:1000px;top:0px;color:red;}
                20% {left:700px;top:0px;color: #3BBF87;}
                60% {left:300px;top:0px;color: #B7070A;}
                70% {left:100px;top:0px;color: #B7070A;}
                80% {left:100px; top:300px;color: #E1C60C;}
                100% {left:100px;top:600px;color: #3E0FDC;}
            }
            #an2{ position:absolute;right:0;
                animation-name:mymove2;
                animation-duration:5s;
                animation-iteration-count:infinite;
                animation-delay:3s;
            }
            @keyframes mymove2{
                0% {left:1000px;top:0px;color:red;}
                20% {left:700px;top:0px;color: #3BBF87;}
                60% {left:300px;top:0px;color: #B7070A;}
                70% {left:100px;top:0px;color: #B7070A;}
                80% {left:100px; top:300px;color: #E1C60C;}
                100% {left:100px;top:600px;color: #3E0FDC;}
            }
            #an3{ position:absolute;right:0;top:30px;
                animation-name:mymove3;
                animation-duration:5s;
                animation-iteration-count:infinite;
                animation-timing-function: ease-out;
                animation-direction: alternate;}
            @keyframes mymove3{
                0% {left:1000px;top:30px;color:red;}
                20% {left:700px;top:30px;color: #3BBF87;}
```

```
        60% {left:300px;top:30px;color: #B7070A;}
        70% {left:100px;top:30px;color: #B7070A;}
        80% {left:100px; top:330px;color: #E1C60C;}
        100% {left:100px;top:630px;color: #3E0FDC;}
      }
    #an4{ position:absolute;right:0;top:60px;
        animation:mymove4 5s 3 ease-out 2s normal;
      }
    @keyframes mymove4{
        0% {left:1000px;top:60px;color:red;}
        20% {left:700px;top:60px;color: #3BBF87;}
        60% {left:300px;top:60px;color: #B7070A;}
        70% {left:100px;top:60px;color: #B7070A;}
        80% {left:100px; top:360px;color: #E1C60C;}
        100% {left:100px;top:660px;color: #3E0FDC;}
      }
    </style>
  </head>
  <body>
    <div id="an1"><img src="4041.GIF" width="96" height="80" alt="小天使">
      天使 1: 必须定义动画名称属性、动画持续时间属性、播放次数属性
    </div>
    <div id="an2"><img src="4041.GIF" width="96" height="80" alt="小天使">
      天使 2: 动画延时 3 s
    </div>
    <div id="an3"><img src="4041.GIF" width="96" height="80" alt="小天使">
      天使 3: 动画速率为 ease-out 减速，并且轮流反向播放
    </div>
    <div id="an4"><img src="4041.GIF" width="96" height="80" alt="小天使">
      天使 4: 使用 animation 简写，动画延时 2 s，速率为 ease-in 加速，只播放 3 次
    </div>
  </body>
</html>
```

8.3.3 任务 8-3: 基于 CSS3.0 动画制作页面

1. 任务描述

制作图 8-42 所示的照明公司网站页面。该页面是具有动画效果的网页。导航超链接轮流以一种颜色渐变到另一种颜色；logo 上的小星星会自动沿轨道移动；左侧背景颜色不断改变；图片指示标记用两种不同颜色交替闪烁。

微 课

任务 8-3

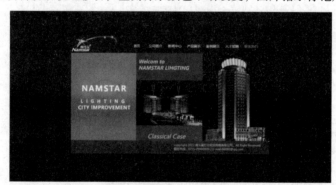

图 8-42　照明公司效果图

2. 任务要求

通过本任务的练习，掌握 animation 属性结合 @keyframes 规则的基本设置；掌握 @keyframes 动画的制作技巧；

掌握利用@keyframes 动画实现元素属性自动交替的方法。

3．任务分析

设置动画的主要目的是引起读者注意，使页面更加生动。logo 上的小星星通过时间段位置属性的改变自动沿轨道移动。

左侧背景使用颜色模糊的径向渐变，不间断地改变渐变颜色，使之具有发光效果。

导航有 7 个链接，每个链接都各自实施一个 7 s 的动画，该动画在开始时间段（0%）到第 1 秒（14%）采用白色文字，第 1 秒（14%）到第 2 秒（28%）为金黄色，第 2 秒（28%）到第 7 秒（100%）都是白色。再让每一个链接的动画依次延时 1 s 开始，就形成了交替动画。导航链接交替显示白色金黄色文字，金黄色文字每次显示持续 1 s。

图片指示标记也是交替动画，用两种不同颜色交替闪烁。

4．工作过程

步骤 1：站点规划。

（1）新建文件夹作为站点，站点内建立 images 文件夹，将本节图片素材存放在 images 文件夹中。

（2）新建网页，设置\<title\>为"沿途有文"；将网页命名为 task8-3.html，保存到站点所在的目录。

（3）建立网页的基本结构。

```
<body>
    <div id="container">
        <header><div id="star"></div>
            <div id="nav">
            <ul>
                <li class="li1"><a href="#">首页</a></li>
                <li class="li2"><a href="#">公司简介</a></li>
                <li class="li3"><a href="#">新闻中心</a></li>
                <li class="li4"><a href="#">产品展示</a></li>
                <li class="li5"><a href="#">案例展示</a></li>
                <li class="li6"><a href="#">人才招聘</a></li>
                <li class="li7"><a href="#">联系我们</a></li>
            </ul>
            </div>
        </header>
        <div id="left"><div class="word"></div></div>
        <div id="center"></div>
        <div id="right"></div>
        <div id="footer"></div>
    </div>
</body>
```

步骤 2：制作页面基本样式。

以固定宽度 840 px 且居中为版式制作图 8-43 所示页面。版面可分为头部（包括 logo 和导航）、左侧、中间、右边和页脚五部分。样式代码如下：

```
#container {width: 840px; margin: 100px auto 0 auto;position: relative;}
body {color: #CCC; background: url(images/bg.gif) repeat;}
header {background: url(images/pic_03.jpg) no-repeat left;height: 71px;}
#nav {position: absolute; width: 600px; height: 32px; left: 242px; top: 30px; }
#left {height: 356px; width: 280px; background-color: #667A7C; float: left;}
#center {width: 280px; height: 356px; float: left;}
#right {width: 280px; height: 356px; float: left; position: relative;
    background: url(images/pic_08.gif) no-repeat center;}
#footer {height: 45px; clear: both; background-color: #383838;}
ul {margin: 0px; padding: 0px; list-style-type: none; }
```

```
li {float: left; width: 80px; text-align: center; }
```

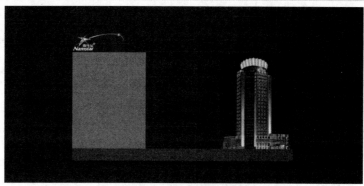

图 8-43   页面整体布局

步骤 3：制作 logo 动画。

头部加入 div#star，使用小星星作为背景图，大小与小星星图片相同。设置 animation 动画名称、时间、播放次序，再结合关键帧改变位置，使 logo 上的小星星自动沿轨道移动，效果如图 8-44 所示。代码如下：

```
#star {position: absolute; width: 11px; height: 12px; left: 170px; top: 3px;
       background: url(images/star.gif) no-repeat;
       animation-name: mymove;
       animation-duration: 3s;
       animation-iteration-count: infinite; }
@keyframes mymove {0% {left: 170px; top: 1px; }
                   20% {left: 160px; top: 1px; }
                   40% {left: 155px; top: 1px; }
                   60% {left: 140px; top: 1px; }
                   80% {left: 120px; top: 2px; }
                   100% {left: 90px; top: 3px; }
                   }
```

图 8-44   logo 小星星会自动沿轨道移动

步骤 4：制作导航交替动画。

（1）制作导航交替动画。导航包含 7 个超链接，每个超链接轮流以白色渐变到金黄色，并保持 1 s，然后又转为白色。具体做法是：对导航 7 个超链接实施单次动画为 7 s 的 animation 动画。

（2）从第 2 个链接开始分别设置动画开始的时间间隔为延时 1 s。

（3）设置关键帧动画@keyframes：文字颜色由白色变金黄色，约 1 s 后又重新变为白色。金黄色所占的时间段为总时间的 1/7，约为 14%。可设置开始时（0%）文字颜色为白色，14%时间段文字颜色为金黄色，28%时又转为白色，一直到结束（100%），文字颜色都为白色，效果如图 8-45 所示。代码如下：

```
header a {font-size: 14px; text-decoration: none;
    animation-name: limove2;
    animation-duration: 7s;
    animation-iteration-count: infinite;
}
.li2 a {animation-delay: 1s;}
.li3 a {animation-delay: 2s;}
.li4 a {animation-delay: 3s;}
.li5 a {animation-delay: 4s;}
.li6 a {animation-delay: 5s;}
.li7 a {animation-delay: 6s;}
@keyframes limove2 {0% {color: #FFF; }
```

```
            14% {color: #FA8901; }
            28% {color: #FFF; }
            100% {color: #FFF;}
            }
```

图 8-45　导航交替变换颜色

步骤 5：制作左侧发光效果。

（1）输入左侧文字，结构如下：

```
<div id="left">
    <div class="word">
        <span class="word1">NAMSTAR</span><br /><br />
        <span class="word2">LIGHTING</span><br />
        <span class="word3">CITY IMPROVEMENT</span>
    </div>
</div>
```

（2）设置左侧文字样式，将其位置移到中心位置。

（3）设置 div#left 层 animation 动画名称、时间和播放次序。

（4）制作关键帧@keyframes 动画：在不同时间段改变其背景径向渐变的中心颜色（颜色需包含 a 通道，造成发光效果），使 div#left 层背景不断闪烁。效果如图 8-46 所示。样式代码如下：

```
#left {height: 356px; width: 280px; background-color: #667A7C;float: left;
    animation-name: cmove;
    animation-duration: 3s;
    animation-iteration-count: infinite; }
@keyframes cmove {0% {background-image: radial-gradient(150px 100px at 150px 150px,
hsla(198, 51.52%, 93.53%, .9), hsla(185, 9.73%, 44.31%, .9)); }
            20% {background-image: radial-gradient(150px 100px at 150px 150px,
hsla(202, 31.03%, 77.25%, .9), hsla(185, 9.73%, 44.31%, .9)); }
            40% {background-image: radial-gradient(150px 100px at 150px 150px,
hsla(198, 51.52%, 93.53%, .9), hsla(185, 9.73%, 44.31%, .9)); }
            60% {background-image: radial-gradient(150px 100px at 150px 150px,
hsla(100, 100.00%, 50.00%, .9), hsla(185, 9.73%, 44.31%, .9)); }
            80% {background-image: radial-gradient(150px 100px at 150px 150px,
hsla(90, 50.00%, 98.43%, .9), hsla(185, 9.73%, 44.31%, .9)); }
            100% {background-image: radial-gradient(150px 100px at 150px 150px,
hsla(58, 100.00%, 50.00%, .9), hsla(185, 9.73%, 44.31%, .9)); }
            }
```

图 8-46　左侧背景发光效果

步骤 6：中间层 div#center。

（1）输入中间层 div#center 内容，代码如下：

```
<div id="center">
    <div id="ct1">Welcome to<br />NAMSTAR LIHGTING</div>
```

```
<div id="ct2"></div>
<div id="ct3">
    <div id="case"> Classical Case</div>
    <div id="uparrow"><a href="#"></a></div>
    <div id="arrow"><a href="#"><span class="a1">&gt;</span>
                              <span class="a2">&gt;</span></a></div>
</div>
</div>
```

（2）设置中间层文字样式，并进行内部元素定位。

（3）参照本节交替导航的制作，制作颜色交替变化的两个箭头标记。通过设置动画延时，造成动画播放的时间差，达到图片指示标记用红橙两种颜色交替闪烁的效果。完成设置之后的效果如图 8-47 所示。代码如下：

```
#ct1 {height: 90px; background-color: #343434; padding: 21px 0 0 10px;font-weight: 700;
    font-size: 20px;}
#ct2 {background: url(images/pic_13.gif) no-repeat center center;  height: 184px; }
#ct3 {height: 61px; background-color: #384742; }
#case {position: absolute; width: 192px;height: 35px; z-index: 5;left: 331px;top: 394px;}
#uparrow {position: absolute; width: 27px; height: 40px;left: 349px;top: 366px;}
#arrow {position: absolute; width: 43px; height: 23px;left: 522px;top: 399px;}
#uparrow a {display: block; width: 16px; height: 35px;}
#uparrow a:link, #uparrow a:visited {background-image: url(images/pic_18.gif);}
#uparrow a:hover {background-image: url(images/pic_18.jpg); }
#arrow a {display: block; width: 27px; height: 16px; text-decoration: none; }
#arrow a:hover {text-decoration: underline;}
.a1{animation-name: amove1; animation-duration: 2s;animation-iteration-count: infinite;}
.a2{animation-name: amove1; animation-duration: 2s; animation-iteration-count: infinite;
    animation-delay: 1s;}
@keyframes amove1 {0% {color: #FF0;}
                100% {color: red;} }
```

图 8-47　红橙两种不同颜色的箭头交替闪烁

步骤 7：制作页脚。

（1）输入页脚 div#footer 的内容。

（2）设置页脚 div#footer 的样式。

步骤 8：保存文件，完成制作。

8.4　小 试 牛 刀

制作传媒公司网站页面，采用 CSS3.0 变形效果制作 3D 图像，照片在鼠标经过时以左上角为中心点顺时针旋转 30°，导航颜色交替显示。效果如图 8-48 所示。

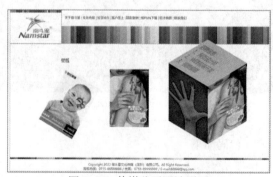

图 8-48　传媒公司网站页面

参考步骤：

步骤 1：站点规划。

（1）新建文件夹作为站点，站点内建立 images 文件夹，将本节素材存放在 images 文件夹中。

（2）新建网页，设置<title>为"小试牛刀 8"；保存文件，将网页命名为 ex8-0.html，保存到站点所在的目录。

步骤 2：页面排版。

以固定宽度 1 000 px 且居中为版式制作图 8-49 所示页面。

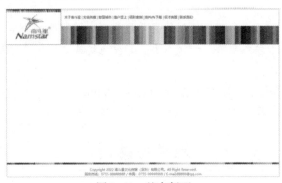

图 8-49　基本版面

步骤 3：制作导航样式。

参照任务 8-3 制作导航颜色交替显示灰色和金色。

步骤 4：制作左侧动态图像。

（1）页面主体左侧插入两张照片。

（2）设置照片在鼠标经过时以左上角为基准点 transform-origin: left top;。

（3）设置照片在鼠标经过时顺时针旋转 30° rotate(30deg)，效果如图 8-50 所示。

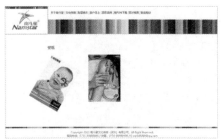

图 8-50　鼠标经过图片以左上角为基准点旋转 30° 效果

步骤 5：制作右侧 3D 图像。

（1）页面主体右侧插入 3 个 div。其中一个 div 输入"招聘信息"文字，采用 CSS 扭曲变形 skew(-60deg,30deg)，另外两个 div 用照片作为背景，分别采用 CSS 扭曲变形 skewY(30deg) 与 skewY(-30deg)。

（2）用绝对定位适当调整其位置，组合拼接制作 3D 盒子。

（3）设置鼠标经过照片时改变背景照片，如图 8-51 所示。

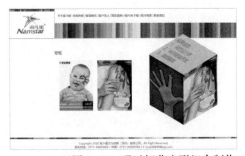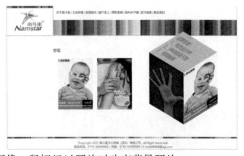

图 8-51　通过扭曲变形组合制作 3D 图像，鼠标经过照片时改变背景照片

步骤 6：保存文件，完成制作。

小　　结

　　CSS3.0 变形效果包括旋转变形 rotate、扭曲变形 skew、缩放变形 scale 和移动变形 translate。在 CSS3.0 动态效果中，变形是基础。元素的旋转、扭曲、缩放和移动都是元素形状、大小、位置的改变。真正让元素动起来是过渡和动画功能。

　　过渡（Transition）是元素起始状态和结束状态的变化过程，可以实现元素属性从一种状态平滑过渡变换到另一种状态。过渡属性实施在需要过渡元素的起始状态上。它要通过鼠标动作进行触发。由于有了过渡，再结合变形，从而为动画的实现提供了可能。

　　CSS3.0 动画（Animation）引入了关键帧技术，通过 @keyframes 规则定义关键帧。它可以按时间点逐点设置属性样式，能创建基于时间轴的动画效果，无须任何动作触发即可进行。

思考与练习

1. 简述 CSS3.0 有哪些变形效果。如何实现？
2. 举例说明 transform 属性有哪些值。
3. 用三个 div 制作图 8-52 所示的三维效果网页，写出代码。
4. 什么是 CSS3.0 的过渡，起什么作用？
5. 解释 transition: all 0.3s ease 0s;所产生的效果。
6. 参考图 8-53 所示的样式自己设计并制作页面。5 个 div 容器进行扭曲变形处理，在鼠标经过时分别产生向上平移效果。

图 8-52　三维效果 div

图 8-53　变形页面效果图

7. 参考图 8-54 所示样式，自己设计并制作页面，导航用 CSS3.0 的过渡效果，鼠标经过时，改变文字颜色，导航背景颜色从左到右过渡伸展。

8. 参考图 8-55 所示的样式自己设计并制作页面，导航超链接采用 @keyframes 结合 animation 动画制作颜色交替变化效果。

图 8-54　快速伸展过渡效果导航效果图

图 8-55　颜色交替变化导航效果图

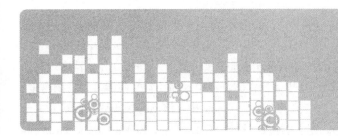

第 **9** 章

JavaScript 互动页面

引言

在前面的章节中已经用到 Javascript 进行页面互动。在 3.1.2 节中，<a>标签的 href 属性使用了 Javascript 脚本，实现关闭窗口功能；在第 5 章的小试牛刀中，按钮元素的 onclick 动作使用了 JavaScript 定义的事件。本章将系统介绍 JavaScript 语言在互动页面制作中的应用，包括 JavaScript 基础、流程控制和文档对象模型。

内容结构图

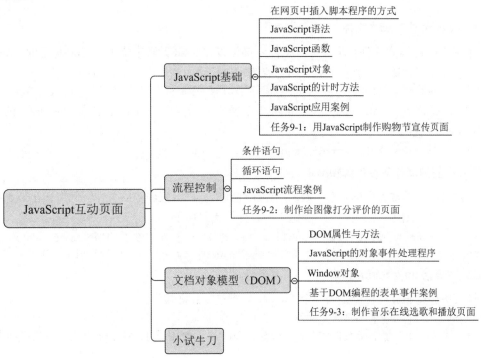

学习目标

➢ 了解 JavaScript 语言的基本语法；

➢ 理解 DOM 对象的基本概念和基本应用；

➢ 掌握 JavaScript 语言的流程控制；

➢ 能熟练运用 JavaScript 制作互动页面。

9.1 JavaScript 基础

脚本（Script）实际上就是一段程序，用来完成某些特殊的功能。JavaScript 是一种基于对象（Object）和事件驱动（Event Driven），并具有安全性能的脚本语言。它可与 HTML、CSS 一起实现在一个 Web 页面中链接多个对象，与 Web 客户交互的作用，从而开发出客户端的应用程序。JavaScript 通过嵌入或调入到 HTML 文档实现其功能。JavaScript 的开发环境很简单，不需要 Java 编译器，而是直接运行在浏览器中，因而备受前端开发者的喜爱。

JavaScript 是布兰登 · 艾奇（Brendan Eich）发明的，于 1995 年出现在 Netscape 中（该浏览器已停止更新），并于 1997 年被 ECMA（欧洲计算机制造协会）采纳，将 JavaScript 制定为标准，称为 ECMAScript，ECMA-262 是 JavaScript 标准的官方名称。JavaScript 是一种轻量级的编程语言。HTML 页面插入 JavaScript 后，可由所有主流浏览器执行。

● 微 课

在网页中插入脚本程序的方式

9.1.1 在网页中插入脚本程序的方式

在网页中插入 JavaScript 有以下几种形式：

1. 在 HTML 文档中嵌入脚本程序

在 HTML 文档中可同时嵌入多个 JavaScript 脚本程序。HTML 中嵌入的 JavaScript 脚本必须位于 <script>…</script>标签之间。脚本可被放置在 HTML 页面的 body 或 head 元素中，或者同时存在于这两个元素中。

2. 引用 JavaScript 外部脚本文件

如果已经存在一个 JS 脚本文件（以 js 为扩展名），则可以在 head 元素中使用<script>标记的 src 属性引用外部脚本文件的 URL。采用引用脚本文件的方式，可以提高程序代码的利用率，格式为：

```
<script src="脚本文件名.js"></script>
```

例如，在第 5 章的 5.3.3 Bootstrap 模态框应用案例中，需要在头元素中引入 Bootstrap 的基本 js 文件 bootstrap.bundle.min.js。代码如下：

```
<script src="js/bootstrap.bundle.min.js"></script>
```

3. 在 HTML 标签的动作属性内添加脚本

可以在元素标签内（通常为表单元素）添加动作属性脚本，以响应输入的事件。例如，在第 5 章的小试牛刀中，按钮元素的 onclick 动作使用了 JavaScript 定义的事件。代码如下：

```
<input type="button" value="注册" onclick="window.open('../5.2/任务/task5-2.html','abc')"/>
<input type="button" value="调查" onclick="window.open('../5.2/案例 5-2.html','abc')"/>
```

4. 在超链接中链接 JavaScript 脚本

可以在超链接中通过 href 属性链接到一个 JavaScript 脚本。其格式为：

```
<a href="javascript:脚本">热点文本</a>
```

例如，在第 3 章的 3.1.2 超链接案例中，<a>标签的 href 属性使用了 JavaScript 链接，单击链接会关闭窗口，代码如下：

```
<a href="javascript:window.close()">关闭窗口</a>
```

● 微 课

JavaScript 语法

9.1.2 JavaScript 语法

JavaScript 在运行过程中不需要单独编译，而是逐行解释执行，运行速度快。具有跨平台性，与操作环境无关，只依赖于浏览器本身，只要浏览器支持 JavaScript 就能正确执行。JavaScript 语言对大小写是敏感的，所有的 JavaScript 语句都以分号 ";" 结束。

1. JavaScript 的注释

JavaScript 的注释用于对 JavaScript 代码进行解释，以提高程序的可读性。调试 JavaScript 程序时，还可以使用注释阻止代码块的执行。JavaScript 有以下两种类型的注释：

（1）单行注释

单行注释以双斜杠开头（//）。例如：

```
// 单行注释
```

（2）多行注释

多行注释以单斜杠和星号开头（/*），以星号和单斜杠结尾（*/）。例如：

```
/*多行
注释*/
```

2．JavaScript 的数据类型

JavaScript 的基本数据类型主要有字符串（String）、数字（Number）、布尔（Boolean）、Null、Undefined，引用类型主要有数组和对象。

1）字符串（String）类型

JavaScript 的字符串可以是引号中的任意文本，可以使用单引号或双引号。

2）数字（Number）类型

JavaScript 只有一种数字类型，数字可以带小数点，也可以不带。较大或较小的数字可以通过科学记数法（指数）来书写。如果数字的前缀为 0，则 JavaScript 会把数值常量解释为八进制数，如果数字的前缀为 0x，则解释为十六进制数。

3）布尔（Boolean）类型

JavaScript 的布尔（逻辑）类型只能有两个值：true 或 false。布尔类型值常用在条件测试中。使用关键词 new 来定义 Boolean 对象。

4）空（Null）类型

可以通过将变量的值设置为 null 来清空变量。

5）未定义（Undefined）类型

undefined 类型是指一个变量被创建后，还没有赋予任何初值，这时该变量没有类型，称为未定义的，在程序中直接使用会发生错误。

3．JavaScript 的常量

JavaScript 有 6 种基本类型的常量。

1）字符型常量

字符型常量是使用单引号（'）或双引号（"）括起来的一个或几个字符。

2）整型常量

整型常量是不能改变的数据，可以使用十进制、十六进制、八进制表示其值。

3）实型常量

实型常量由整数部分加小数部分表示，可以使用科学或标准方法表示。

4）布尔值

布尔常量只有两种值：true 或 false，主要用来说明或代表一种状态或标志。

5）空值

JavaScript 中有一种空值类型 null，表示什么也没有。如果试图引用没有定义的变量，则返回一个 null 值。

6）特殊字符

JavaScript 中包含以反斜杠（\）开头的特殊字符，通常称为控制字符。

4．JavaScript 的变量

变量用来存放程序运行过程中的临时值，在需要用该值的地方即可用变量来代表。对于变量必须明确变量的命名、变量的类型、变量的声明及其变量的作用域。

1）变量的命名

JavaScript 中变量名称的长度是任意的，但要区分大小写。另外，还必须遵循以下规则：

（1）第一个字符必须是字母（大小写均可）、下划线 "_"，或美元符 "$"。

（2）后续字符可以是字母、数字、下划线或美元符。除下划线 "_" 字符外，变量名中不能有空格、"+"、"-"、","或其他特殊符号。

（3）不能使用 JavaScript 中的关键字作为变量。在 JavaScript 中定义了 40 多个关键字，这些关键字是 JavaScript 内部使用的，如 var、int、double、true，它们不能作为变量。

2）变量的类型

JavaScript 是一种对数据类型变量要求不太严格的语言，所以不必声明每个变量的类型，但在使用变量之前先进行声明是一种好的习惯。

变量的类型是在赋值时根据数据的类型来确定的，变量的类型有字符型、数值型、布尔型。

3）变量的声明

JavaScript 变量可以在使用前先作声明，并可赋值。通过使用 var 关键字对变量作声明。一个 var 可以声明多个变量，其间用 "," 分隔。变量的声明和赋值语句 var 的语法为：

```
var  变量名称1 [= 初始值1] ，变量名称2 [= 初始值2] … ；
```

5．JavaScript 的运算符和表达式

运算符是完成操作的一系列符号。在 JavaScript 中有算术运算符、字符串运算符、比较运算符、布尔运算符等。

1）算术运算符

JavaScript 中的算术运算符有单目运算符和双目运算符。

双目运算符：+（加）、-（减）、*（乘）、/（除）、%（取模）。

单目运算符：++（递加1）、--（递减1）。

2）字符串运算符

字符串运算符 "+" 用于连接两个字符串。例如："abc"+"123"。

3）比较运算符

比较运算符首先对操作数进行比较，然后再返回一个 true 或 false 值。有 8 个比较运算符：<（小于）、<=（小于或等于）、>（大于）、>=（大于或等于）、==（等于）、!=（不等于）。

4）逻辑运算符

逻辑运算符包括：!（取反）、&&（逻辑与）、||（逻辑或）。

6．JavaScript 的消息框

可以在 JavaScript 中创建 3 种形式的消息框，即警告框、确认框、提示框。

1）警告框

语法格式：

```
alert("文本")
```

警告框是一个带有提示信息和 "确定" 按钮的对话框，用于输出提示信息，当警告框出现后，用户需要单击 "确定" 按钮才能继续进行操作。

2）确认框

语法格式：

```
confirm("文本")
```

确认框是一个带有提示信息以及 "确定" 和 "取消" 按钮的对话框，用于使用户可以验证或者接受某些信息。当确认框出现后，用户只有单击 "确定" 或者 "取消" 按钮才能继续进行操作。当用户单击 "确定" 按钮时返回值为 true，当用户单击 "取消" 按钮时返回值为 false。

3）提示框

提示框是一个提示用户输入的对话框，用于提示用户在进入页面前输入某个值。当提示框出现后，用户需要输入某个值，然后单击"确定"按钮或"取消"按钮才能继续操作。

语法格式：

```
prompt("文本","默认值")
```

9.1.3　JavaScript 函数

函数是可重复使用的代码块，会在某代码调用它时被执行。

1．函数的定义

定义函数的格式为：

```
function 函数名(参数1，参数2，…) {
    语句段；
        …
    return 表达式；              // return 语句指明被返回的值
}
```

函数名是调用函数时引用的名称，一般用能够描述函数实现功能的单词来命名。参数是调用函数时接收传入数据的变量名，可以是常量、变量或表达式，是可选的。

2．函数的调用

1）无返回值的调用

如果函数没有返回值或调用程序不关心函数的返回值，可以用下面的格式调用定义的函数：

```
函数名(传递给函数的参数1，传递给函数的参数2，…)；
```

2）有返回值的调用

如果调用程序需要函数的返回结果，则要用下面的格式调用定义的函数：

```
变量名=函数名(传递给函数的参数1，传递给函数的参数2，…)；
```

3）在超链接标记中调用函数

当单击超链接时，可以触发调用函数。有两种方法：

（1）使用<a>标记的 onClick 属性调用函数，其格式为：

```
<a href="#" onClick="函数名(参数表)">热点文本</a>
```

（2）使用<a>标记的 href 属性，其格式为：

```
<a href="javascript:函数名(参数表)">热点文本</a>
```

3．JavaScript 内置的函数

1）escape()和 unescape()

escape()和 unescape()函数的功能是对字符串进行编码和解码。

2）eval()

eval(字符串)函数将字符串所代表的运算或语句作为表达式来执行。

3）parseInt()和 parseFloat()

parseInt()函数和 parseFloat()函数分别将字符串转换为整型数和浮点数。

4）isNaN()

NaN 意为 not a number，即不是一个数值。isNaN()函数用于判断表达式是否为一个数值。若 isNaN()返回的值为 true，则表达式不是数值；反之，则是一个数值。

4．变量的作用域

JavaScript 有全局变量和局部变量两种。全局变量定义在所有函数体之外，其作用范围是这个变量定义之后的所有语句。局部变量定义在函数代码之内，只有在该函数中且位于该变量定义之后的程序代码可以使用该变量。

9.1.4　JavaScript 对象

JavaScript 语言采用的是基于对象（Object-Based）的、事件驱动的编程机制，因此，必须理解对象以及对象的属性、事件和方法等概念。

1．对象的概念

JavaScript 中的对象是由属性（properties）和方法（methods）两个基本概念构成的。用来描述对象特性的一组数据，也就是若干个变量，称为属性；用来操作对象特性的若干个动作，也就是若干函数，称为方法。JavaScript 中的对象名、属性名与变量名一样要区分大小写。

1）this 关键字

this 用于将对象指定为当前对象。

2）new 关键字

使用 new 可以创建指定对象的一个实例。其创建对象实例的格式为：

```
对象实例名=new 对象名(参数表);
```

3）delete 操作符

delete 操作符可以删除一个对象的实例。其格式为：

```
delete 对象名;
```

2．对象的属性

在 JavaScript 中，每一种对象都有一组特定的属性。对象属性的引用有 3 种方式。

1）点（.）运算符

把点放在对象实例名和它对应的属性之间，以此指向唯一的属性。属性的使用格式为：

```
对象名.属性名 = 属性值;
```

例如，元素的 innerHTML 属性，它是一个字符串，用来设置或获取位于对象起始和结束标签内的 HTML。以下代码将 div#bc 的内容由"内容 1"改为"内容 2"，并加上分隔线：

```
<div id="bc">内容1</div>
<script>
    bc.innerHTML="内容2<hr>"
</script>
```

2）对象的数组下标

通过"对象[下标]"的格式也可以实现对象的访问。在用对象的下标访问对象属性时，下标是从 0 开始，而不是从 1 开始的。

3）通过字符串的形式实现

通过"对象[字符串]"的格式实现对象的访问，例如：

```
person["sex"]="female";
person["name"]="Jane";
person["age"]=18;
```

3．对象的事件

事件就是对象上所发生的事情。事件是预先定义好的、能够被对象识别的动作，如单击（Click）事件、双击（DblClick）事件、装载（Load）事件、鼠标移动（MouseMove）事件等，不同的对象能够识别不同的事件。通过事件，可以调用对象的方法，以产生不同的执行动作。

4．对象的方法

一般来说，方法就是要执行的动作。JavaScript 的方法是函数。如 Window 对象的关闭 Close()方法、打开 Open()方法等。

在 JavaScript 中，对象方法的引用非常简单。只需在对象名和方法之间用点分隔就可指明该对象的某一种方法，并加以引用。其格式为：

```
对象名.方法()
```

例如，引用 document 对象的 write() 方法，可将指定的内容显示在浏览器上（有关 document 对象的详细介绍见 9.3 节）。代码如下：

```
document.write("欢迎");
```

5. JavaScript 的内置对象

作为一种基于对象的编程语言，JavaScript 在编程时经常需要使用到各种内置对象，包括数组对象、字符串对象、日期对象、时间对象和数学对象等。

1）数组（Array）对象

在 JavaScript 中，数组数据的组织方式是以对象的形式出现的。数组对象的定义有 3 种方法：

```
var 数组对象名=new Array();
var 数组对象名=new Array(数组元素个数);
var 数组对象名=new Array(第 1 个数组元素的值, 第 2 个数组元素的值, …);
```

2）字符串（String）对象

String 对象是动态对象，需要创建对象实例后才能引用它的属性或方法。有两种方法可创建一个字符串对象。其格式为：

```
字符串变量名 = "字符串";
字符串变量名 = new String("字符串");
```

字符串对象的最常用属性是 length，功能是得到字符串的字符个数。例如：

```
var myUrl="http://www.cmpbook.com";
var myUrlLen=myUrl.length;         // 或 var myUrlLen="http://www.cmpbook.com".length;
```

String 对象的方法主要用于字符串在 Web 页面中的显示、字体大小、字体颜色、字符的搜索以及字符的大小写转换。String 对象的属性与方法见表 9-1。

表 9-1　字符对象的属性与方法

属性与方法名称	功 能 描 述	示 例 代 码	显 示 结 果
length 属性	计算字符串的长度	var str="JavaScript";str.length	10
toUpperCase() 方法	将字符串转换为大写	str.toUpperCase()	JAVASCRIPT
toLowerCase() 方法	将字符串转换为小写	str.toLowerCase()	javascript
indexOf("子字符串"，起始位置) 方法	返回字符串中某个指定的字符从左至右首次出现的位置	str.indexOf("J")	0
lastIndexOf() 方法	返回字符串中某个指定的字符从右至左首次出现的位置（从左往右计数）	str.lastIndexOf("a")	3
match() 方法	查找字符串中特定的字符，并且如果找到的话，则返回这个字符	str.match("Java")	Java
replace() 方法	在字符串中用某些字符替换另一些字符	str.replace(/S/,"s")	Javascript
substring(i1,i2) 方法	从指定的字符串截取一定数量的字符	str.substring(0,4)	Java
substr(i) 方法	从指定的字符串截取后面的字符	str.substr(4)	Script
charAt(index) 方法	从指定的字符串中获取指定索引位置的字符	str.charAt(0)	J

3）数学（Math）对象

在数学对象中，既定义了一些常用的计算方法，又包含一些数学常量。数学对象是静态对象，不能用 new 关键字创建对象的实例，数学对象的调用方式为：

```
Math.数学函数名(参数表)
```

数学对象的属性与其他对象属性不同的是，数学对象中的属性是只读的，数学对象的常量和函数与其他对象一样，是区分大小写的。JavaScript 提供了 8 种可被 Math 对象访问的数学常量：

● 常数：Math.E。

- 圆周率：Math.PI。
- 2 的平方根：Math.SQRT2。
- 1/2 的平方根：Math.SQRT1_2。
- 2 的自然对数：Math.LN2。
- 10 的自然对数：Math.LN10。
- 以 2 为底的 e 的对数：Math.LOG2E。
- 以 10 为底的 e 的对数：Math.LOG10E。

数学对象中，函数的参数均为浮点型，且三角函数中的参数为弧度值。数学对象的方法包括：

- Math.round(a)：对 a 进行四舍五入运算。
- Math.floor(a)：得到不大于 a 的最大整数。
- Math.sqrt(a)：求 a 的算术平方根。
- Math.abs(a)：求 a 的绝对值。
- Math.random()：取随机数，返回 0 ~ 1 之间的伪随机数。
- Math.max(a,b)：取 a 和 b 中的较大者。
- Math.min(a,b)：取 a 和 b 中的较小者。

4）日期（Date）对象

日期对象用于表示日期和时间。

（1）日期对象的定义。日期对象的定义有如下 4 种：

① var 日期对象名 = new Date();创建日期对象实例，并赋值为当前时间。

② var 日期对象名 = new Date(milliseconds);创建日期对象实例，并以 GMT（格林威治平均时间，即 1970 年 1 月 1 日 0 时 0 分 0 秒 0 毫秒）的延迟时间来设定对象的值，其单位是 ms。

③ var 日期对象名 = new Date(string);使用特定的表示日期和时间的字符串 string，为创建的对象实例赋值。string 的格式与日期对象的 parse 方法相匹配。

④ var 日期对象名 = new Date(year,month,day,hours,mintues,seconds,milliseconds);按照年、月、日、时、分、秒、毫秒的顺序，为创建的对象实例赋值。

（2）日期对象的函数。日期对象没有提供直接访问的属性。只具有获得日期、时间，设置日期、时间，格式转换的方法。日期对象的函数（方法）见表 9-2。

表 9-2　日期对象的函数（方法）

函 数 名 称	功 能 描 述
Date()	获取当日的日期和时间，也可以创建日期对象
getTime()	返回从 1970 年 1 月 1 日至今的毫秒数
setFullYear()	设置具体的日期
toUTCString()	将当日的日期（根据 UTC）转换为字符串，例如，Wed, 03 Aug 2022 09:13:05 GMT
toLocaleString()	将当日的日期（根据当地时间）转换为字符串，例如，2022/8/3 17:13:05
getFullYear()	从 Date 对象以 4 位数字返回年份
getMonth()	从 Date 对象返回月份（0 ~ 11），0 是 1 月份，11 是 12 月份
getDate()	从 Date 对象返回一个月中的某一天（1 ~ 31）
getDay()	从 Date 对象返回一周中的某一天（0 ~ 6，0 表示星期日，6 表示星期六）
getHours()	返回 Date 对象的小时（0 ~ 23）
getMinutes()	返回 Date 对象的分钟（0 ~ 59）
getSeconds()	返回 Date 对象的秒数（0 ~ 59）
getMilliseconds()	返回 Date 对象的毫秒（0 ~ 999）

9.1.5　JavaScript 的计时方法

通过使用 JavaScript 的计时方法，可以在一个设定的时间间隔之后执行代码，而不是在函数被调用后立即执行称为计时事件。JavaScript 中使用计时事件的两个关键方法是 setTimeout()和 setInterval()。

1．setTimeout()方法

setTimeout()用于指定未来某个时间的执行代码，即经过指定时间间隔后调用函数或运算表达式。语法格式：

```
var 变量名=setTimeout(code , 毫秒数) ;
```

setTimeout()方法会返回某个 id 值，返回值被存储在变量中。如果希望取消这个 setTimeout()方法，可以使用 clearTimeout()方法指定该变量名来取消它。

setTimeout()的第 1 个参数 code 是含有 JavaScript 语句的代码串，是执行的代码段。第 2 个参数指示从当前起多少毫秒后执行。

2．clearTimeout()方法

clearTimeout()用于取消 setTimeout()。语法格式：

```
clearTimeout (setTimeout 函数返回的 id 值);
```

3．setInterval()方法

setInterval()方法可按照指定的周期（以毫秒计）调用函数或计算表达式。setInterval()方法会不停地调用函数，直到 clearInterval()函数被调用或窗口被关闭。语法格式：

```
var 变量名=setInterval(code , 毫秒数);
```

setInterval()方法会返回某个 id 值，返回值被存储在变量中。如果希望取消这个 setInterval()方法，可以使用 clearInterval()方法指定该变量名来取消它。

两个参数都是必需参数，其中参数 code 表示要调用的函数或要执行的代码串，第 2 个参数表示周期性执行或调用 code 之间的时间间隔，以毫秒计。

4．clearInterval()方法

clearInterval()方法可取消 setInterval()。语法格式：

```
clearInterval(setInterval 函数返回的 id 值);
```

9.1.6　JavaScript 应用案例

案例 9-1：在 HTML 文档中使用了 6 个脚本。代码如下：

```html
<!doctype html>
<html>
<head>
    <script>
        //这是脚本 1
        function Script1(){
            alert("欢迎你, "+name);
        }
    </script>
</head>
<body>
    <script language="JavaScript">
        //这是脚本 2
        var name;
        name=prompt("请输入你的姓名");
        document.write("你的姓名是: "+name);
    </script>
```

```
    <hr>
    <a href="javascript:Script1();alert('这是脚本 3')">欢迎 1</a>
    <a href="#" onClick="Script1();alert('这是脚本 4')">欢迎 2</a>
    <script src="ex.js"></script>
    <button onClick="Script5();alert('这是脚本 6')">新同学</button>
</body>
</html>
```

第 1 个脚本是放在头元素 head 中，定义了一个函数 Script1()，该函数在对话框中显示欢迎词，其中 name 为全局变量。由于第 1 个脚本是函数，需要在调用函数时才被执行。

第 2 个脚本是在 body 中，通过 prompt 提示框接收用户输入的姓名，并保存在全局变量 name 中。网页加载后会首先执行该脚本，浏览器出现提示框，如图 9-1 所示。在提示框中输入姓名并确定后，页面加载效果如图 9-2 所示。

图 9-1　prompt 提示框输入姓名

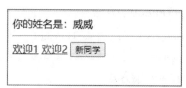

图 9-2　页面加载后界面

第 3 个脚本是在超链接中链接 JavaScript 脚本，单击该超链接调用函数 Script1()，在对话框中显示欢迎词，如图 9-3 所示。单击"确定"按钮后会在对话框中显示"这是脚本 3"，如图 9-4 所示。

图 9-3　在对话框中显示欢迎词

图 9-4　在对话框中显示"这是脚本 3"

第 4 个脚本是在超链接标签中定义 onClick 事件，单击鼠标调用函数 Script1()，在对话框中显示欢迎词，如图 9-3 所示。然后在对话框中显示"这是脚本 4"。

第 5 个脚本保存在外部文件 ex.js 中，通过<script src="ex.js"></script>进行调用。外部文件 ex.js 定义了一个函数 Script5()，该函数用 confirm 确认框区分是否新同学，将 confirm 确认框返回的布尔值保存在变量 flesh 中，然后用 if 语句判断 flesh 是否为 true，如果 flesh 为 true，则显示欢迎词（有关 if 语句的详细介绍见 9.1.5）。ex.js 代码如下：

```
//这是脚本 5
function Script5(){
    var flash;
    flesh=confirm("你是新同学？");
    if (flesh){alert("欢迎！欢迎！热烈欢迎！")};
}
```

第 6 个脚本是在按钮标签<button>中定义 onClick 事件，单击鼠标调用函数 Script5()，出现 confirm 确认框，如图 9-5 所示。如果是新同学，单击"确认"按钮后在对话框中出现欢迎词，如图 9-6 所示，然后在对话框中显示"这是脚本 6"；如果单击"取消"按钮，则不会在对话框中出现欢迎词。

图 9-5　confirm 确认框

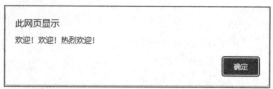

图 9-6　在对话框中出现新同学欢迎词

9.1.7 任务 9-1：用 JavaScript 制作购物节宣传页面

1．任务描述

本任务在网页中插入一个图片，效果如图 9-7 所示。单击"灰色"按钮，更换图片，效果如图 9-8 所示。单击"黄色"按钮，更换另一张图片，效果如图 9-9 所示。

页面第一行显示当前日期，并显示离购物节的倒计时天数。

页面第二行显示电子时钟进行计时。

图 9-7 单击"红色"按钮效果

图 9-8 单击"灰色"按钮效果

图 9-9 单击"黄色"按钮效果

2．任务要求

通过本任务的练习，要熟练掌握在网页中插入脚本的方法；掌握 JavaScript 对象的基本概念；掌握元素对象 innerHTML 属性的基本应用；掌握字符对象、日期对象、数学对象的基本应用技巧；能用 setInterval() 方法实现计时等。

3．任务分析

页面第一行显示当前日期，用 new Date() 创建当前日期。然后用 getFullYear()、getMonth()+1、getDate() 获得当前日期的年、月、日。要注意 getMonth() 方法返回的值是 0~11，当前月份的的获取方式为 getMonth()+1。

离购物节 8 月 8 日的倒计时天数需要用 new Date(2022,7,8) 构建一个具体的日期，同样需要注意的是月份，为当期月份减 1。分别将当前日期和购物节日期用 getTime() 方法转为毫秒数，并计算出差值；然后将差值除以 1000 × 60 × 60 × 24 的乘积转为天数；再通过数学对象 Math.floor() 得到一个整数，然后加 1，即为倒计时天数。

把需要显示的内容通过 document.write() 显示在浏览器上。document.write() 可在字符对象中使用 HTML 标签。在 document.write() 显示的字符对象中加上
 标签即实现换行。

页面第二行显示电子时钟进行计时。在 span 元素中指定 id 为 tt 作为 span 元素的对象名称。使用 tt.innerHTML 属性定义 tt 对象的内容，并且用 setInterval("tt.innerHTML=new Date().toLocaleString(). substr(10)",1000) 不停地进行更新，更新的频率为 1 000 ms（即 1 s），更新的内容为当前日期转化为当地时间（北京时间）的字符形式，再从第 10 个字符开始显示，即去掉年月日仅显示时间。这样就实现了电子时钟的功能。

页面主体用 img 元素插入一个图片，在 img 元素中指定 id 为 tu 作为 img 元素的对象名称。tu.src 属性定义了该 img 元素的图像 url。在图像元素下面的三个按钮中分别定义 onClick 事件为更改 tu.src 属性，就实现了单击按钮改变图像的效果。

4．工作过程

步骤 1：站点规划。

（1）新建文件夹作为站点，站点内建立 images 文件夹，将本节素材存放在 images 文件夹中。

（2）新建网页，设置\<title\>为"任务 9-1"；将网页命名为 task9-1.html，保存到站点所在的目录。

步骤 2：显示当前日期离购物节天数。

（1）显示当前日期。在网页 task9-1.html 头元素中插入 JavaScript 脚本。用 new Date()创建当前日期并赋值给 now 变量，通过 document.write()分别显示出当前日期的年、月、日。document.write()内各参数用逗号分隔，代码如下：

```
var now = new Date();
document.write("今天是: ",now.getFullYear(),"年",now.getMonth()+1,"月",now.getDate(),'日,');
```

（2）显示离购物节天数。首先要用 new Date(2022,7,8)构建购物节具体的日期为 2022 年 8 月 8 日并赋值给变量 date；然后分别将当前日期和购物节日期用 getTime()方法转为毫秒数，并计算出差值，赋值给变量 d1；再将 d1 除以 1000×60×60×24 的乘积计算出差值天数（带有小数），通过数学对象 Math.floor()得到一个整数后再加 1，即为倒计时整数天数，并将该天数赋值给变量 d2。

把需要显示的内容通过 document.write()显示在浏览器上。显示的内容使用"+"号连接字符，其中 d2 变量为数值型变量，在与字符相加时会自动转为字符型。字符串中使用 HTML 标签\<br\>可实现换行。代码如下：

```
var date= new Date(2022,7,8);     // 2022 年 8 月 8 日，注意 0 代表 1 月,7 代表 8 月
var d1 = date.getTime()-now.getTime();
vard2 = Math.floor(d1/ (1000 * 60 * 60 * 24))+1;
  document.write("离 8 月 8 日购物节还有: "+d2 +"天<br>");
```

步骤 3：显示电子时钟进行计时。

（1）在 body 元素中插入文字"现在是北京时间:"。

（2）插入一对\<span\>标签，在 span 元素中指定 id 为 tt 作为 span 元素的对象名称。

（3）插入 JavaScript 脚本，使用 tt.innerHTML 属性定义 span 元素（即 tt 对象）的内容，其内容为当前日期通过 toLocaleString()函数转化为当地时间（北京时间）的字符形式（如 2022/8/3 09:40:42），再用 substr(10)函数从第 10 个字符开始显示，即去掉年、月、日仅显示时间（如 09:40:42）。

（4）用 setInterval()方法每间隔 1 s 重复刷新 tt.innerHTML 属性，这样就实现了电子时钟的功能。代码如下：

```
现在是北京时间:
<span id="tt"></span>
<script>
    mydate=new Date();
    tt.innerHTML=mydate.toLocaleString().substr(10);
    setInterval("tt.innerHTML=new Date().toLocaleString().substr(10)",1000);
</script>
```

步骤 4：制作商品展示效果。

（1）在 body 页面用 img 元素插入一个图片，在 img 元素中指定 id 为 tu 作为 img 元素的对象名称。

（2）在图像元素下面插入三个按钮，分别定义其 onClick 事件，单击按钮更改图像元素 tu.src 属性。由于 tu.src 属性定义了该 img 元素的图像 url，于是实现了单击按钮改变图像的效果。代码如下：

```
<hr>
<img src="images/t1.jpg" width="190" height="361" id="tu" alt=""/><br>
<button onClick="tu.src='images/t1.jpg'">红色</button>
<button onClick="tu.src='images/t2.jpg'">灰色</button>
<button onClick="tu.src='images/t3.jpg'">黄色</button>
```

步骤 5：保存文件，完成制作。

9.2 流 程 控 制

JavaScript 流程控制包含了程序的三种基本结构：

- 顺序结构：从上到下执行的代码就是顺序结构，这是程序默认的流程。
- 分支结构：根据不同的条件执行对应代码，需要使用条件语句实现。

- 循环结构：重复执行对应代码，需要使用循环语句实现。

9.2.1　条件语句

编写程序时，经常需要为不同的条件执行不同的代码，可以在代码中使用条件语句完成该任务。JavaScript 提供了 if、if else 和 switch 等 3 种条件语句。

1．if 语句

if 语句是最基本的条件语句，其格式为：

```
if (条件) { // 当条件为 true 时执行的语句段 }
```

"条件"是一个关系表达式，用来判断。"条件"要用( )括起来。如果"条件"的值为 true，则执行{ }里面的语句，否则跳过 if 语句，执行后面的语句。

2．if else 语句

if else 语句的格式为：

```
if (条件) { // 当条件为 true 时执行的语句段 }
else { // 当条件为 false 时执行的语句段 }
```

条件语句可以嵌套，例如，以下代码用于三个分支的程序结构：

```
if (条件 1)
    { // 当条件 1 为 true 时执行的代码 }
else if (条件 2)
    { // 当条件 2 为 true 时执行的代码 }
else
    { // 当条件 1 和条件 2 都不为 true 时执行的代码 }
```

3．switch 语句

如果程序结构存在多个分支，则使用 switch 语句。switch 语句首先设置表达式（通常是一个变量），随后表达式的值会与结构中每个 case 的值进行比较。如果存在匹配项，则与该 case 关联的代码块会被执行。使用 break 阻止代码自动向下一个 case 运行，从而跳出 switch 语句。

switch 语句的格式为：

```
switch (表达式)
{ case 数值 1 :
      语句段 1;
      break;
  case 数值 2 :
      语句段 2;
      break;
  …
  default :
      语句段 3;
}
```

执行 switch 语句时，首先将表达式的值与一组数据进行比较，当表达式的值与所列数据值相等时，执行其中的语句块；使用 default 关键字指定匹配不存在时执行的操作，如果表达式的值与所有列出的数据值都不相等，就会执行 default 后的语句块；如果没有 default 关键字，就会跳出 switch 语句去执行 switch 语句后面的语句。

9.2.2　循环语句

如果希望一遍又一遍地运行相同的代码，并且每次的值都不同，那么使用循环是很方便的。循环可以将代码块执行指定的次数。JavaScript 支持不同类型的循环，如下所列。

- for 循环：循环的次数固定。

微 课
循环语句

- while 循环：当指定的条件为 true 时循环执行指定的代码块。
- do while 循环：当指定的条件为 true 时循环执行指定的代码块。

1. for 循环语句

for 循环语句的格式为：

```
for (初始化表达式; 条件; 增量表达式) { 语句段; }
```

先执行"初始化表达式"，完成初始化；然后判断"条件"的值是否为 true，如果为 true，则执行"语句段"，否则退出循环；执行语句段之后，执行"增量表达式"；然后重新判断"条件"的值，若其值为 true，再次重复执行"语句段"，如此循环执行。例如，下列代码将显示 5 个星号：

```
var i,k=5;
for (i=1; i<=k; i=i+1)
{
    document.write('*');
}
```

2. while 循环语句

while 循环会在指定条件为真时循环执行代码块，只要指定条件为 true，循环就可以一直执行代码。while 循环语句的格式为：

```
while (条件) { 语句段; }
```

3. do while 语句

do while 语句是 while 的变体，该循环在检查条件是否为真之前会执行一次代码块，然后如果条件为真的话，就重复这个循环。其格式为：

```
do { 语句段; } while (条件)
```

4. break 语句

break 语句的功能是无条件跳出循环结构或 switch 语句。一般 break 语句是单独使用的，有时也可在其后面加一个语句标号，以表明跳出该标号所指定的循环体，然后执行循环体后面的代码。

5. continue 语句

continue 语句的功能是结束本轮循环，跳转到循环的开始处，从而开始下一轮循环；continue 可以单独使用，也可以与语句标号一起使用。

9.2.3　JavaScript 流程案例

案例 9-2：设计一个密码验证程序，当密码正确时显示"欢迎加入"；如果密码不正确，则重新输入密码；如果密码三次不正确，则显示"密码三次错误！"，然后关闭程序。代码如下：

```
<!doctype html>
<html>
    <head>
        <title>案例 9-2</title>
    </head>
    <body>
        <script language="JavaScript">
            var x= "",y,n= 0,pa="123456";
            do {
                x= prompt("请输入密码:", "");
                if (x ==pa) {
                    document.write("欢迎加入！");
                    //后续程序段...
                    break;
```

```
        }
        n++;
        if (n == 3) {
            alert("密码三次错误! ");
            break;
        }
    }
    while (x != pa)
</script>
</body>
</html>
```

以上代码中密码为"123456"并赋值给变量 pa，用户输入的密码赋值给变量 x，用 do while 进行循环，当密码比对不正确时，重新回到 do 循环体，再由用户输入密码，然后进行比对。循环的次数由变量 n 进行控制。n 的初值为 0，每 do 一次循环，执行一次 n++，使 n 的数量加 1；当 n 的数量达到 3 时，则退出循环，显示"密码三次错误!"。

在 do 循环体中，密码通过 if 语句进行比对。对当密码比对成功，则显示"欢迎加入!"，然后进入后续的程序段。

9.2.4　任务 9-2：制作给图像打分评价的页面

微课 ●
任务 9-2

1．任务描述

本任务制作图 9-10 所示网页，网页中随机插入一个图像，页面每次加载时推送的图像都不相同。

图像下面有输入框给图像打分，输入框最小值为 1，最大值为 10；输入框旁边用星号显示分值，例如，打 7 分就显示 7 个星号。

图像上方显示一行欢迎词、问候语和当天日期。日期中除了显示年、月、日之外还要用中文显示星期。欢迎词能根据当天日期自动推送不同的内容：周六、周日显示"周末愉快! "；平时显示"天天快乐!"；5 月 1 日显示"劳动节快乐! "；6 月 1 日显示"儿童节快乐! "；10 月 1 日显示"国庆节快乐! "。问候语也能根据每天的时间段自动选择：早上 8 点之前显示"早晨"；8 点到 12 点显示"上午好"；12 点到 14 点显示"中午好"；14 点到 19 点显示"下午好"；19 点之后显示"晚上好"。

图 9-10　给图像打分评价的页面

2．任务要求

通过本任务的练习，要熟练掌握在 if 语句、switch 语句等条件语句的用法；掌握 for 循环语句的基本应用；掌握字符对象、日期对象、数学对象的应用技巧。

3. 任务分析

网页中随机插入一个图像，可使用数学对象的随机数产生方法 Math.random()，该方法返回 0~1 之间的一个小数。将返回值乘以 10 再取整，即可随机获得一个 0~9 的整数。素材中有 10 张照片，照片图像的名字按 0~9 有规律地命名，如图 9-11 所示。根据产生随机数的值插入对应序号的图像。在指定元素中插入图像的方法可用 innerHTML 属性定义，也可使用 switch 语句（思考与练习 3）。

图 9-11　素材中有 10 张照片图像的名字按 0~9 有规律地命名

给图像打分所用的输入框为数值型输入框，输入框的末尾有增减箭头进行鼠标操作；输入框最小值为 1，最大值为 10；在输入框中定义 onChange 事件，一旦分值发生变化，就在旁边用星号显示，使用 for 循环语句根据具体的分值显示几个星号。

图像上方显示的欢迎词能根据当天日期自动推送不同的内容，使用 if 语句可加以实现；同样，也可用 if 语句根据每天的时间段自动选择不同的问候语。

日期中用中文显示星期需要用到 switch 语句。日期对象中的 getDay() 返回值是数字，通过 switch 语句进行分类，转化为对应的中文星期表示。

4. 工作过程

步骤 1：站点规划。

（1）新建文件夹作为站点，站点内建立 images 文件夹，将本节素材存放在 images 文件夹中。

（2）新建网页，设置 \<title\> 为 "任务 9-2"；将网页命名为 task9-2.html，保存到站点所在的目录。

步骤 2：建立网页的基本结构。

（1）网页 task9-2.html 中最外层插入 div#container 元素，在 div#container 内插入 span#st 元素、div#pic 元素以及 form 表单。输入框为 input#tt 元素，属于数值类型，最小值为 1，最大值为 10；input#tt 元素后面是 span#star 元素，用于显示星号。代码如下：

```
<body>
    <div id="container">
        <span id="st" ></span><!--用于显示欢迎词、问候语和当天日期-->
        <div id="pic"></div><!--用于插入照片-->
        <form>
            这个作品几颗星?
            <input type="number" min=1 max=10 id="tt" value="1" >
            <span id="star"></span><!--用于显示星号-->
        </form>
    </div>
</body>
```

（2）设置 div#container 的基本样式，代码如下：

```
#container {
    height: 524px;
    width: 640px;
    background-color: #9F3;
    border: thin solid #033;
    border-radius:25px;
    text-align: center;
    position:relative;
}
```

步骤 3：制作第一行欢迎词、问候语和显示当天日期。

（1）获取当前时间的年、月、日、星期和小时数。在 span#st 下面插入脚本，在脚本中创建当前时间对象并赋值给变量 mydate，获取当前时间对象 mydate 的年、月、日、星期和小时数并赋值给变量。代码如下：

```
mydate=new Date();
mymonth=mydate.getMonth()+1;
myday= mydate.getDate();
myyear= mydate.getFullYear();
week=mydate.getDay();
hour=mydate.getHours();
```

（2）制作欢迎词。欢迎词用变量 msg 进行保存，使用 if 语句实现在周六、周日显示"周末愉快！"；平时显示"天天快乐!"；5 月 1 日显示"劳动节快乐！"；6 月 1 日显示"儿童节快乐！"；10 月 1 日显示"国庆节快乐"。代码如下：

```
var msg="天天快乐!" ;
if(week==0 || week==6){msg="周末愉快！" ;}
if(mymonth==5 && myday==1) { msg="劳动节快乐！" ; }
if(mymonth==10 && myday==1) { msg="国庆节快乐！" ; }
if(mymonth==6 && myday==1) { msg="儿童节快乐！" ; }
```

（3）制作问候语。问候语用 if 语句实现根据每天的时间段自动选择，并添加在欢迎词后面，赋值给变量 msg。问候语早上 8 点之前显示"早晨"；8 点到 12 点显示"上午好"；12 点到 14 点显示"中午好"；14 点到 19 点显示"下午好"，19 点之后显示"晚上好"。代码如下：

```
if(hour < 8){msg=msg+" 早晨," ;}
if(hour>=8 && hour < 12){msg=msg+" 上午好," ;}
if(hour>=12 && hour < 14){msg=msg+" 中午好," ;}
if(hour>=14 && hour < 19){msg=msg+" 下午好," ;}
if(hour>=19 && hour < 24) {msg=msg+" 晚上好," ;}
```

（4）用中文显示当前日期和星期。使用 switch 语句，判断日期对象中的 getDay() 返回值，分类转化为对应的中文星期表示并赋值给变量 xq。将欢迎词、问候语连同当期日期一起作为 span#st 的内容显示出来，代码如下：

```
var xq
    switch(week){
        case 1:xq="星期一";break;
        case 2:xq="星期二";break;
        case 3:xq="星期三";break;
        case 4:xq="星期四";break;
        case 5:xq="星期五";break;
        case 6:xq="星期六";break;
        default:xq="星期日";break;
    }
st.innerHTML=msg+"今天是"+myyear+"年"+mymonth+"月"+myday+"日"+xq;
```

（5）设置第一行文字样式，代码如下：

```
#st {   font-size: 24px;    }
```

步骤 4：实现页面每次加载时推送的图像都不相同。

在 div#pic 下面插入脚本，用数学对象的随机数方法 Math.random() 产生一个 0～1 之间的小数并赋值给变量 t；将返回值 t 乘以 10 再取整，即可随机获得一个 0～9 的整数。按照产生随机数的值在 div#pic 中插入对应序号的图像。代码如下：

```
<script>
    var t;
    t=Math.random();
    t=Math.floor(t*10);
    pic.innerHTML="<img src='images/0"+t+".jpg'/>"
</script>
```

步骤 5：实现打分评价功能。

（1）在 span#st 下面插入脚本，在脚本中建立函数 showstar()。将输入框输入的分值 tt.value 赋值给变量 k。执行 for 循环，循环体从 1 到 k，每一次循环都在 span#star 中加一个星号，共显示 k 个星号才结束循环。

（2）在脚本中执行 showstar()函数，代码如下：

```
<script language="javascript">
function showstar(){
    var i,k,c='';
    k=tt.value;
    for(i=1; i<=k; i=i+1)
    {
        star.innerHTML=c+'*';
        c=star.innerHTML;
    }
}
showstar();
</script>
```

（3）在输入框中定义 onChange 事件，一旦输入框分值发生变化就触发 showstar()函数，代码如下：

```
<input type="number" min=1 max=10 id="tt" value="1" onChange="showstar();">
```

（4）设置输入框的宽度样式与星号位置，代码如下：

```
#tt{ width:34px;}
#star{ position: absolute;}
```

步骤 6：保存文件，完成制作。

9.3　文档对象模型（DOM）

微 课

文档对象模型

DOM（Document Object Model）译为文档对象模型。HTML DOM 定义了访问和操作 HTML 文档的标准方法，允许程序动态访问或更新 HTML 的内容、结构和样式，且提供了一系列函数实现 DOM 对象的访问、添加、修改及删除等操作。HTML DOM 模型被结构化为对象树，HTML 文档中的 DOM 模型如图 9-12 所示。

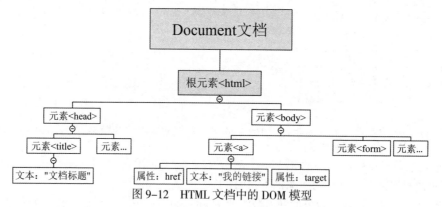

图 9-12　HTML 文档中的 DOM 模型

9.3.1　DOM 属性与方法

在 HTML DOM 中，每个元素都是节点，Document 对象是 HTML 文档的根节点。Document 对象使用户可以通过脚本对 HTML 页面中的所有元素进行访问。

1. HTML DOM 属性

常用的 HTML DOM 属性列表见表 9-3。

表 9-3　常用的 HTML DOM 属性

属　　性	描　　述
innerHTML	节点（元素）的文本值
parentNode	节点（元素）的父节点
childNode	节点（元素）的子节点
Attributes	节点（元素）的属性节点
className	节点（元素）的 CSS 类

2．HTML DOM 对象的方法

document 对象的方法从整体上分为三大类：对文档流的操作、对元素节点的操作以及对元素对象的操作。

（1）对文档流的操作包括文档的打开、关闭、写入等，主要操作列表见表 9-4。

表 9-4　document 对象文档流操作方法

方　　法	描　　述
open()	打开一个新文档并擦除当前文档的内容
close()	关闭一个由 document.open() 打开的输出流
write()	向文档写入 HTML 或 JavaScript 代码
writeln()	向文档写入 HTML 或 JavaScript 代码，在每次输出后外加一个换行符

（2）对文档元素节点的操作方法包括元素的选择、添加、删除等，主要操作列表见表 9-5。

表 9-5　document 对象文档元素的操作方法

方　　法	描　　述
getElementById()	返回带有指定 id 的元素
getElementsByTagName()	返回包含带有指定标签名称的所有元素的节点列表（集合/节点数组）
getElementsByClassName()	返回包含带有指定类名的所有元素的节点列表
getElementsByName()	返回包含带有 name 名称的所有元素的节点列表
appendChild()	把新的子节点添加到指定节点
removeChild()	删除子节点
replaceChild()	替换子节点
insertBefore()	在指定的子节点前面插入新的子节点
createAttribute()	创建属性节点
createElement()	创建元素节点
createTextNode()	创建文本节点
getAttribute()	返回指定的属性值
setAttribute()	把指定属性设置或修改为指定的值

（3）对元素对象的操作。对元素对象的操作是发生在 HTML 元素上的动作所触发的 DOM 对象事件。对元素对象的操作很多，下面以音频对象为例，将 HTML DOM Audio 对象的常用方法列表见表 9-6。

表 9-6　HTML DOM Audio 对象的常用方法

方　　法	描　　述
play()	开始播放音频
load()	重新加载音频元素
pause()	暂停当前播放的音频

9.3.2　JavaScript 的对象事件处理程序

HTML 事件是发生在 HTML 元素上的动作所触发的"事情"。例如，HTML 网页完成加载、HTML 输入字段被修改、HTML 按钮被单击等。这些"事情"需要 JavaScript 通过事件处理程序去处理。浏览器中的行为触发浏览器事件、鼠标行为触发鼠标事件、键盘行为触发键盘事件。

1．浏览器事件

浏览器事件主要由 Load、unLoad、Submit 以及 DragDrop 等事件组成。

1）Load 事件

Load 事件发生在浏览器完成一个窗口装载之后。onLoad 句柄在 Load 事件发生后由 JavaScript 自动调用执行。

2）Unload 事件

Unload 事件发生在用户在浏览器的地址栏中输入一个新的 URL，或者使用浏览器工具栏中的导航按钮，从而使浏览器试图载入新的网页。在浏览器载入新的网页之前，自动产生一个 Unload 事件。

3）Submit 事件

Submit 事件在完成信息的输入，准备将信息提交给服务器处理时发生。onSubmit 句柄在 Submit 事件发生时由 JavaScript 自动调用执行。onSubmit 句柄通常在<form>标记中声明。

2．鼠标事件

常用的鼠标事件有 MouseDown、MouseMove、MouseUp、MouseOver、MouseOot、Click、Blur 以及 Focus 等事件。

1）MouseDown 事件

当按下鼠标的某个键时发生 MouseDown 事件，调用时使用 onMouseDown 句柄。

2）MouseMove 事件

移动鼠标时，发生 MouseMove 事件，调用时使用 onMouseMove 句柄。

3）MouseUp 事件

释放鼠标键时，发生 MouseUp 事件，调用时使用 onMouseUp 句柄。

4）MouseOver 事件

当光标移动到一个对象上面时，发生 MouseOver 事件，调用时使用 onMouseOver 句柄。

5）MouseOut 事件

MouseOut 事件发生在光标离开一个对象时。在这个事件发生后，JavaScript 自动调用 onMouseOut 句柄。这个事件适用于区域、层及超链接对象。

6）Click 事件

Click 事件在某个对象被单击时发生，onClick 事件句柄在 Click 事件发生后由 JavaScript 自动调用执行。onClick 事件句柄适用于普通按钮、提交按钮、单选按钮、复选框以及超链接。

7）Blur 事件

Blur 事件是在一个表单中的选择框、文本输入框中失去焦点时发生。onBlur 事件句柄在表单其他区域单击鼠标事件发生后，由 JavaScript 自动调用执行。

8）Focus 事件

在一个选择框、文本框或者文本输入区域得到焦点时发生 Focus 事件。onFocus 事件句柄在 Click 事件发生时由 JavaScript 自动调用执行。用户可以通过单击对象，也可通过键盘上的【Tab】键使一个区域得到焦点。onFocus 句柄与 onBlur 句柄功能相反。

3．键盘事件

键盘行为触发键盘事件，下面介绍几个主要的键盘事件。

1）KeyDown 事件

在键盘上按下一个键时，发生 KeyDown 事件，调用时使用 onKeyDown 句柄。

2）KeyPress 事件

在键盘上按下一个键时，发生 KeyPress 事件，调用时使用 onKeyPress 句柄。

3）KeyUp 事件

在键盘上按下一个键，释放这个键时发生 KeyUp 事件，调用时使用 onKeyUp 句柄。

4）Change 事件

在一个选择框、文本输入框或者文本输入区域失去焦点，其中的值又发生改变时，就会发生 Change 事件。在 Change 事件发生时，由 JavaScript 自动调用 onChange 句柄。

5）Select 事件

选定文本输入框或文本输入区域的一段文本后，发生 Select 事件。在 Select 事件发生后，由 JavaScript 自动调用 onSelect 句柄。

6）Move 事件

在用户移动窗口时，发生 Move 事件。在这个事件发生后，由 JavaScript 自动调用 onMove 句柄。

7）Resize 事件

resize 事件是窗口大小改变时发生的事件，可以在窗口开启、最大化、最小化、窗口大小改变（如拖拉改变窗口大小、move 语句改变窗口大小、改变 width 或 height 属性以改变窗口大小）时发生。在事件发生后由 JavaScript 自动调用 onResize 句柄。

9.3.3　window 对象

窗口（window）对象处于整个从属关系的最高级，它提供了处理窗口的方法和属性。每个 window 对象代表一个浏览器窗口。图 9-13 所示为 window 对象的从属关系示意图，document 对象、location 对象、history 对象都是 window 对象的子对象。

图 9-13　window 对象的从属关系示意图

1．window 对象的属性

window 对象的常用属性见表 9-7。

表 9-7　window 对象的常用属性

属　　性	描　　述
closed	返回窗口是否已被关闭
defaultStatus	设置或返回窗口状态栏中的默认文本
innerHeight	返回窗口文档显示区的高度
innerWidth	返回窗口文档显示区的宽度
length	设置或返回窗口中的框架数量
name	设置或返回窗口的名称
opener	返回对创建此窗口的窗口引用
outerHeight	返回窗口的外部高度，包含工具条与滚动条
outerWidth	返回窗口的外部宽度，包含工具条与滚动条

续表

属　　性	描　　述
pageXOffset	设置或返回当前页面相对于窗口显示区左上角的 X 位置
pageYOffset	设置或返回当前页面相对于窗口显示区左上角的 Y 位置
parent	返回父窗口
screenLeft	返回相对于屏幕窗口的 x 坐标
screenTop	返回相对于屏幕窗口的 y 坐标
screenX	返回相对于屏幕窗口的 x 坐标
sessionStorage	在浏览器中存储 key/value 对。在关闭窗口或标签页之后将会删除这些数据
screenY	返回相对于屏幕窗口的 y 坐标
self	返回对当前窗口的引用。等价于 Window 属性
status	设置窗口状态栏的文本
top	返回最顶层的父窗口

2．window 对象的方法

在前面的章节中已经使用了 prompt()、alert()和 confirm()等预定义函数，本质上是 window 对象的方法。除此之外，window 对象还提供了其他一些方法，见表 9-8。例如，前面用到的 window.open()方法、window.close()方法，代码如下：

```
<input type="button" value="注册" onclick="window.open('../5.2/任务/task5-2.html','abc')"/>
<input type="button" value="调查" onclick="window.open('../5.2/案例 5-2.html','abc')"/>
      <a href="javascript:window.close()">关闭窗口</a>
```

表 9-8　window 对象的常用方法

方　　法	描　　述
alert()	显示带有一段消息和一个确认按钮的警告框
blur()	把键盘焦点从顶层窗口移开
close()	关闭浏览器窗口
confirm()	显示带有一段消息以及确认按钮和取消按钮的对话框
focus()	把键盘焦点给予一个窗口
moveBy()	可相对窗口的当前坐标把它移动指定的像素
moveTo()	把窗口的左上角移动到一个指定的坐标
open()	打开一个新的浏览器窗口或查找一个已命名的窗口
print()	打印当前窗口的内容
prompt()	显示可提示用户输入的对话框
resizeBy()	按照指定的像素调整窗口的大小
resizeTo()	把窗口的大小调整到指定的宽度和高度
stop()	停止页面载入

3．location 对象

位置（location）对象是 window 对象的子对象，用于提供当前窗口或指定框架的 URL 地址。

1）location 对象的属性

location 对象中包含当前页面的 URL 地址的各种信息，例如：协议、主机服务器和端口号等，location 对象的属性列表见表 9-9。

表 9-9　location 对象的属性

属　　性	描　　述
location.href	获取或者设置整个 URL
location.host	返回主机（域名）www.bilibili.com
location.port	返回端口号，如果未写返回空字符串
location.pathname	返回路径
location.search	返回参数
location.hash	返回片段，#后面内容常见于链接锚点

2）location 对象的方法

location 对象提供了以下 3 个方法，用于加载或重新加载页面中的内容，location 对象的方法列表见表 9-10。

表 9-10　location 对象的方法

方　　法	描　　述
location.assign()	跟 href 一样，可以跳转页面（又称为重定向页面）
location.replace()	替换当前页面，因为不记录历史，所以不能后退页面
location.reload()	重新加载页面，相当于刷新按钮或者按【F5】键，如果参数为 true 强制刷新，相当于按【Ctrl+F5】组合键

4．history 对象

历史（history）对象用于保存用户在浏览网页时所访问过的 URL 地址，history 对象的 length 属性表示浏览器访问历史记录的数量。由于隐私方面的原因，JavaScript 不允许通过 history 对象获取已经访问过的 URL 地址。

history 对象提供了 back()、forward()和 go()方法实现针对历史访问的前进与后退功能。

9.3.4　基于 DOM 编程的表单事件案例

案例 9-3：基于 DOM 编程实现图 9-14 所示的购物表单结算功能。"价格"所在文本框的数据不能更改，"数量"所在输入框为数值型输入框，可用鼠标进行数量输入。当购物表单中输入购买数量时，能实时计算出各类商品的金额以及总计金额。

图 9-14　购物表单案例

本例需要从表单元素的 value 属性中提取价格和数量数据，然后经过计算，再通过 value 属性，写入金额所在文本框中。例如：d1=document.getElementById('dj1').value;是提取 id 为'dj1'的元素的值，保存在 d1 变量中；document.getElementById('jg1').value=r1 是将变量 r1 的值写入 id 为'jg1'的元素中。r1=Math.round(d1*n1*10)/10;是计算单价和数量的乘积，并四舍五入到小数点 1 位。

表单元素对象的表示尽量使用 document.getElementById()方法，该方法返回一个指定 id 的元素对象。如果用其他方法，则返回一组集合，需要用数组标识具体对象处在集合中的位置。集合中的第一个对象用[0]标识。这些方法包括：document.getElementsByClassName()返回包含带有指定类名的所有元素集合；getElementsByName()返回包含带有 name 名称的所有元素集合；getElementsByTagName()返回包含带有指定标签名称的所有元素集合。在前面章节中，直接使用了 id 作为对象进行引用（如 dj1.value），这是 W3C 非正式的标准，今后不建议使用。

本案例代码如下：

```
<!doctype html>
<html>
<head>
```

```
<meta charset="utf-8">
<title>案例 9-3</title>
<script language="javascript" type="text/javascript">
    function tt(){
        var d1,n1,r1,d2,n2,r2,d3,n3,r3,zj;
        //d1=dj1.value;                      //是W3C非正式的标准，不建议直接用id，会产生浏览器兼容性等问题
        //d1=document.getElementsByClassName("temp")[0].value;
        //d1=document.getElementsByTagName("input")[0].value;
        //d1=document.getElementsByName("egg")[0].value;
        d1=document.getElementById('dj1').value;
        n1=document.getElementById('sl1').value;
        r1=Math.round(d1*n1*10)/10;
        document.getElementById('jg1').value=r1;
        d2=document.getElementById('dj2').value;
        n2=document.getElementById('sl2').value;
        r2=Math.round(d2*n2*10)/10;
        document.getElementById('jg2').value=r2;
        d3=document.getElementById('dj3').value;
        n3=document.getElementById('sl3').value;
        r3=Math.round(d3*n3*10)/10;
        document.getElementById('jg3').value=r3;
        zj=r1+r2+r3;
        zj=Math.round(zj*10)/10;
        document.getElementById('zj').value=zj;
    }
</script>
</head>
<body onLoad="tt();">
    <form method="get" action="#" class="ff" name="f1">
    鸡蛋价格: <input type="text" maxlength="8" size="6" value="20.2" disabled id="dj1"
name="egg" class="temp">
    数量:
    <input  type="number"  max="30"  min="1"  step="1"  value="1"  size="6"    id="sl1"
onChange="tt();">
    金额: <input type="text" maxlength="8" size="6" id="jg1"  disabled><br>
    白菜价格: <input type="text" maxlength="8" size="6" value="4.2" disabled id="dj2">
    数量: <input type="number" max="30" min="1" step="1" value="1" size="6"   id="sl2"
onChange="tt();">
    金额: <input type="text" maxlength="8" size="6" id="jg2"  disabled><br>
    鲈鱼价格: <input type="text" maxlength="8" size="6" value="17.8" disabled id="dj3">
    数量: <input type="number" max="30" min="1" step="1" value="1" size="6"   id="sl3"
onChange="tt();">
    金额: <input type="text" maxlength="8" size="6" id="jg3"  disabled><br>
    总计: <input type="text" maxlength="8" size="6" id="zj"  disabled>
    <input type="submit" value="结算">
    </form>
</body>
</html>
```

9.3.5 任务 9-3：制作音乐在线选歌和播放页面

微 课

任务 9-3

1. 任务描述

运用 DOM 编程制作音乐在线选歌和播放页面。单击左侧音乐列表，能选择播放相应的音频文件，并且在播放器的上方显示歌曲名称。当前播放的歌曲在音乐列表中加上背景颜色标识，效果如图 9-16 所示。

图 9-15　音乐在线播放页面效果

2．任务要求

通过本任务的练习，要深入理解 DOM 编程的一般过程；熟练掌握 DOM 元素对象的选择方法；掌握音频对象的基本方法应用；掌握元素对象 className 属性的基本应用技巧；掌握函数参数的调用等。

3．任务分析

本任务运用 DOM 实现选歌放歌。选歌时，在音乐文件列表超链接中分别定义<a>标签的 onClick 事件，该事件执行自定义的 music(m)函数，m 是该函数的形式参数，实际参数值分别为 1、2、3、4、5。当单击鼠标事件发生时，就能将实际参数传递到 music(m)函数中。music(m)函数根据 m 的参数值，用 if 语句修改 audio 播放器中 source 元素的 src 属性和歌曲名称。

选中音乐的播放首先要运用音频对象的 pause()方法停止播放器当前的播放，然后根据选中的文件，修改 audio 播放器中 source 元素的 src 属性，使用音频对象的 load()方法重新进行加载，再运用音频对象的 play()方法播放。

选中的音频文件用紫色背景标识。首先需要在样式表中建立两个类，其中，.hot 类用于标识选中的文件，即紫色背景；.unhot 类用于标识未选中的文件，即原来的白色背景。在给选中的音频文件用.hot 类作紫色背景标识之前，先用 for 循环将.unhot 类作用在所有音频文件超链接上，以消除上一次选择的标识。

4．工作过程

步骤 1：站点规划。

（1）新建文件夹作为站点，站点内建立 music 文件夹，将本节素材的 5 个 mp3 音频文件存放在 music 文件夹中。

（2）新建网页，设置<title>为"任务 9-3"；将网页命名为 task9-3.html，保存到站点所在的目录。

步骤 2：建立网页的基本结构。

（1）在网页 task9-3.html 中最外层插入 div#container 元素，在 div#container 内插入 h1 元素、div#music_list 元素以及 div#music_play 元素。

div#music_list 元素为音乐文件超链接列表，div#music_play 元素包含歌曲名称 h2#music_name 和音乐播放器 audio 两部分，代码如下：

```html
<body>
    <div id="container">
        <h1 id="music_online">音乐在线: </h1>
        <div id="music_list">
            <a href="#">01.mp3: </a><br>
            <a href="#">02.mp3: </a><br>
            <a href="#">03.mp3: </a><br>
            <a href="#">04.mp3: </a><br>
            <a href="#">05.mp3: </a><br>
        </div>
        <div id="music_play">
            <h2 id="music_name">天鹅之死</h2>
            <audio controls id="mm">
                <source  src="music/01.mp3" id="tt">
```

```
        </audio>
      </div>
    </div>
</body>
```

（2）设置页面基本样式。使用网格布局 Grid 设置页面，设置音乐文件超链接列表的基本样式，效果如图 9-16 所示，代码如下：

```
#container {width: 640px; height: 260px;
        display: grid;
        grid-template-areas:
        'a a a'
        'b c c';
    }
#music_online{font-size:24px;border-bottom:#CCC 1px solid;grid-area:a;height:50px;}
#music_list{grid-area:b;}
#music_play{grid-area:c;}
a{ text-decoration:none; }
a:link,a:visited{ color:#006;}
a:hover{ color:#600; text-decoration:underline;}
```

图 9-16　音乐文件选择效果

步骤 3：实现音频文件的选择播放。

（1）在头元素中添加 JavaScript 脚本。定义 music(m)函数，当参数 m 分别分别为 1、2、3、4、5 时，改变 h2#music_name 元素的内容（歌曲名称）；同时，将选中的音频文件的 URL 赋值给变量 sound，代码如下：

```
function music(m){
    var sound;
    if (m==1){sound="music/01.mp3";
    document.getElementById("music_name").innerHTML="天鹅之死";}
    if (m==2){sound="music/02.mp3";
    document.getElementById("music_name").innerHTML="Flying on sky like a Balloon";}
    if (m==3){ sound="music/03.mp3";
    document.getElementById("music_name").innerHTML="岁月流云";}
    if (m==4){sound="music/04.mp3";
    document.getElementById("music_name").innerHTML="光明来临";}
    if (m==5){sound="music/05.mp3";
    document.getElementById("music_name").innerHTML="Playing Love";}
}
```

（2）在音乐文件列表超链接中分别定义<a>标签的 onClick 事件，该事件执行 music(m)函数，5 个超链接的参数值分别为 1、2、3、4、5。当单击鼠标事件发生时，就能将实际参数传递到 music(m)函数中。代码如下：

```
<a href="#" onClick="music(1)">01.mp3: </a><br>
<a href="#" onClick="music(2)">02.mp3: </a><br>
<a href="#" onClick="music(3)">03.mp3: </a><br>
<a href="#" onClick="music(4)">04.mp3: </a><br>
<a href="#" onClick="music(5)">05.mp3: </a><br>
```

（3）在脚本中运用音频对象的 pause()方法停止播放器当前的播放，然后将变量 sound 赋值给 audio 播放器中 source 元素的 src 属性，使用音频对象的 load()方法重新进行加载，再运用音频对象的 play()方法进行播放。代码如下：

```
document.getElementById("mm").pause();
document.getElementById("tt").src=sound;
document.getElementById("mm").load();
document.getElementById("mm").play();}
```

步骤 4：标识当前播放的音乐文件样式。

（1）在网页的内部样式表中定义两个类，其中，.hot 类用于标识选中的文件，即紫色背景；.unhot 类用于标识未选中的文件，即原来的白色背景，代码如下：

```
.hot{background-color:#C9C;}
.unhot{background-color:#FFF;}
```

（2）在 JS 脚本中用 for 循环将.unhot 类作用在所有音频文件超链接上，以消除上一次选择的标识。首先通过 document.getElementById("music_list")选择 div#music_list 元素；在音乐文件列表 div#music_list 元素内再通过 getElementsByTagName("a")[k]一个个选中超链接（k 为选中超链接数组集合的下标，它的值从 0 到 4）；每个超链接再通过 className 属性添加 CSS 样式中的.unhot 类，使它们的背景变为白色。代码如下：

```
for (var k=0;k<5;k++){
    document.getElementById("music_list").getElementsByTagName("a")[k].className="unhot";
}
```

（3）给选中的音频文件用.hot 类作紫色背景标识。代码如下：·

```
document.getElementById("music_list").getElementsByTagName("a")[m-1].className="hot";
```

步骤 5：保存文件，完成制作。

9.4　小试牛刀

使用 DOM 进行互动页面的制作，实现动态改变样式。在页面加载时初始样式为"样式 1"，效果如图 9-17 所示。单击页面上方"样式 2"超链接时，更换页面样式，效果如图 9-18 所示。单击页面上方"样式 1"超链接时，页面样式又更换回图 9-17 所示的效果。

在页面下方分别单击超链接"大""中""小"，可以动态改变网页中诗歌文字的字体大小。

图 9-17　"样式 1"效果

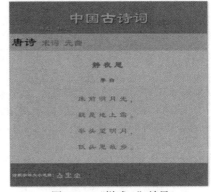

图 9-18　"样式 2"效果

参考步骤：

步骤 1：站点规划。

（1）新建文件夹作为站点，站点内建立 CSS 文件夹，将本节素材两个外部样式文件 style1.css 和 style2.css 存放在 CSS 文件夹中。

（2）将本节素材源文件 ex9-0-source.html 复制到站点所在的目录，将网页命名为 ex9-0.html。

步骤 2：动态改变页面样式。

（1）在网页 ex9-0.html 的头元素中添加外部样式表链接，使用外部样式 style1.css，给 link 元素加上 id，以便在脚本中用 getElementById()方法获取对象。

（2）在头元素中插入 JavaScript 脚本。在 JavaScript 脚本中定义两个函数 changestyle1()和 changestyle2()。这两个函数分别用于改变 link 元素对象的 href 属性为 style1.css 和 style2.css。

（3）在超链接"样式 1"和"样式 2"中定义<a>标签的 onClick 事件处理程序为 changestyle1 和 changestyle2，就完成了页面"皮肤"切换效果。

步骤 3：动态改变诗歌文字的大小。

（1）在网页的内部样式表中定义三个类，分别设置大、中、小三种字体大小的样式。

（2）在脚本中定义函数 setSize(size)，该函数带有形式参数 size，用 if 语句根据参数 size 的不同，选择给诗歌文本添加不同的类。

（3）在超链接"大""中""小"中分别定义<a>标签的 onClick 事件，该事件执行 setSize(size)函数，size 参数值分别为 1、2、3。当单击鼠标事件发生时就能将实际参数传递到函数 setSize(size)中，就实现了动态改变诗歌文字大小的功能。

步骤 4：设置诗歌文字初始大小。

（1）定义函数 initSize()，其功能为给诗歌文字添加"中号"字体。

（2）在<body>标签中设置 onLoad 事件执行的脚本为函数 initSize()，这样在网页加载时诗歌文字的初始大小为"中号"字体。

步骤 5：保存文件，完成制作。

小　　结

本章学习了 JavaScript 的基本语法、流程控制以及文档对象模型（DOM）。在掌握 JavaScript 基本知识的基础上，要掌握运用 JavaScript 进行页面功能开发的常用方法，掌握 DOM 编程的基本理念。通过 DOM 编程，JavaScript 能改变页面中的所有 HTML 元素；能改变页面中的所有 HTML 属性；能添加新的 HTML 元素和属性，能改变页面中的所有 CSS 样式；删除已有的 HTML 元素和属性，能对页面中所有已有的 HTML 事件作出反应，能在页面中创建新的 HTML 事件。JavaScript 的内容很多，限于篇幅，本章仅对最基础的部分进行介绍，读者要在学习过程中举一反三，在后续的学习中不断深入探索。

思考与练习

1. JavaScript、CSS、HTML 之间有什么关系？它们各有什么功能？

2. 什么是 DOM 模型？DOM 的结构是怎样的？

3. 在浏览器中单击图 9-19 所示的"点击跳出对话框"文字，弹出"你好"对话框，请编写代码，使用 alert()方法实现上述功能。

图 9-19　点击跳出对话框

4. 网页制作：在表单中输入账号和密码，当输入的密码为"123456"时，单击"提交"按钮弹出"密码正确"对话框；当密码不为"123456"时，单击"提交"按钮弹出"密码不正确"对话框，如图 9-20 所示。

图 9-20 表单密码判断效果

5. 网页制作：使用双重 for 循环制作图 9-21 所示的效果。该效果显示 6 行星号，第 1 行显示 1 颗星，第 2 行显示 2 颗星，…，第 5 行显示 5 颗星，第 6 行显示 6 颗星。

```
*
**
***
****
*****
******
```

图 9-21 星星效果

第 10 章

jQuery 页面特效

引言

jQuery 是一个基于 JavaScript 的开源框架。与 JavaScript 相比，jQuery 具有代码高效、浏览器兼容性更好等特征，极大地简化了对 DOM 对象、事件处理、动画效果的操作。本章学习 jQuery 的基本知识，并运用 jQuery UI 以及 jQuery mobile 进行页面特效制作。

内容结构图

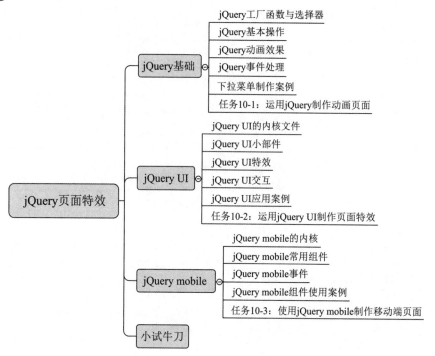

学习目标

➤ 了解 jQuery 和 jQuery UI 以及 jQuery mobile 的基本特点和基本应用；

➤ 理解 jQuery mobile 的移动互联网基本应用方法；

➤ 掌握各种 jQuery UI 常用插件的基本功能；

➤ 能熟练使用 jQuery 制作页面特效。

10.1　jQuery 基础

jQuery 是一个 JS 库，兼容各种 PC 浏览器，能更方便地处理 DOM、事件和动画；jQuery UI 是建立在 jQuery 库上的一组用户界面交互、特效、小部件及主题；jQuery mobile 是以 jQuery 为基础，用于创建"移动 Web 应用"的框架。

jQuery 的设计理念是"写得更少，做得更多"（The Write Less, Do More），是一种将 JavaScript、CSS、DOM 等特征集于一体的强大框架，通过简单的代码实现各种页面特效。用户可以在 jQuery 的官方网站下载最新的 jQuery 库。jQuery 有两个版本的库可供下载：一个版本用于实际的网站中，是已被精简和压缩的 min 版；另一个版本用于测试和开发，是未压缩的。本书采用的是 jquery-3.6.0.min.js。3.6.0 是版本号。jQuery 不需要安装，把下载的 jQuery 库保存到网站的一个公共位置（通常保存在一个独立的文件夹 js 中），想要在某个页面中使用 jQuery 时，要事先引入该 jQuery 库文件（也可以直接引用互联网的地址）。示例代码如下：

```
<script src="js/jquery-3.6.0.min.js"></script>
```

10.1.1　jQuery 工厂函数与选择器

jQuery 中被誉为工厂函数的是$()。在 jQuery 中，无论使用哪种类型的选择器，都需要从一个"$"符号和一对"()"开始。例如，$("div")表示文档中全部 div 元素对象；$("#tt")表示文档中 id 属性值为 tt 的一个元素对象；$(".red")表示文档中使用 CSS 类名为 red 的所有元素对象。$(document)选中的是整个 HTML 所有元素的集合，也就是整个网页文档对象。

1. jQuery 入口函数

jQuery 使用$(document).ready()方法代替传统 JavaScript 的 window.onload 事件，表示获取文档对象就绪的时候。jQuery 库只建立一个名为 jQuery 的对象，其所有函数都在该对象之下，该函数称为 jQuery 入口函数。jQuery 入口函数有两种写法，分别是：

（1）入口函数完整写法：

```
$(document).ready(function(){程序代码段…})
```

（2）入口函数简略写法：

```
$( function(){程序代码段…})
```

例如，在对话框中显示"Hi"，使用 jQuery 代码如下：

```
<script src="js/jquery-3.6.0.min.js"></script>
<script>
   $(function(){
      alert("Hi");
   })
</script>
```

2. jQuery 语法结构

jQuery 语法是为 HTML 元素的选取而编制的，可以对元素执行某些操作。其基础语法是：

```
$(selector).action()
```

（1）美元符号$定义 jQuery。

（2）选择器（selector）用于"选择"HTML 元素。

（3）jQuery 的 action( )用于执行对元素的操作。

3. jQuery 选择器

在页面中要为某个元素添加属性或事件时，第一步必须先准确地找到该元素。在 jQuery 中可以通过选择器实现这一重要功能。

（1）selector 为 CSS 选择器，举例及说明见表 10-1。

表 10-1　CSS 选择器举例及说明

选　择　器	举　例	说　明
标签选择器	$('a')	选择所有<a>标签
群选择器	$('h1,h2,h3')	选择所有<h1>标签、<h2>标签和<h3>标签
id 选择器	$('#myId')	选择 id 为 myId 的网页元素
类选择器	$('.myClass')	选择 class 为 myClass 的元素
属性选择器	$('input[name=tt]')	选择 name 属性等于 tt 的 input 元素
后代选择器	$("div a")	选择 div 中的 a 元素
父子选择器	$("div>a")	选择 div 中的子元素为 a 元素
兄弟选择器	$("div+img")	选择 div 元素后的 img 元素
伪类选择器	$("div:first-child")	选择 div 元素，该 div 元素位于父元素下的第一元素

（2）selector 为 jQuery 过滤选择器，举例及说明表 10-2。

表 10-2　jQuery 过滤选择器举例及说明

选　择　器	举　例	说　明
:first	$('a:first')	选择网页中第 1 个 a 元素
:odd	$('tr:odd')	选择表格的奇数行
:even	$('tr:even')	选择表格的偶数行
:input	$('#myForm:input')	选择表单中的 input 元素
:visible	$('div:visible')	选择可见的 div 元素
:hidden	$('div:hidden')	选择不可见的 div 元素
:enabled	$(":enabled")	所有启用的元素
:disabled	$(":disabled")	所有禁用的元素
:selected	$(":selected")	所有选定的下拉列表元素
:checked	$(":checked")	所有选中的复选框选项
:eq(index)	$("ulli:eq(3)")	列表中的第四个元素（index 值从 0 开始）
:gt(no)	$("ulli:gt(3)")	列举 index 大于 3 的元素
:lt(no)	$("ulli:lt(3)")	列举 index 小于 3 的元素
:animated	$(":animated")	所有动画元素
:focus	$(":focus")	当前具有焦点的元素
:contains(text)	$(":contains('Hello')")	所有包含文本"Hello"的元素
:has(selector)	$("div:has(p)")	所有包含有<p>元素在其内的<div>元素
:empty	$(":empty")	所有空元素
:parent	$(":parent")	匹配所有含有子元素或者文本的父元素

10.1.2　jQuery 基本操作

jQuery 的基本操作是由一系列函数构成的针对所选择对象的操作方法，包括对元素的操作、对样式的操作、对内容和值的操作、DOM 的操作和对表单的操作等。

1．元素的操作

jQuery 提供了 attr()方法和 prop()方法获取元素属性。这两种方法都是用于获取所匹配元素的集合中第一个元素的属性，或设置所匹配元素的属性。

1）attr()方法

attr()方法语法格式如下（其中 key 和 name 都代表元素的属性名称，properties 代表一个集合）：

```
attr("属性名")           //返回属性值
attr("属性名",属性值)    //设置属性值
```

2）prop()方法

prop()方法的参数说明与 attr()方法的参数说明相同，多用于 boolean 类型的属性操作，例如 checked、selected 和 disabled 等。例如，下面的代码设置第一个复选框为选中状态：

```
$("input[type='checkbox']").prop("checked");
```

3）removeAttr()方法

removeAttr()方法用于删除匹配元素的指定属性。

4）removeProp()方法

removeProp()方法用于删除由 prop()方法设置的属性集。

2．样式的操作

在 Web 前端开发中，设计者如果想改变一个元素的整体外观，例如给网站换肤，就可以通过修改该元素所使用的 CSS 类实现。

1）addClass()方法

addClass()方法向被选元素添加一个或多个类名，如需添加多个类，使用空格分隔类名。该方法不会移除已存在的 class 属性，仅仅添加一个或多个类名到 class 属性。

2）removeClass()方法

removeClass()方法从被选元素移除一个或多个类。如果没有规定参数，则该方法将从被选元素中删除所有类。

3）toggleClass()方法

toggleClass()方法对添加和移除被选元素的一个或多个类进行切换。该方法检查每个元素中指定的类。如果不存在则添加类，如果已设置则删除。这就是所谓的切换效果。

4）css()方法

css()方法为被选元素设置或返回一个或多个样式属性。

当用于返回属性：该方法返回第一个匹配元素的指定 CSS 属性值。然而，简写的 CSS 属性（如"background"和"border"）不被完全支持。

当用于设置属性：该方法为所有匹配元素设置指定 CSS 属性。例如，下面的 jQuery 代码将所有 p 元素的文字颜色改为红色：

```
$("p").css("color","red");
```

3．内容和值的操作

元素的内容是指定义元素的起始标记和结束标记之间的部分，又可以分为文本内容和 HTML 内容。

1）text()方法

jQuery 提供了 text()和 text(val)两个方法用于对文本内容操作，其中 text()用于获取全部匹配元素的文本内容，text(val)用于设置全部匹配元素的文本内容。

2）html()方法

html()方法设置或返回被选元素的内容（innerHTML）。当该方法用于返回内容时，则返回第一个匹配元素的内容。当该方法用于设置内容时，则重写所有匹配元素的内容。如只需设置或返回被选元素的文本内容，请使用 text()方法。例如，下面的代码将所有 p 元素的内容改为"Hello world!"：

```
$("p").html("Hello <b>world</b>!");
```

3）val()方法

val()方法返回或设置被选元素的 value 属性。val()方法通常与 HTML 表单元素一起使用。当用于返回值时该方

法返回第一个匹配元素的 value 属性的值。当用于设置值时该方法设置所有匹配元素的 value 属性的值。例如，获取 id 值为"myid"的文本框的值，代码如下：

```
vartextCon = $("input#myid").val();
```

如果要设置 id 值为"myid"的文本框的值为"Hello"，代码如下：

```
vartextCon = $("input#myid").val("hello");
```

4．DOM 的操作

1）append()方法

append()方法在被选元素内部的结尾处插入内容。例如，在所有<p>元素结尾插入内容，代码如下：

```
$("p").append(" <b>插入文本</b>.");
```

2）appendTo()方法

appendTo()方法在被选元素内部的结尾插入 HTML 元素。效果与 append()方法相同，只是写法不同。例如，在每个<p>元素的结尾插入<span>元素，代码如下：

```
$("<span>Hello World!</span>").appendTo("p");
```

3）prepend()方法

prepend()方法在被选元素内部的开头处插入内容。例如，在所有<p>元素开头插入内容，代码如下：

```
$("p").prepend("<b>插入的内容</b>");
```

4）prependTo()方法

prependTo()方法在被选元素内部的开头插入元素。效果与 prepend()方法相同，只是写法不同。例如，在每个<p>元素的开头插入<span>元素，代码如下：

```
$("<span>Hello World!</span>").prependTo("p");
```

5）beforer()方法

before()方法在被选元素之前插入指定的内容。

6）after()方法

after()方法在被选元素之后插入指定的内容。

7）remove()方法

remove()方法用于从 DOM 中删除所有匹配的元素，包括所有文本和子节点。该方法也会移除被选元素的数据和事件。

8）detach()方法

detach()方法和 remove()方法一样，也是删除 DOM 中匹配的元素。但所有绑定的事件或附加的数据都会保留下来。

9）empty()方法

empty()方法用于清空元素的内容（包括所有文本和子节点），但不删除该元素。

10）find()方法

使用 jQuery 选择器可以很方便地匹配满足一定条件的 HTML 元素，并对其进行操作。但有时候需要根据 HTML 元素的具体情况对其进行个性化处理，此时可以使用 find()方法遍历元素，查找到满足条件的节点。

11）next()方法

next()方法返回被选元素的后一个同级元素。同级元素是共享相同父元素的元素。该方法只返回一个元素。

12）prev()方法

prev()方法返回被选元素的前一个同级元素。

13）parent()方法

parent()方法返回被选元素的直接父元素。

14）children()方法

children()方法返回被选元素的所有直接子元素

10.1.3　jQuery 动画效果

jQuery 的动画效果由 4 类方法组成：基本动画方法、滑动动画方法、淡入淡出动画方法、自定义动画方法。利用这些动画方法，jQuery 可以很方便地在 HTML 元素上实现动画效果，表 10-3 列出了用于创建动画效果的 jQuery 方法。

表 10-3　jQuery 效果方法列表

方　　法	描　　述
animate()	对被选元素应用自定义的动画
clearQueue()	对被选元素移除所有排队函数（仍未运行的）
delay()	对被选元素的所有排队函数（仍未运行）设置延迟
dequeue()	移除下一个排队函数，然后执行函数
fadeIn()	逐渐改变被选元素的不透明度，从隐藏到可见
fadeOut()	逐渐改变被选元素的不透明度，从可见到隐藏
fadeTo()	把被选元素逐渐改变至给定的不透明度
fadeToggle()	在 fadeIn() 和 fadeOut() 方法之间进行切换
finish()	对被选元素停止、移除并完成所有排队动画
hide()	隐藏被选元素
queue()	显示被选元素的排队函数
show()	显示被选元素
slideDown()	通过调整高度来滑动显示被选元素
slideToggle()	slideUp() 和 slideDown() 方法之间的切换
slideUp()	通过调整高度来滑动隐藏被选元素
stop()	停止被选元素上当前正在运行的动画
toggle()	hide() 和 show() 方法之间的切换

10.1.4　jQuery 事件方法

事件处理程序是当 HTML 页面中发生某些事件时所调用的方法。有别于 JavaScript 需要在标签中设置动作属性，jQuery 直接在脚本中通过事件处理方法进行处理。jQuery 事件处理方法是 jQuery 中的核心函数，jQuery 通过 DOM 为元素添加事件。在 jQuery 中，对于各种不同事件定义了不同的事件处理方法，如表 10-4 所示。

表 10-4　常用 jQuery 事件方法

方　　法	描　　述
bind()	向元素添加事件处理程序进行事件绑定
blur()	添加/触发失去焦点事件
change()	添加/触发 change 事件，当表单元素的值改变时发生 change 事件
click()	添加/触发 click 事件，单击时被触发
dblclick()	添加/触发 double click 事件，双击时被触发
focus()	添加/触发 focus 事件，当元素获得焦点时，发生 focus 事件
hover()	添加两个事件处理程序到 hover 事件，语法结构为 hover(over,out)
keydown()	添加/触发 keydown 事件，当键盘键被按下时发生 keydown 事件
keyup()	添加/触发 keyup 事件，当键盘键松开时发生 keyup 事件
mouseenter()	添加/触发 mouseenter 事件，鼠标进入被选元素时被触发

续表

方　　法	描　　述
mouseleave()	添加/触发 mouseleave 事件，鼠标指针离开被选元素时被触发
mousemove()	添加/触发 mousemove 事件，鼠标在元素上移动时触发
mouseout()	添加/触发 mouseout 事件，鼠标从元素上离开时触发，鼠标指针离开任意子元素时也会被触发
mouseover()	添加/触发 mouseover 事件，鼠标移入对象时触发，鼠标指针进入任意子元素时也会被触发
submit()	添加/触发 submit 事件

以鼠标单击某个 img 元素事件为例，jQuery 事件方法语法代码如下：

```
$("img").click(function(){ $(this).hide(); });
```

上面的代码实现当单击事件在某个 img 元素上触发时，隐藏当前单击的图像元素。

● 微 课

下拉菜单制作案例

10.1.5　下拉菜单制作案例

案例 10-1：运用 jQuery 制作下拉菜单页面，效果如图 10-1 所示。鼠标经过菜单项时会在其下方出现二级菜单，鼠标离开时二级菜单自动收回。

首页	方寸神游	诗行天下	行摄天涯	沿途有文	户外休闲	景点攻略
			长城			
			青海湖			
			庐山云海			
			黄山风光			

图 10-1　下拉菜单效果

页面一级菜单为 li.mainlevel 元素，共有 7 个，其中"方寸神游""诗行天下""行摄天涯""沿途有文""景点攻略"带有二级菜单。二级菜单为 li.mainlevel 元素内嵌套的 ul 元素，在外部样式表文件 css.css 中用 display:none; 定义了其初始状态为不显示状态。样式代码如下：

```
#menu .mainlevel ul{
    z-index:10;
    border-top:1px solid #fff;
    background-image: url(../images/daohang.jpg);
    display:none;
    position:absolute;
    top:38px;
    left:0px;
}
```

在 jQuery 脚本中用 hover()方法定义 li.mainlevel 元素在鼠标经过和鼠标离开的事件。hover()方法有两个参数，用逗号分隔。第 1 个参数是鼠标经过对象时的事件处理函数，第 2 个参数是鼠标离开对象时的事件处理函数。其格式为：

```
hover(鼠标经过事件处理函数, 鼠标离开事件处理函数)
```

事件处理函数用 function(){事件处理程序代码段}去定义。

由于一级菜单项共有 7 个，鼠标经过和离开只是发生在其中一个 li.mainlevel 元素上面，故用$(this)表示当前具体操作的那个 li.mainlevel 元素，然后用 find('ul')方法寻找该 li.mainlevel 元素下是否有二级菜单 ul 元素。鼠标经过时用 slideDown()方法将原本隐藏的二级菜单展开；鼠标离开时用 slideUp(200)方法在 0.2 s 内将二级菜单收缩。网页代码如下：

```
<!doctype html>
<html>
<head>
    <meta charset="utf-8">
```

```html
<title>案例10-1</title>
<link href="css/menu_style.css" rel="stylesheet" type="text/css" />
<link href="css/css.css" rel="stylesheet" type="text/css" />
<script type="text/javascript" src="js/jquery-3.6.0.min.js"></script>
<script type="text/javascript" >
    $(document).ready(function(){
      $('.mainlevel').hover(function(){
          $(this).find('ul').slideDown();
        },function(){
          $(this).find('ul').slideUp(200);
          })
    });
</script>
</head>
<body>
    <div id="menu">
        <ul>
            <li class="mainlevel"><a href="">首页</a></li>
            <li class="mainlevel"><a href="">方寸神游</a>
                <ul>
                    <li><a href="">邮票欣赏</a></li>
                    <li><a href="">长江三峡邮票</a></li>
                </ul>
            </li>
            <li class="mainlevel"><a href="">诗行天下</a>
                <ul>
                    <li><a href="">登鹳雀楼</a></li>
                    <li><a href="">春晓</a></li>
                    <li><a href="">春望</a></li>
                    <li><a href="">静夜思</a></li>
                </ul>
            </li>
            <li class="mainlevel"><a href="">行摄天涯</a>
                <ul>
                    <li><a href="">长城</a></li>
                    <li><a href="">青海湖</a></li>
                    <li><a href="">庐山云海</a></li>
                    <li><a href="">黄山风光</a></li>
                </ul>
            </li>
            <li class="mainlevel"><a href="">沿途有文</a>
                <ul>
                    <li><a href="code/bashang.html" target="_blank">坝上草原行</a></li>
                    <li><a href="code/smt.html" target="_blank">司马台历险记</a></li>
                    <li><a href="code/lushan.html" target="_blank">庐山行</a></li>
                    <li><a href="code/jph.html" target="_blank">静谧的镜泊湖</a></li>
                    <li><a href="#">亚布力</a></li>
                    <li><a href="code/dtpb.html" target="_blank">德天瀑布</a></li>
                    <li><a href="code/wlbt.html" target="_blank">乌兰布通草原</a></li>
                </ul>
            </li>
            <li class="mainlevel"><a href="">户外休闲</a></li>
            <li class="mainlevel"><a href="">景点攻略</a>
                <ul>
                    <li><a href="">梧桐山线路</a></li>
```

```
                    <li><a href="">东西冲穿越线路</a></li>
                </ul>
            </li>
        </ul>
    </div>
</body>
</html>
```

10.1.6　任务 10-1：运用 jQuery 制作动画页面

1．任务描述

本任务用 jQuery 制作一个带动画的网页。网页中的文字在加载过程中旋转飞入；与此同时，小鸭子图像慢慢淡入；小天使图像在 3 s 内逐渐显示，然后上下来回跳动。网页加载中的效果如图 10-2 所示，网页加载完成之后的效果如图 10-3 所示。

鼠标在小鸭子图像上悬停时，小鸭子图像原地旋转 720°；单击左上角的按钮时，能对小天使图像进行隐藏/显示切换。

图 10-2　网页加载中的效果

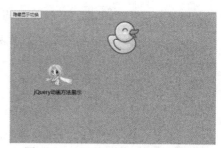

图 10-3　网页加载完成之后的效果

2．任务要求

通过本任务的练习，要熟练掌握各种 jQuery 动画效果的用法；掌握 jQuery 事件方法的基本程序编写；掌握运用 jQuery 选择指定对象进行样式操作的方法和技巧。

3．任务分析

本任务中旋转飞入的文字为 div#rotate_word 元素。首先在样式表中设计一个.hot1 类定义 transform 旋转和位移；然后在 jQuery 脚本中用 addClass()方法给 div#rotate_word 元素加上.hot1 类，就实现了文字在加载时旋转飞入的效果。

小鸭子图像为 div#duck 元素。在 jQuery 脚本中用 fadeIn()方法使小鸭子图像淡入出现。在样式表中设计一个.hot2 类定义 1 s 原地旋转的动画，然后在 jQuery 脚本中设计鼠标在小鸭子图像悬停时的 mouseover 事件，通过 addClass()方法给 div#duck 元素加上.hot2 类，实现旋转；再设计鼠标离开小鸭子图像时的 mouseout 事件，通过 removeClass()方法将加在 div#duck 元素的.hot2 类去掉，以便下次在鼠标经过小鸭子图像时可以重新加上.hot2 类实现旋转效果。

小天使图像为 img#imgp 元素；在 jQuery 脚本中用 show(3000)方法使小天使图像在 3 s 逐渐显示。然后连续用两个 animate()方法定义上下两个位置移动的动画，每个位置的时间为 0.5 s；再通过循环语句让小天使在这两个位置反复往返；循环语句中变量 n 起到计数的作用，初值为 0，每循环一次通过 n++语句都会加 1。当变量 n 的值为 1 000 时循环结束，小天使也就不再上下跳动了。

input#angel 按钮元素通过定义其 click 事件的 toggle()方法，实现对小天使图像进行隐藏显示切换。

4．工作过程

步骤 1：站点规划。

（1）新建文件夹作为站点，站点内建立 images 文件夹，将本节素材存放在 images 文件夹中。

（2）新建网页，设置<title>为"任务 10–1"；将网页命名为 task10–1.html，保存到站点所在的目录。

步骤 2：建立网页的基本结构。

（1）在网页 task10–1.html 的最外层插入 div#container 元素，在 div#container 内插入 div#rotate_wor 元素、div#duck 元素、img#imgp 元素以及 input#angel 按钮元素。代码如下：

```
<body>
    <div id="container">
    <div id="rotate_word">jQuery 动画制作案例</div>
    <div id="duck"></div>
    <img src="images/4041.GIF" id="imgp" width="96" height="80" alt="小天使"/>
    <input value="隐藏显示切换" id="angel" type="button">
    </div>
</body>
```

（2）设置网页的基本样式，其中 div#duck 元素与 img#imgp 元素的初始样式为不显示状态，样式代码如下：

```
#container{width:640px;
    height: 400px;
    background-color: aqua;
    position: relative;
}
#rotate_word{
    width: 192px;
    height: 33px;
    position: absolute;
    left: 55px;
    top: 34px;
    z-index: 3
}
#duck{
    width: 100px;
    height: 100px;
    position: absolute;
    left: 300px;
    top: 30px;
    background-image: url(images/鸭子_A3.png);
    z-index: 2;
    display:none;
}
#imgp{position: absolute;top:30px;left:100px;display:none;}
```

步骤 3：制作旋转飞入的文字。

（1）在样式表中设计一个.hot1 类，定义 transform 旋转和位移，样式代码如下：

```
.hov1{transform: rotate(360deg) translate(20px,200px);transition-duration:2s;}
```

（2）在头元素中引入 jquery-3.6.0.min.js，然后插入一个脚本。在 jQuery 入口函数中用 addClass()方法给 div#rotate_word 元素加上.hot1 类，就实现了文字在加载时旋转飞入的效果。代码如下：

```
<script src="../js/jquery-3.6.0.min.js"></script>
<script>
    $(function(){
        $('#rotate_word').addClass('hov1');
    });
</script>
```

步骤 4：制作小鸭子动画。

（1）在样式表中设计一个.hot2 类，定义 1 s 原地旋转动画，样式代码如下：

```
.hov2{transform: rotate(360deg) ;transition-duration:1s;}
```

（2）在脚本的 jQuery 入口函数中用 fadeIn()方法给 div#duck 元素添加淡入效果。代码如下：

```
$('#duck').fadeIn(5000);
```

（3）在 jQuery 脚本中设计鼠标在小鸭子图像悬停时的 mouseover 事件，通过 addClass()方法给 div#duck 元素加上.hot2 类，实现旋转，效果如图 10-4 所示；再设计鼠标离开小鸭子图像时的 mouseout 事件，通过 removeClass()方法将加在 div#duck 元素的.hot2 类去掉，以便下次在鼠标经过小鸭子图像时可以重新加上.hot2 类实现旋转效果。代码如下：

```
$('#duck').mouseover(function(){$('#duck').addClass('hov2');});
$('#duck').mouseout(function(){$('#duck').removeClass('hov2');});
```

图 10-4　小鸭子图像悬停时的旋转效果

步骤 5：制作小天使动画。

（1）在 jQuery 入口函数中用 show(3000)方法使小天使图像在 3 s 内逐渐显示。

（2）连续用两个 animate()方法定义上下两个位置移动的动画，每个位置的时间为 0.5 s；再通过循环语句让小天使在这两个位置反复往返；循环语句中变量 n 起到计数的作用，初值为 0，每循环一次通过 n++语句都会加 1。当变量 n 的值为 1 000 时循环结束，小天使也就不再上下跳动了。

（3）定义 input#angel 按钮元素的 click 事件，用 toggle()方法实现对小天使图像进行隐藏显示切换。代码如下：

```
$('#imgp').show(3000);
n=0;
while (n<1000){
    $('#imgp').animate({left:'100px',top:'30px'},500).animate({left:'100px',top:'150px',},500);
    n++;
};
$('#ange1').click(function(){$('#imgp').toggle();});
```

步骤 6：保存文件，完成制作。

10.2　jQuery UI

jQuery UI 是以 jQuery 为基础的开源 JavaScript 网页用户界面代码库。jQuery UI 主要分为 3 部分：可更换主题的小部件（Widget）、动画特效和用户交互。

10.2.1　jQuery UI 的内核文件

●微 课

jQuery UI 的内核文件包括 jquery-ui.css 文件、jquery-ui.js 文件及 jquery.js 文件。jQuery UI 的内核文件可以直接通过网络引用，也可以在使用 jQuery UI 之前，先下载准备好 jQuery UI 库，然后在网页中引用 jQuery UI 内核文件。

jQuery UI 的内核文件

1. 下载 jQuery UI

（1）在浏览器中输入 www.jqueryui.com，进入图 10-5 所示的页面。目前，jQuery UI 的最新版本是 jQuery UI 1.13.2。

图 10-5　jQuery UI 网页

（2）单击 Custom Download 按钮，进入 jQuery UI 的 Download Builder 页面，如图 10-6 所示。

图 10-6　Download Builder 页面

（3）在 Download Builder 页面左下角可以看到一个下拉列表框，列出了一系列为 jQuery UI 插件预先设计的主题，用户可以从这些主题中选择一个，如图 10-7 所示。

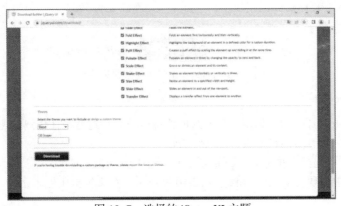

图 10-7　选择的 jQuery UI 主题

（4）单击 Download 按钮，即可下载选择的 jQuery UI。

2．引用 jQuery UI 内核文件

jQuery UI 下载完成后，将得到一个包含所选组件的自定义 zip 文件（jquery-ui-1.13.2.custom.zip），解压该文件。在网页中使用 jQuery UI 插件时，需要将解压后的所有文件及文件夹（即解压后的 jquery-ui-1.13.2.custom 文件夹）复制到站点下，然后在网页的 head 元素中添加 jquery-ui.css 文件、jquery-ui.js 文件以及 external/jquery 文件夹下 jquery.js 文件的引用，代码如下：

```
<link rel="stylesheet" href="jquery-ui-1.13.2.custom/jquery-ui.css" />
<script src="jquery-ui-1.13.2.custom/external/jquery/jquery.js"></script>
<script src="jquery-ui-1.13.2.custom/jquery-ui.js"></script>
```

以上三个文件是 jquery-ui 的内核文件，一旦引用了上面 3 个文件，开发人员即可向网页中添加 jQuery UI 插件。

10.2.2　jQuery UI 小部件

jQuery UI 中提供了许多实用性的部件（Widget），包括常用的按钮、对话框、进度条、日期选择器等。所有 jQuery UI 小部件使用相同的模式，只要学会使用其中一个，就知道如何使用其他小部件。与小部件相关的类列表见表 10-5。

表 10-5　小部件类

类　　名	描　　述
.ui-widget	对所有小部件的外部容器应用的 Class。对小部件应用字体和字体尺寸
.ui-widget-header	对标题容器应用的 Class。对元素及其子元素的文本、超链接、图标应用标题容器样式
.ui-widget-content	对内容容器应用的 Class。对元素及其子元素的文本、超链接、图标应用内容容器样式

1. 按钮（button）与按钮集（buttonset）

按钮部件（Button Widget）使用 button()方法实施；针对 input 元素、button 元素、a 元素，可使用按钮集部件。按钮集使用 buttonset()方法实施。例如，下面的代码将 class="bu"的两个 div 元素以按钮的样式呈现，并将 div#tt 内的 input 元素、button 元素、a 元素组成一个按钮集，效果如图 10-8 所示。

```html
<div class="bu">按钮 1</div>
<div class="bu">按钮 2</div>
<div id="tt">
    <input type="checkbox" id="check1"><label for="check1">按钮组</label>
    <a id="bu1" href="#">按钮组</a>
    <button id="bu3">按钮组</button>
</div>
<script>
    $(".bu").button();
    $("#tt").buttonset();
</script>
```

按钮1　　按钮2　　☑按钮组　按钮组　按钮组

图 10-8　jQuery UI 按钮与按钮集效果

2. 自动完成（autocomplete）

自动完成（autocomplete）部件用来根据用户输入的值进行搜索和过滤，让用户快速从预设值列表中选择。自动完成部件使用 autocomplete()方法进行实施，其格式为：

```
autocomplete({ source: ["填充项 1","填充项 2","填充项 3",…]})
```

下面的代码在文本框中实现自动完成功能。如图 10-9 所示，在文本框中输入字母 j，会自动显示 source 列表中含有 j 字符的预输入项。

```html
<label for="tags">你最擅长的编程语言: </label>
<input id="tags">
<script>
    $( "#tags" ).autocomplete({
        source: [ "c++", "java", "php", "coldfusion", "javascript", "asp", "ruby" ]
    });
</script>
```

图 10-9　自动完成功能效果

3. 进度条（progressbar）

进度条（progressbar）用来显示一个确定的或不确定的进程状态。进度条部件使用 progressbar()方法实施，参数 value 为进程状态。下面的代码产生图 10-10 所示进度条。

```
<div id="progressbar"></div>>
<script>
   $( "#progressbar" ).progressbar({value:40});
</script>
```

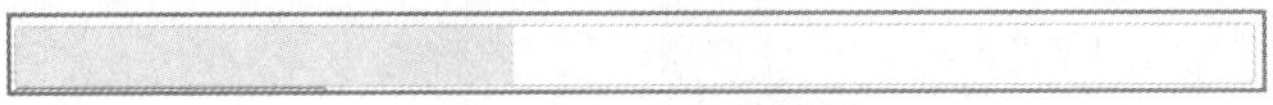

图 10-10 进度条效果

4. 滑块（slider）

滑块（slider）主要用来拖动手柄选择一个数值，可以用鼠标或箭头键进行左右移动。滑块部件使用 slider()方法实施。下面的代码产生图 10-11 所示的滑块。

```
<div id="slider"></div>
<script>
   $( "#slider" ).slider();
</script>
```

图 10-11 滑块效果

5. 旋转器（spinner）

旋转器（spinner）允许用户直接输入一个值，或通过键盘、鼠标、滚轮旋转改变一个已有的值。旋转器使用两个按钮将文本输入覆盖为当前值的递增值和递减值，使用 slider()方法进行实施。下面的代码产生图 10-12 所示的旋转器。

```
<input id="spinner">
<script>
   $( "#spinner" ).spinner();
</script>
```

图 10-12 旋转器效果

6. 日期选择器（datepicker）

日期选择器（datepicker）主要用来从弹出框或在线日历中选择一个日期。日期选择器部件使用 datepicker()方法实施。下面的代码产生图 10-13 所示的日期选择器。

```
<div id="datepicker"></div>
<script>
   $( "#datepicker" ).datepicker();
</script>
```

图 10-13 日期选择器效果

7. 折叠面板（accordion）

折叠面板（accordion）用来在一个有限的空间内显示用于呈现信息的可折叠的内容面板，单击头部，展开或者折叠被分为各个逻辑部分的内容。折叠面板部件使用 accordion()方法实施，支持任意标记。下面的代码产生图 10-14 所示的折叠面板。

```
<div id="accordion">
    <h3>标题 1</h3>
    <div>内容 1</div>
    <h3>标题 2</h3>
    <div>内容 2</div>
    <h3>标题 3</h3>
    <div>内容 3</div>
</div>
<script>
    $( "#accordion" ).accordion({ heightStyle: "fill" });
</script>
```

图 10-14　折叠面板效果

accordion()方法中 heightStyle 为可选参数，控制 accordion 和每个面板的高度。可能的值有：
- auto：所有面板将会被设置为最高面板的高度。
- fill：基于 accordion 的父元素的高度，扩展到可用的高度。
- content：每个面板的高度取决于它的内容。

8. 标签页（tabs）

标签页（tabs）是一种多面板的单内容区，每个面板与列表中的标题相关，单击标签页，可以切换显示不同的逻辑内容。标签页部件使用 tabs()方法实施。下面的代码产生图 10-15 所示的标签页。

```
<div id="tabs">
    <ul>
        <li><a href="#frag1"><span>1</span></a></li>
        <li><a href="#frag2"><span>2</span></a></li>
        <li><a href="#frag3"><span>3</span></a></li>
    </ul>
    <div id="frag1">内容 1</div>
    <div id="frag2">内容 2</div>
    <div id="frag3">内容 3</div>
</div>
<script>
    $( "#tabs" ).tabs();
</script>
```

图 10-15　标签页效果

9. 对话框（dialog）

对话框（dialog）由一个标题栏和一个内容区域组成，且可以移动，调整尺寸，默认可通过 "x" 按钮关闭。

对话框部件使用 dialog()方法实施。下面的代码产生一个对话框：

```
<div id="dialog" title="对话框">你好! </div>
<script>
    $(function() { $( "#dialog" ).dialog(); });
</script>
```

10.2.3　jQuery UI 特效

微　课

jQuery UI 特效

jQuery UI 在 jQuery 内置的特效上添加了一些功能，如百叶窗特效、反弹特效、剪辑特效、降落特效、爆炸特效、淡入淡出、折叠特效、突出显示、膨胀特效、跳动特效、缩放特效、震动特效、滑动特效等。jQuery UI 的一般格式为：

```
$(选择器).toggle({effect:"特效名",direction:"方向",tims:次数,duration:持续时间,speed:速度});
```

以上格式中 effect:"特效名"是必选项，其他参数为可选项。effect 参数、duration 参数和 speed 参数是各种特效都有的通用参数，可以直接写成值的形式。其格式如下：

```
$(选择器).toggle("特效名",{direction:"方向",tims:次数},持续时间,速度);
```

1．百叶窗特效

百叶窗特效采用"拉百叶窗"效果来隐藏/显示元素，名称为 blind。例如，对一个 id 为 box 的元素实施百叶窗效果，jQuery UI 脚本代码如下：

```
$("#box").toggle("blind",{direction:"horizontal"});
```

参数 direction 表示百叶窗的拉动方向，可选值有 up、down、left、right、vertical、horizontal，默认值为 up。

2．反弹特效

反弹特效名称为 bounce，例如对一个 id 为 box 的元素实施反弹特效，jQuery UI 脚本代码如下：

```
$("#box").toggle("bounce",{times:4,distance:300},"slow");
```

参数 times 表示反弹次数；参数 distance 表示反弹距离。

3．剪辑特效

剪辑特效名称为 clip，通过垂直或水平方向剪辑元素来隐藏或显示一个元素。例如，对一个 id 为 box 的元素实施剪辑特效，jQuery UI 脚本代码如下：

```
$("#box").toggle("clip",{direction:"vertical"});
```

参数 direction 为剪辑特效隐藏或显示元素的方向，其可选值 vertical 为剪辑上下边缘，horizontal 为剪辑左右边缘。

4．降落特效

降落特效名称为 drop，通过单个方向滑动的淡入淡出隐藏或显示一个元素。例如，对一个 id 为 box 的元素实施降落特效，jQuery UI 脚本代码如下：

```
$("#box").toggle("drop",{direction:"down"});
```

参数 direction 为元素降落的方向，可选值为 up、down、left、right。

5．爆炸特效

爆炸特效名称为 explode，通过把元素裂成碎片来隐藏或显示一个元素。例如，对一个 id 为 box 的元素实施爆炸特效，jQuery UI 脚本代码如下：

```
$("#box").toggle("explode",{pieces:400});
```

参数 pieces 为爆炸的块数，是一个平方数。

6．淡入淡出

淡入淡出特效名称为 fade，通过淡入淡出元素来隐藏或显示一个元素。例如，对一个 id 为 box 的元素实施淡入淡出特效，jQuery UI 脚本代码如下：

```
$("#box").toggle("fade");
```

7. 折叠特效

折叠特效名称为 fold，通过折叠元素来隐藏或显示一个元素。例如，对一个 id 为 box 的元素实施折叠特效，jQuery UI 脚本代码如下：

```
$("#box").toggle("fold",{size:8,horizFirst:true});
```

参数 size 表示被折叠元素的尺寸；参数 horizFirst 表示是否先水平折叠。

8. 滑动特效

滑动特效名称为 slide，用来把元素滑动出视区。例如，对一个 id 为 box 的元素实施滑动特效，jQuery UI 脚本代码如下：

```
$("#box").toggle("slide",{direction:"right",distance:400},4000);
```

参数 direction 为滑动方向，可能的值有 left、right、up、down，参数 distance 为滑动距离。

9. 膨胀特效

膨胀特效名称为 puff，通过在缩放元素的同时隐藏元素来创建膨胀特效。例如，对一个 id 为 box 的元素实施膨胀特效，jQuery UI 脚本代码如下：

```
$("#box").toggle("puff",{percent:200});
```

参数 percent 为要膨胀到的百分比。

10. 突出特效

突出特效名称为 highlight，通过首先改变背景颜色来隐藏或显示一个元素。例如，对一个 id 为 box 的元素实施突出特效，jQuery UI 脚本代码如下：

```
$("#box").toggle("highlight");
```

11. 缩放特效

缩放特效名称为 scale，按照某个百分比缩放元素。例如，对一个 id 为 box 的元素实施缩放特效，jQuery UI 脚本代码如下：

```
$("#box").toggle({ effect:"scale", direction:"both",percent:50 });
```

参数 direction 为特效的方向，可能的值有 both、vertical 或 horizontal，参数 percent 为缩放到的比例。

12. 震动特效

震动特效名称为 shake，在垂直或水平方向多次震动元素。例如，对一个 id 为 box 的元素实施震动特效，jQuery UI 脚本代码如下：

```
$("#box").toggle("shake",{direction:"right",distance:5,times:50});
```

参数 direction 为震动方向，可能的值有 left、right、up、down，参数 distance 为震动距离，参数 times 为震动次数。

13. 闪烁显示

闪烁特效名称为 pulsate，通过闪烁隐藏或显示一个元素。例如对一个 id 为 box 的元素实施闪烁特效，jQuery UI 脚本代码如下：

```
$("#box").toggle("pulsate");
```

● 微 课

jQuery UI 交互

10.2.4 jQuery UI 交互

jQuery UI 交互包括拖动、放置和调整尺寸。

1. 拖动

draggable()方法让被选元素可被鼠标拖动。例如，对一个元素实施拖动，放置在 id 为 box 的 div 中，放置完成后显示 OK，jQuery UI 脚本代码如下：

```
$( "#box").draggable();
```

2．放置

droppable()方法让被拖动的元素可放置。例如，对 div#draggable 元素实施拖动，并放置到 div#box 中，jQuery UI 脚本代码如下：

```
<style>
    #draggable {width: 200px; }
    #box { width: 200px; height: 200px;}
</style>
<script>
    $(function() {
        $( "#draggable" ).draggable();
        $( "#box" ).droppable({
            drop: function(event, ui) {   alert("ok");   }
        });
    });
</script>
```

drop(event, ui)事件：当一个可接受的 draggable 被放置在 droppable（基于 tolerance 选项）上时触发。

3．调整尺寸

resizable()方法可让元素直接在浏览器中调整尺寸。例如，对 div#box 元素实施调整尺寸，jQuery UI 脚本代码如下：

```
<style>
    #box{  width: 100px;  height: 100px;  background: #ccc;}
</style>
<script>
    $(function() {
    $( "#box" ).resizable();
    });
</script>
```

drop(event, ui)事件：当一个可接受的 draggable 被放置在 droppable（基于 tolerance 选项）上时触发。

10.2.5　jQuery UI 应用案例

案例 10-2：在图 10-16 所示的效果中，上方为一排 jQuery UI 按钮组，13 个按钮包含在 div#tt 中，通过 $("#tt").buttonset()呈现按钮组效果。

下方是 div#box 元素，使用 jQuery UI 的.ui-widget-header 类进行修饰。div#box 元素通过$("#box").draggable(). resizable();实现拖动和可变尺寸。

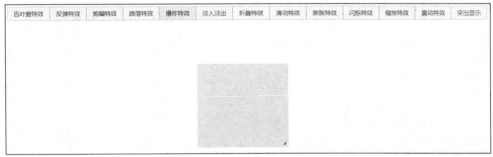

图 10–16　jQuery UI 应用案例效果

上方按钮用 jQuery UI 编写 click 事件。当单击发生时，在 div#box 元素上分别产生百叶窗特效、反弹特效、剪辑特效、降落特效、爆炸特效、淡入淡出、折叠特效、滑动特效、膨胀特效、闪烁特效、缩放特效、震动特效、突出显示效果。代码如下：

```
<html>
<head>
    <title>案例10-2</title>
    <link rel="stylesheet" href="jquery-ui-1.13.2.custom/jquery-ui.css" />
    <style type="text/css">
        #box{width:100px; height: 100px;}
    </style>
    <script src="jquery-ui-1.13.2.custom/external/jquery/jquery.js"></script>
    <script src="jquery-ui-1.13.2.custom/jquery-ui.js"></script>
    <script>
$(function(){
$("#tt").buttonset();
$("#box" ).draggable().resizable();
$("#bu1").click(function(){
    $("#box").toggle("blind",{direction:"horizontal"});})
$("#bu2").click(function(){
    $("#box").toggle("bounce");})
$("#bu3").click(function(){
    $("#box").toggle("clip",{direction:"vertical"});})
$("#bu4").click(function(){
    $("#box").toggle("drop",{direction:"down"});})
$("#bu5").click(function(){
    $("#box").toggle( "explode" ) })
$("#bu6").click(function(){
    $("#box").toggle("fade");})
$("#bu7").click(function(){
    $("#box").toggle("fold",{size:8,horizFirst:true});})
$("#bu8").click(function(){
    $("#box").toggle({ effect:"slide",direction:"right",distance:300,duration:4000});})
$("#bu9").click(function(){
    $("#box").toggle("puff",{percent:200});})
$("#bu10").click(function(){
    $("#box").toggle("pulsate");})
$("#bu11").click(function(){
    $("#box").toggle({ effect: "scale", direction: "both",percent:50,duration:3000});})
$("#bu12").click(function(){
$("#box").toggle("shake",{direction:"right",distance:4,times:40});})
$("#bu13").click(function(){
    $("#box").toggle("highlight");})  });
    </script>
</head>
<body>
    <div id="tt">
        <button id="bu1">百叶窗特效</button>
        <button id="bu2">反弹特效</button>
        <button id="bu3">剪辑特效</button>
        <button id="bu4">降落特效</button>
        <button id="bu5">爆炸特效</button>
        <button id="bu6">淡入淡出</button>
        <button id="bu7">折叠特效</button>
        <button id="bu8">滑动特效</button>
        <button id="bu9">膨胀特效</button>
        <button id="bu10">闪烁特效</button>
        <button id="bu11">缩放特效</button>
        <button id="bu12">震动特效</button>
```

```
        <button id="bu13">突出显示</button>
    </div>
    <div id="box" class="ui-widget-header"></div>
</body>
</html>
```

10.2.6　任务 10-2：运用 jQuery UI 制作页面特效

1．任务描述

运用 jQuery UI 制作页面特效，效果如图 10-17 所示。页面包含标题、左侧折叠面板和右侧标签页三部分。右侧标签页有 9 个标签，在鼠标滑过标签时，会在内容区显示相应图片。

图 10-17　运用 jQuery UI 制作页面特效

2．任务要求

通过本任务的练习，要熟练掌握 jQuery UI 的基本用法；掌握 jQuery UI 折叠面板和标签页的基本程序结构；掌握运用 jQuery UI 制作页面特效的方法和技巧。

3．任务分析

页面标题使用 h1 元素，通过 ui-widget-shadow 类给标题加上阴影。

左侧导航采用 jQuery UI 折叠面板部件，在 jQuery UI 脚本中使用 accordion()方法。在 accordion()方法中加上 {heightStyle: "fill"}参数，以控制折叠面板中每个面板基于父元素的高度。

页面右侧为标签页部件，在 jQuery UI 脚本中使用 tabs()方法。在 tabs()方法中加上{ event: "mouseover"}参数，将默认的单击激活事件设置为鼠标经过标签页激活。

4．工作过程

步骤 1：站点规划。

（1）新建文件夹作为站点，站点内建立 images 文件夹，将本节素材存放在 images 文件夹中。

（2）新建网页，设置<title>为"任务 10-2"；将网页命名为 task10-2.html，保存到站点所在的目录。

（3）准备好 jQuery UI 基本文件，在网页 task10-2.html 中引用 jQuery UI 基本文件，方法参照 10.2.1 节内容。

步骤 2：建立网页的基本结构。

（1）在网页 task10-2.html 最外层插入 div#container 元素，在 div#container 内插入 h1 元素、div#left 元素、div#right 元素。

（2）设置网页的基本样式，通过 float:left;使 div#left 元素和 div#right 元素并排。

（3）给 h1 元素加上 ui-widget-shadow 类，给标题加上阴影。完成以上步骤后的代码如下：

```
<head>
<title>任务 10-2 </title>
```

```
<link rel="stylesheet" href="../jquery-ui-1.13.2.custom/jquery-ui.css" />
<style type="text/css">
    #container{ width:1020px; text-align:center;}
    #left{width:300px; float:left;}
    #right{width:700px;height: 520px; float:left;margin-left:5px;}
</style>
<script src="../jquery-ui-1.13.2.custom/external/jquery/jquery.js"></script>
<script src="../jquery-ui-1.13.2.custom/jquery-ui.js"></script>
</head>
<body>
<div id="container">
    <h1 class="ui-widget-shadow">我的神游</h1>
    <div id="left"></div>
    <div id="right"></div>
</div>
</body>
```

步骤 3：制作左侧折叠面板。

（1）在 div#left 元素中插入带嵌套的项目列表 ul#ac，代码如下：

```
<div class="ui-widget-content" id="left">
    <ul id="ac">
        <li class="mainlevel"><a href="#">行摄天涯</a>
            <ul>
                <li><a href="#">长城</a></li>
                <li><a href="#">青海湖</a></li>
                <li><a href="#">庐山云海</a></li>
                <li><a href="#">黄山风光</a></li>
            </ul>
        </li>
        <li class="mainlevel"><a href="#">方寸神游</a>
            <ul>
                <li><a href="#">邮票欣赏</a></li>
                <li><a href="#">长江三峡邮票</a></li>
            </ul>
        </li>
        <li class="mainlevel"><a href="#">诗行天下</a>
            <ul>
                <li><a href="#">登鹳雀楼</a></li>
                <li><a href="#">春晓</a></li>
                <li><a href="#">春望</a></li>
                <li><a href="#">静夜思</a></li>
            </ul>
        </li>
        <li class="mainlevel"><a href="#">沿途有文</a>
            <ul>
                <li><a href="#" target="_blank">坝上草原行</a></li>
                <li><a href="#" target="_blank">司马台历险记</a></li>
                <li><a href="#" target="_blank">庐山行</a></li>
                <li><a href="#" target="_blank">静谧的镜泊湖</a></li>
            </ul>
        </li>
        <li class="mainlevel"><a href="#">户外休闲</a>
            <ul>
                <li><a href="#">红树林徒步</a></li>
                <li><a href="#">夜访塘朗山公园</a></li>
            </ul>
        </li>
```

```
        <li class="mainlevel"><a href="#">景点攻略</a>
            <ul>
                <li><a href="#">梧桐山线路</a></li>
                <li><a href="#">东西冲穿越线路</a></li>
            </ul>
        </li>
    </ul>
</div>
```

（2）选择对 ul#ac 元素实施 accordion()方法，在 accordion()方法中加上{heightStyle: "fill"}参数，以控制折叠面板中每个面板基于父元素的高度。样式代码如下：

```
<script>
 $(function(){
 $("#ac").accordion({ heightStyle: "fill"});
    });
</script>
```

（3）设置 div#left 元素的基本样式，给 div#left 元素加上 ui-widget-content 类，并在样式表中设置折叠面板的总高度为 525 px，样式代码如下：

```
#ac{height:525px;}
.mainlevel>a{ text-decoration:none;}
```

步骤 4：制作页面右侧标签页。

（1）在 div#right 元素中插入项目列表 ul 作标签页的标题。列表项 li 内的超链接分别链接到 9 个内容区所在的 id。这 9 个内容区分别为 div#tabs-1 元素、div#tabs-2 元素、……、div#tabs-9 元素，在 9 个内容区内分别插入图像作为内容，代码如下：

```
<div id="right">
    <ul>
        <li><a href="#tabs-1">1</a></li>
        <li><a href="#tabs-2">2</a></li>
        <li><a href="#tabs-3">3</a></li>
        <li><a href="#tabs-4">4</a></li>
        <li><a href="#tabs-5">5</a></li>
        <li><a href="#tabs-6">6</a></li>
        <li><a href="#tabs-7">7</a></li>
        <li><a href="#tabs-8">8</a></li>
        <li><a href="#tabs-9">9</a></li>
    </ul>
    <div id="tabs-1">
        <img src="images/01.jpg"/>
    </div>
    <div id="tabs-2">
        <img src="images/02.jpg"/>
    </div>
    <div id="tabs-3">
        <img src="images/03.jpg"/>
    </div>
    <div id="tabs-4">
        <img src="images/04.jpg"/>
    </div>
    <div id="tabs-5">
        <img src="images/05.jpg"/>
    </div>
    <div id="tabs-6">
        <img src="images/06.jpg"/>
    </div>
    <div id="tabs-7">
        <img src="images/07.jpg"/>
```

```
    </div>
    <div id="tabs-8">
        <img src="images/08.jpg"/>
    </div>
    <div id="tabs-9">
        <img src="images/09.jpg"/>
    </div>
</div>
```

（2）在 jQuery UI 脚本中选择 div#right 元素，使用 tabs()方法。在 tabs()方法中加上{ event: "mouseover"}参数，将默认的单击激活事件设置为鼠标经过标签页激活。脚本代码如下：

```
$( "#right" ).tabs({ event: "mouseover" });
```

步骤 5：保存文件，完成制作。

10.3 jQuery mobile

jQuery mobile 构建于 jQuery 以及 jQuery UI 类库之上，是一个用于创建移动端 Web 应用的前端框架。此框架简单易用，页面开发主要使用 HTML5 标记，仅需很少 JavaScript。jQuery mobile 兼容所有移动设备，但是并不能完全兼容 PC 浏览器，本书建议使用 Chrome 浏览器，浏览时按【F12】键进行移动端模拟。

10.3.1 jQuery mobile 的内核

微 课

jQuery mobile
的内核

使用 jQuery mobile 需要在网页中引入 jQuery mobile 样式 jquery.mobile-1.4.5.css 文件，加载 jQuery 库 jquery.js 文件，加载 jQuery mobile 库 jquery.mobile-1.4.5.js 文件。以上 3 个文件是 jQuery mobile 的内核文件。1.4.5 是版本号。样式简版后缀为 min.css。库文件简版后缀为 min.js。此外还要在 meta 元素中使用 viewport 以确保页面可自由缩放（关于 viewport 的详细介绍见 11.1.1）。

1. 从互联网中加载 jQuery mobile

在网页中加载以下层叠样式（.css）和 JavaScript 库（.js）就能够使用 jQuery mobile，代码如下：

```
<meta name="viewport" content="width=device-width, initial-scale=1">
<link rel="stylesheet" href="https://apps.bdimg.com/libs/jquerymobile/1.4.5/jquery.mobile-1.4.5.min.css">
<script src="https://apps.bdimg.com/libs/jquery/1.10.2/jquery.min.js"></script>
<script src="https://apps.bdimg.com/libs/jquerymobile/1.4.5/jquery.mobile-1.4.5.min.js">
</script>
```

2. 下载 jQuery mobile

如果想将 jQuery mobile 放于主机中，可以从 https://jquerymobile.com/download/下载 jquery.mobile-1.4.5.zip 文件。下载后解压，将需要引用的 jQuery mobile 内核文件分别复制到 css 文件夹和 js 文件夹中。jquery.mobile-1.4.5.zip 文件下载界面如图 10-18 所示。

图 10-18　jquery.mobile-1.4.5.zip 文件下载界面

10.3.2　jQuery mobile 常用组件

微　课

jQuery mobile
常用组件

jQuery mobile 通过 HTML5 data-*属性来支持页面结构、页面过渡和各种 UI 元素。

1. 页面结构组件

jQuery mobile 主要使用属性 data-role-*定义页面的各个结构。此外，在链接中添加 data-rel="dialog" 属性，可以让用户单击链接时弹出对话框。jQuery mobile 页面结构组件见表 10-6。

表 10-6　jQuery mobile 页面结构组件

HTML5 属性	描　述
data-role="page"	是在浏览器中显示的页面
data-role="header"	是在页面顶部创建的工具条（通常用于标题或者搜索按钮）
data-role="main"	定义了页面的内容，比如文本、图片、表单、按钮等
data-role="footer"	用于创建页面底部的工具条
data-dialog="true"	页面作为对话框使用

下面的 HTML5 代码是一个典型的 jQuery mobile 页面结构，效果如图 10-19 所示。

```
<body>
    <div data-role="page">
    <div data-role="header"> 页头文本</div>
    <div data-role="main" class="ui-content">页面主要内容</div>
    <div data-role="footer">页脚文本</div>
    </div>
</body>
```

> 页头文本
>
> 页面主要内容
>
> 页脚文本

图 10-19　jQuery mobile 页面

2. 页面过渡组件

jQuery mobile 可以在单个 HTML 文件中创建多个不同 id 的页面。页面之间的切换通过 a 元素的 href 属性链接到不同的 id 上。在页面切换过程中，可以呈现多种页面过渡效果。表 10-7 中列出了各种页面过渡效果实现的 HTML5 属性。

表 10-7　jQuery mobile 页面过渡组件

HTML5 属性	描述
data-transition="fade"	data-transition 默认值。淡入到下一页
data-transition="flip"	从后向前翻转到下一页
data-transition="flow"	抛出当前页，进入下一页
data-transition="pop"	像弹出窗口那样转到下一页
data-transition="slide"	从右向左滑动到下一页
data-transition="slidefade "	从右向左滑动并淡入到下一页
data-transition="slideup"	从下到上滑动到下一页
data-transition="slidedown"	从上到下滑动到下一页
data-transition="turn"	转向下一页
data-transition="none"	页面无过渡效果
data-direction="reverse"	页面朝相反方向过渡退回上一页，一般与 data-transition="slide"等带方向的过渡搭配使用

例如，定义两个页面 page1 和 page2。page1 效果如图 10-20 所示，在 page1 中通过超链接打开 page2，使用 slide 过渡方法。page2 效果如图 10-21 所示，在 page2 中通过链接打开 page1，slide 过渡方向为相反的方向。两个页面的 div 元素都使用 ui-content 类，用来增加内外边距。代码如下：

```
<body>
    <div data-role="page" id="page1">
        <div class="ui-content">
            <a href="#page2" data-transition="slide">滑动到第二个页面</a>
        </div>
    </div>
    <div data-role="page" id="page2">
        <div class="ui-content">
            <a href="#page1" data-transition="slide" data-direction="reverse">返回第一个页面
</a>
        </div>
    </div>
</body>
```

滑动到第二个页面

图 10-20　Page1 效果

返回第一个页面

图 10-21　Page2 效果

3. 按钮组件

在 jQuery mobile 中，按钮可通过三种方式创建：使用 button 元素、使用 input 元素以及使用带有 class="ui-btn" 类的 a 元素。

默认情况下，按钮占满整个屏幕宽度。如果想要一个与内容一样宽的按钮，或者想要并排显示两个或多个按钮，需添加 data-inline="true"属性或使用.ui-btn-inline 类。

使用 data-role="controlgroup"属性和 data-type="horizontal|vertical"属性可以把多个按钮组合在一起，形成水平或垂直组合按钮。例如，下面的代码将三个按钮水平组合在一起，效果如图 10-22 所示：

按钮 1　按钮 2　按钮 3

图 10-22　按钮组合

```
<div data-role="controlgroup" data-type="horizontal">
    <a href="#anylink" data-role="button">按钮 1</a>
    <a href="#anylink" data-role="button">按钮 2</a>
    <a href="#anylink" data-role="button">按钮 3</a>
</div>
```

4. 导航栏组件

导航栏组件使用 data-role="navbar"属性定义，导航栏中的链接将自动变成按钮。下面的代码产生一个导航栏，效果如图 10-23 所示。

```
<div data-role="navbar">
    <ul>
        <li><a href="#">1</a></li>
        <li><a href="#">2</a></li>
        <li><a href="#">3</a></li>
    </ul>
</div>
```

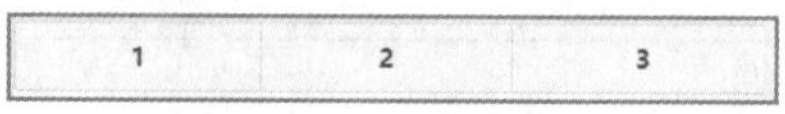

| 1 | 2 | 3 |

图 10-23　导航栏效果

5．按钮图标类

按钮图标类是以 class 类的形式展示按钮图标。按钮图标类要与.ui-btn 类搭配使用，并且要指定按钮图标的显示位置。按钮图标类列表见表 10-8。

表 10-8　按钮图标类列表

类　名	作　用	图　标	类　名	作　用	图　标
ui-icon-arrow-l	左箭头		ui-icon-lock	挂锁	
ui-icon-arrow-r	右箭头		ui-icon-search	搜索	
ui-icon-info	信息		ui-icon-alert	警告	
ui-icon-delete	删除		ui-icon-grid	网格	
ui-icon-back	后退		ui-icon-home	主页	
ui-icon-audio	扬声器				

按钮图标位置是以四个 class 类进行控制：.ui-btn-icon-top 类（顶部）、.ui-btn-icon-right 类（右侧）、.ui-btn-icon-bottom 类（底部）、.ui-btn-icon-left 类（左侧）。如果未指定按钮图标的位置，图标将不显示。例如，下面的代码将在 a 元素左侧位置产生左箭头，效果如图 10-24 所示。

```
<a href="#" class="ui-btn ui-icon-arrow-l ui-btn-icon-left ui-btn-inline">链接</a>
```

图 10-24　左箭头按钮图标

如果要去掉按钮图标的圆圈，需添加.ui-nodisc-icon 类。

6．面板组件

面板组件使用 data-role="panel"属性定义。jQuery mobile 中的面板会在屏幕的左侧向右侧划出。要访问面板，需要创建一个指向面板 div 元素 id 的链接，单击该链接即可打开面板。下面的代码产生一个面板，并创建一个链接进行面板打开与关闭的切换。效果如图 10-25 所示。

```
<div data-role="page">
    <div data-role="panel" id="myPanel"><p>面板内容...</p></div>
    <div class="ui-content"><a href="#myPanel" class="ui-btn ui-btn-inline">面板</a></div>
</div>
```

7．折叠组件

折叠组件使用 data-role="collapsible"属性定义，在容器（div）内，添加一个标题元素（H1-H6）。默认情况下，内容是被折叠起来的。如需在页面加载时展开内容，可使用 data-collapsed="false"属性。

如果把若干可折叠组件用带有 data-role="collapsible-set"的新容器包围起来，可以形成可折叠集合。下面的代码产生一个折叠面板并展开。效果如图 10-26 所示。

```
<div data-role="collapsible"data-collapsed="false">
    <h1>折叠标题</h1>
    <p>内容...</p>
</div>
```

图 10-25　面板打开时的效果

图 10-26　折叠面板展开时的效果

8．弹窗组件

创建一个弹窗，需要使用 a 元素和 div 元素。div 元素中的内容为弹窗显示的内容，在 div 元素中添加

data-role="popup"属性，并指定 id；在 a 元素上添加 data-rel="popup"属性，并设置<a>标签的 href 值为<div>标签指定的 id。

例如，单击图 10-27 所示的弹窗链接，会产生图 10-28 所示的弹窗内容。代码如下：

```
<divclass="ui-content">
    <a href="#myPopup" data-rel="popup" class="ui-btn ui-btn-inline ui-corner-all">弹窗</a>
    <div data-role="popup" id="myPopup"><p>弹窗内容...</p></div>
</div>
```

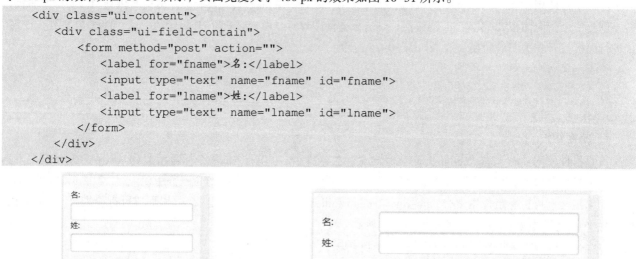

图 10-27　弹窗链接　　　　　　　　　　　　　　10-28　弹窗内容

9．表单组件

jQuery mobile 会自动为 HTML 表单添加样式，自动适配移动设备与桌面设备。

1）data-clear-btn="true"属性

该属性用在 input 元素中，用来在输入框右侧添加清除输入框内容的⊗图标，效果如图 10-29 所示，代码如下：

```
<input type="text" name="fname" id="fname" data-clear-btn="true">
```

图 10-29　出现在输入框右侧的 X 图标

2）.ui-field-contain 类

.ui-field-contain 类基于页面宽度来设置 label 和表单控件的样式。当页面宽度大于 480 px 时，它会自动将 label 与表单控件放置于同一行。当小于 480 px 时，label 会被放置于表单元素之上。例如，下面的代码中，页面宽度小于 480 px 的效果如图 10-30 所示，页面宽度大于 480 px 的效果如图 10-31 所示。

```
<div class="ui-content">
    <div class="ui-field-contain">
        <form method="post" action="">
            <label for="fname">名:</label>
            <input type="text" name="fname" id="fname">
            <label for="lname">姓:</label>
            <input type="text" name="lname" id="lname">
        </form>
    </div>
</div>
```

图 10-30　页面宽度小于 480 px 的效果　　　　　　　图 10-31　页面宽度大于 480 px 的效果

10．表格组件

jQuery mobile 表格组件主要有回流表格和列切换两种模式。

（1）回流表格模式是根据屏幕水平或垂直尺寸自动旋转，呈现水平显示或垂直显示状态。创建回流表格时，在<table>标签上添加 data-role="table"和 class="ui-responsive"即可，代码如下：

```
<table data-role="table" class="ui-responsive">
```

（2）列切换模式会在宽度不够时自动隐藏数据，创建方式代码如下：

```
<table data-role="table" data-mode="columntoggle" class="ui-responsive" id="myTable">
```

默认情况下会先隐藏表格右侧的列。在表格头部通过添加 data-priority 属性可以指定隐藏列的顺序，data-priority 的值可以是 1（最高优先级）到 6（最低优先级）。

11. 列表组件

jQuery mobile 列表组件应用方法就是在\<ul\>或\<ol\>标签中添加 data-role="listview"属性，在每个 li 项目元素中添加链接。默认情况下，列表项的链接会自动变成一个按钮，效果如图 10-32 所示，代码如下：

图 10-32　列表效果

```
<ul data-role="listview">
    <li><a href="#">1</a></li>
    <li><a href="#">2</a></li>
</ul>
```

（1）使用 data-inset="true"属性可以设置列表样式加边缘和圆角，代码如下：

```
<ul data-role="listview" data-inset="true">
```

（2）给列表项\<li\>元素添加 data-role="list-divider"属性可以指定列表分割；给\<ol\>或者\<ul\>元素添加 data-autodividers="true"属性可以按列表项字母顺序自动生成项目的分隔。

（3）默认情况下每个列表项都会包含一个箭头图标。如果要修改该图标，可以使用 data-icon 属性，其中：data-icon="plus" 为 ⊕；data-icon="minus" 为 ⊖；data-icon="delete" 为 ⊗；data-icon="location" 为 ⦿；data-icon="false"移除图标。

12. 网格组件

网格组件用于较小元素的并排布局。默认情况下 jQuery mobile 是不进行分列布局的。网格组件有四种网格布局，其方法是在父元素（容器）上添加 ui-grid-*类，在子元素（项目）上添加 ui-block-*类，表 10-9 列出网格组件实现的途径。

表 10-9　网格组件四种网格布局

效果描述	父元素（容器）类	子元素（项目）类
平均两列	ui-grid-a	两个子元素分别指定 ui-block-a 和 ui-block-b
平均三列	ui-grid-b	三个子元素分别指定 ui-block-a、ui-block-b 和 ui-block-c
平均四列	ui-grid-c	四个子元素分别指定 ui-block-a、ui-block-b、ui-block-c 和 ui-block-d
平均五列	ui-grid-d	五个子元素分别指定 ui-block-a、ui-block-b、ui-block-c、ui-block-d 和 ui-block-e

例如，制作一个两行三列网格，在父元素中添加 ui-grid-b 类，在子元素中分别添加 ui-block-*类，效果如图 10-33 所示，代码如下：

```
<div class="ui-grid-b">
    <div class="ui-block-a" style="border:1px solid black;">1</div>
    <div class="ui-block-b" style="border:1px solid black;">2</div>
    <div class="ui-block-c" style="border:1px solid black;">2</div>
    <div class="ui-block-a" style="border:1px solid black;">4</div>
</div>
```

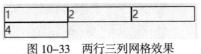

图 10-33　两行三列网格效果

10.3.3　jQuery mobile 事件

jQuery mobile 提供了针对移动端浏览器的事件，包括：触摸事件、滑动事件、定位事件、页面事件。jQuery mobile

常用事件见表 10-10。

表 10-10　jQuery mobile 常用事件列表

方　　法	事　　件	触　发　条　件
tap()	单击	在用户单击元素时触发
taphold()	长按	在单击并不放大约 1 s 后触发
swipe()	滑动	在用户 1 s 内水平拖动大于 30 px，或者纵向拖动小于 20 px 的事件发生时触发的事件
swipeleft()	向左滑动	在用户向左拖动元素大于 30 px 时触发
swiperight()	向右滑动	在用户向右拖动元素大于 30 px 时触发
orientationchange()	屏幕方向改变	当用户垂直或水平旋转移动设备时，触发方向改变（orientationchange）事件

例如，对 p 元素长按 1 s 后，弹出对话框显示"欢迎!"。代码如下：

```
$("p").taphold(function(){alert("欢迎!");})
```

10.3.4　jQuery mobile 组件使用案例

● 微 课

jQuery mobile
组件使用案例

案例 10-3：页面在 HTML 头元素首先引入 jQuery mobile 内核文件。然后在 body 中插入 div#pageone，再在 div#pageone 中插入三个 div 元素，通过 data-role="header"、data-role="main"、data-role="footer" 设置页面头部、页面主体和页脚。

在页面主体中插入无序列表 ul，并使用 data-inset="true" 加上边距。在每个列表项 li 内插入两个 a 元素，实现分割效果。第二个 a 元素的链接文字不可见，使用 ui-corner-all 类加上圆角。

在页面主体中插入 5 个 div 元素。将这 5 个 div 通过 data-role="popup" 属性设置为弹窗内容，并指定 id。在 li 元素中为第二个 a 元素的链接添加 data-rel="popup" 属性，并且指向弹窗内容 id 。当单击该 a 元素时，弹出弹窗内容，效果如图 10-34 所示。

在页面主体中插入 3 行 5 列的响应式表格。表格设置为列切换模型。在表格头部<th>通过添加 data-priority ="优先级"属性来指定隐藏列的顺序。当页面宽度改变时，表格显示不一样的列数，效果如图 10-34 和图 10-35 所示。
HTML 代码如下：

图 10-34　jQuery UI 应用案例效果

图 10-35　页面宽度改变时显示不同的表格列数效果

```html
<html>
<head>
    <meta name="viewport" content="width=device-width, initial-scale=1">
    <link rel="stylcsheet" href="jquery.mobile-1.4.5/jquery.mobile-1.4.5.min.css">
    <script src="jquery.mobile-1.4.5/demos/js/jquery.min.js"></script>
```

```html
        <script src="jquery.mobile-1.4.5/jquery.mobile-1.4.5.min.js"></script>
        <title>案例 10-3</title>
    </head>
<body>
    <div data-role="page" id="pageone">
        <div data-role="header"><h1>案例 10-3</h1></div>
        <div data-role="main" class="ui-content">
            <ul data-role="listview" data-inset="true">
                <li>
                    <a href="#"><h2>Edge 浏览器</h2></a>
                    <a href="#myPopup1" data-rel="popup" class="ui-corner-all">显示弹窗</a>
                </li>
                <li>
                    <a href="#"><h2>Google Chrome 浏览器</h2></a>
                    <a href="#myPopup2" data-rel="popup" class="ui-corner-all">显示弹窗</a>
                </li>
                <li>
                    <a href="#"><h2>Safari 浏览器</h2></a>
                    <a href="#myPopup3" data-rel="popup" class="ui-corner-all">显示弹窗</a>
                </li>
                <li>
                    <a href="#"><h2>Opera 浏览器</h2></a>
                    <a href="#myPopup4" data-rel="popup" class="ui-corner-all">显示弹窗</a>
                </li>
                <li>
                    <a href="#"><h2>Mozilla Firefox 浏览器</h2></a>
                    <a href="#myPopup5" data-rel="popup" class="ui-corner-all">显示弹窗</a>
                </li>
            </ul>
            <div data-role="popup" id="myPopup1"><p>Google Chrome 是免费的开源…。</p></div>
            <div data-role="popup" id="myPopup2"><p>微软公司 Windows7-现在的 Windows11 自
带…</p></div>
            <div data-role="popup" id="myPopup3"><p>苹果的电脑系统上面默认安装的浏览器。</p>
</div>
            <div data-role="popup" id="myPopup4"><p>是一款挪威 Opera Software ASA 公司
的…</p></div>
            <div data-role="popup" id="myPopup5"><p>Firefox 是来自 Mozilla 的…。</p></div>
            <table data-role="table" data-mode="columntoggle" class="ui-responsive" id=
"myTable">
            <thead>
                <tr>
                    <th data-priority="4">CustomerID</th>
                    <th>CustomerName</th>
                    <th data-priority="1">ContactName</th>
                    <th data-priority="2">Address</th>
                    <th data-priority="3">City</th>
                </tr>
            </thead>
            <tbody>
            <tr>
                <td>1</td>
                <td>Alfreds Futterkiste</td>
                <td>Maria Anders</td>
                <td>Obere Str. 57</td>
                <td>Berlin</td>
```

```
            </tr>
            <tr>
                <td>2</td>
                <td>Antonio Moreno Taquer</td>
                <td>Antonio Moreno</td>
                <td>Mataderos 2312</td>
                <td>Mico D.F.</td>
            </tr>
            </tbody>
            </table>
        </div>
        <div data-role="footer"><h1>底部文本</h1></div>
    </div>
</body>
</html>
```

10.3.5　任务 10-3：使用 jQuery mobile 制作移动端页面

微　课

任务 10-3

1. 任务描述

使用 jQuery mobile 制作移动端页面，页面主体效果如图 10-36 所示。长按页面上的小图片，会显示相应的大图；页脚分别放置两个按钮"上一张"和"下一张"，分别向左、向右滑动这两个按钮，会切换大图的图片；单击"效果展示"按钮会打开图 10-37 所示的面板，面板上有 9 种不同的效果，如图 10-38 所示。

图 10-36　页面主体效果

图 10-37　打开面板

图 10-38　弹出对话框

2. 任务要求

通过本任务的练习，要熟练掌握 jQuery mobile 移动端开发的基本方法；掌握 jQuery mobile 页面的基本结构；掌握按钮组件、面板组件、页面过渡组件、网格组件的基本应用技巧；掌握 jQuery mobile 事件的实施方法。

3. 任务分析

本任务 HTML 文档有两个 jQuerymobile 页面：div#page1 和 div#page2。div#page2 在 div#page1 后面，默认不会被显示；div#page2 通过 data-dialog="true"属性设置为对话框。

在 div#page1 中，小图片使用网格组件进行布局。在父容器 div#pic 中添加 ui-grid-d 类，制作一个五列网格；小图片放在第 2、3、4 列，共 3 行，形成居中效果；网格下方插入大图 img#photo，在脚本中编写小图片长按事件为：更改大图 img#photo 的 src 属性。

在 div#page1 的页脚处插入两个按钮"上一张"和"下一张"。在脚本中编写按钮"上一张"向左滑动事件为：更改大图 img#photo 的 src 属性，属性值为上一序号图片的 url；在脚本中编写按钮"下一张"向右滑动事件为：更改大图 img#photo 的 src 属性，属性值为下一序号图片的 url。

在 div#page1 中插入 div#myPanel，通过 data-role="panel"将 div#myPanel 设置为面板。插入 a 元素，并通过 ui-btn 类和 ui-btn-inline 类呈内联按钮状，设置其 href 属性值为"#myPanel"，实现单击按钮打开面板的开关。

面板 div#myPanel 上插入 9 个 a 元素，组成按钮组。每个 a 元素都链接到 div#page2 打开对话框。在 a 元素中通过添加 data-transition 属性呈现 9 种不同的过渡效果。

4．工作过程

步骤 1：站点规划。

（1）新建文件夹作为站点，站点内建立 images 文件夹、js 文件夹、css 文件夹，将本节素材存放在 images 文件夹中；将 jquery.min.js 文件和 jquery.mobile-1.4.5.min.js 文件存放在 js 文件夹中；将 jquery.mobile-1.4.5.min.css 文件存放在 css 文件夹中。

（2）新建网页，设置<title>为"任务 10-3"；将网页命名为 task10-3.html，保存到站点所在的目录。

（3）准备好 jQuery mobile 内核文件，在网页 task10-3.html 中引用 jQuery mobile 内核文件，方法参照 10.3.1 节内容。

步骤 2：建立网页的基本结构。

（1）在网页 task10-3.html 中插入两个 jQuery mobile 页面：div#page1 和 div#page2。div#page2 通过 data-dialog="true"属性设置为对话框。参考代码如下：

```
<head>
    <meta name="viewport" content="width=device-width, initial-scale=1">
    <link rel="stylesheet" href="css/jquery.mobile-1.4.5.min.css">
    <script src="js/jquery.min.js"></script>
    <script src="js/jquery.mobile-1.4.5.min.js"></script>
    <title>任务 10-3</title>
</head>
<body>
    <div data-role="page" id="page1">
        <div data-role="header"></div>
        <div data-role="main" class="ui-content"></div>
        <div data-role="footer" id="footer"></div>
    </div>
    <div data-role="page" data-dialog="true" id="page2">
        <div data-role="header"></div>
        <div data-role="main" class="ui-content"></div>
        <div data-role="footer"></div>
    </div>
</body>
```

（2）在 div#page1 的页面头部插入 a 元素并通过 ui-btn 类呈现按钮样式。在 a 元素中分别通过 ui-icon-home 类和 ui-icon-search 类呈现首页和搜索按钮图标，效果如图 10-39 所示，代码如下：

```
<div data-role="header">
    <a href="#" class="ui-btn ui-icon-home ui-btn-icon-left">首页</a>
    <h1>任务 10-3</h1>
    <a href="#" class="ui-btn ui-icon-search ui-btn-icon-right">搜索</a>
</div>
```

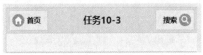

图 10-39　在页面头部使用按钮图标

（3）在 div#page2 的页面头部和页脚处输入文字，在主要内容处插入图片，代码如下：

```
<div data-role="header"><h1>图像展示</h1></div>
<div data-role="main" class="ui-content"><img src="images/photo/16.jpg" width="100%"></div>
<div data-role="footer"><h1>行摄天涯</h1></div>
```

步骤 3：面板的制作。

（1）在 div#page2 网页头部上面插入 div#myPanel，通过 data-role="panel"将 div#myPanel 设置为面板。

（2）在 div#myPanel 中插入 9 个 a 元素，组成按钮组。每个 a 元素都链接到 div#page2，打开对话框。在 a 元素中通过添加 data-transition 属性呈现 9 种不同的过渡效果。

（3）用 div 元素将 9 个 a 元素包裹，添加 data-role="controlgroup"属性组成按钮组。参考代码如下：

```
<div data-role="panel" id="myPanel">
    <div data-role="controlgroup">
        <a href="#page2" data-transition="fade" data-role="button">淡入效果</a>
        <a href="#page2" data-transition="flip" data-role="button">翻转效果</a>
        <a href="#page2" data-transition="flow" data-role="button">抛出效果</a>
        <a href="#page2" data-transition="pop" data-role="button">弹出效果</a>
        <a href="#page2" data-transition="slide" data-role="button">向左滑动效果</a>
        <a href="#page2" data-transition="slidefade" data-role="button">向左滑动并淡入</a>
        <a href="#page2" data-transition="slideup" data-role="button">向上滑动效果</a>
        <a href="#page2" data-transition="slidedown" data-role="button">向下滑动效果</a>
        <a href="#page2" data-transition="turn" data-role="button">转向效果</a>
    </div>
</div>
```

（4）div#page1 的主要内容区插入 a 元素，并通过 ui-btn 类和 ui-btn-inline 类呈内联按钮状，设置其 href 属性值为"#myPanel"，实现单击按钮打开面板的开关。代码如下：

```
<div data-role="main" class="ui-content" >
    <p>点击下面按钮打开面板。</p>
    <a href="#myPanel" class="ui-btn ui-btn-inline">效果展示</a>
</div>
```

步骤 4：网格图片的制作。

（1）在 div#page1 中插入 div#pic，在 div#pic 中添加 ui-grid-d 类制作一个五列网格进行布局，网格内的小图片放在第 2、3、4 列，共 3 行，形成居中效果。

（2）在网格下面插入大图 img#photo，代码如下：

```
<div class="ui-grid-d" id="pic">
    <div class="ui-block-a"></div>
    <div class="ui-block-b"><img src="images/01.jpg" width="65" height="44"></div>
    <div class="ui-block-c"><img src="images/02.jpg" width="65" height="44"></div>
    <div class="ui-block-d"><img src="images/03.jpg" width="65" height="44"></div>
    <div class="ui-block-e"></div>
    <div class="ui-block-a"></div>
    <div class="ui-block-b"><img src="images/04.jpg" width="65" height="44"></div>
    <div class="ui-block-c"><img src="images/05.jpg" width="65" height="44"></div>
    <div class="ui-block-d"><img src="images/06.jpg" width="65" height="44"></div>
    <div class="ui-block-e"></div>
    <div class="ui-block-a"></div>
    <div class="ui-block-b"><img src="images/07.jpg" width="65" height="44"></div>
    <div class="ui-block-c"><img src="images/08.jpg" width="65" height="44"></div>
    <div class="ui-block-d"><img src="images/09.jpg" width="65" height="44"></div>
    <div class="ui-block-e"></div>
    </div>
<img src="images/photo/01.jpg" width="100%" id="photo"></div>
```

步骤 5：页脚的制作。

（1）在 div#page1 的页脚处插入两个按钮"上一张"和"下一张"，代码如下：

```
<div data-role="footer" id="footer">
    <a href="#" class="ui-btn ui-corner-all ui-shadow ui-icon-arrow-l ui-btn-icon-left"
id="pre">上一张</a>
    <a href="#" class="ui-btn ui-corner-all ui-shadow ui-icon-arrow-r ui-btn-icon-left"
id="next">下一张</a>
</div>
```

（2）在内部样式表中设置页脚的样式，代码如下：

```
#footer{ text-align:center}
```

步骤 6：实现更换大图显示。

（1）在脚本中编写小图片长按事件为：更改大图 img#photo 的 src 属性。

（2）在脚本中编写按钮"上一张"向左滑动事件为：更改大图 img#photo 的 src 属性，属性值为上一序号图片的 url。

（3）在脚本中编写按钮"下一张"向右滑动事件为：更改大图 img#photo 的 src 属性，属性值为下一序号图片的 url。参考代码如下：

```
<script>
$(function(){
    var g2="images/photo/01.jpg";
    $("#pic").find("img").taphold(function(){        //长按小图片
        var g1=$(this).attr("src");                   //取出 src 属性值
        g1=g1.substring(7,9);                         //取第 7 个和第 8 个字符，字符数从 0 开始计
        g2="images/photo/"+g1+".jpg";
        $("#photo").attr("src",g2);                   //设置大图 src 属性值
        })
    $("#pre").swipeleft(function(){
        var n=g2.substring(13,15);
        var i=parseInt(n)-1;                          //parseInt()函数将字符串转换为整型数
        if(i==0){i=1;}                                //第一张前面不再有照片
        g2="images/photo/0"+i+".jpg";
        $("#photo").attr("src",g2);
        })
    $("#next").swiperight(function(){
        var m=g2.substring(13,15);
        var j=parseInt(m)+1;
        if(j==10){j=9;}                               //最后一张后面不再有照片
        g2="images/photo/0"+j+".jpg";
        $("#photo").attr("src",g2);
        })
})
</script>
```

步骤 7：保存文件，完成制作。

10.4　小 试 牛 刀

使用 jQuery mobile 制作移动端页面，单击页面页脚处的按钮，可以实现页面的切换。效果如图 10-40 所示。

参考步骤：

步骤 1：站点规划。

（1）新建文件夹作为站点，站点内建立 CSS 文件夹，将本节素材存放在 images 文件夹中。

（2）新建网页，设置 <title> 为"小试牛刀 10"；将网页命名为 ex10-0.html 保存在站点所在的目录。

（3）准备好 jQuery mobile 内核文件，在网页 ex10-0.html 中引用 jQuery mobile 内核文件。

图 10-40　"Q 衣小屋"三个页面切换

步骤 2：建立网页的基本结构。

（1）在网页 ex10-0.html 里插入 3 个 div 元素 div#page1、div#page2 和 div#page3，分别定义其 data-role="page"属性为 jQuery mobile 页面。

（2）在每个页面内分别插入三个 div 元素，通过 data-role="header"、data-role="main"、data-role="footer"设置页面头部、页面主体和页脚。

（3）在每个页面的页面头部输入标题：欢迎来到 Q 衣小屋。

步骤 3：制作 div#page1 页面。

（1）在 div#page1 的主要页面内容区插入图像 t1.jpg。

（2）在 div#page1 页脚插入 a 元素，并链接到 page2，输入链接文字"下一件"。

步骤 4：制作 div#page2 页面。

（1）在 div#page2 的主要页面内容区插入图像 t2.jpg。

（2）在 div#page2 页脚插入两个 a 元素，其中一个 a 元素链接到 page1，输入链接文字"上一件"；另一个 a 元素链接到 page3，输入链接文字"下一件"。

步骤 5：制作 div#page3 页面。

（1）在 div#page3 的主要页面内容区插入图像 t3.jpg。

（2）在 div#page3 页脚插入 a 元素，并链接到 page2，输入链接文字"上一件"。

步骤 6：保存文件，完成制作。

小　　结

本章首先学习 jQuery 基础，包括 jQuery 基本操作、效果和方法；然后学习了 jQuery UI 的基本应用。jQuery UI 是在 jQuery 的基础上，利用 jQuery 的扩展性设计的插件，提供了常用的界面元素，如对话框、拖动行为、改变大小行为等；最后学习了 jQuery mobile。jQuery mobile 是一个基于 jQuery 构建的强大框架，专为移动平台而设计。本章内容较多，限于篇幅，不能一一进行详细介绍，大家要在实践中将知识点加以细化，不断深入探索。

思考与练习

1. 简述 jQuery 与 JavaScript 分别是什么，它们之间是什么关系？

2. 简述 jQuery UI、jQuery mobile 与 jQuery 相互之间是什么关系？

3. 运用 jQuery 并结合 setInterval()函数让红色的样式在列表项中循环滚动,直至鼠标单击时停止样式循环,并且将当前选中的选项标识为红色,效果如图 10-41 所示。

4. 运用 jQuery UI 并结合 setInterval()函数制作进度条,单击"开始"按钮后,进度条开始从左到右表示进度,效果如图 10-42 所示。当进度完成之后弹出 jQuery UI 对话框部件,显示"完成",如图 10-43 所示。

5. 运用 jQuery mobile 折叠组件制作图 10-44 所示页面。

图 10-41 样式滚动切换

图 10-42 进度条进行过程中

图 10-43 进度条完成

图 10-44 折叠效果

第 11 章

响应式布局与 Bootstrap 框架

随着移动终端用户越来越多，为解决如今各式各样的浏览器分辨率以及不同移动设备的显示效果，设计师提出了响应式布局的设计方案。本章首先介绍了基于媒体查询的响应式布局的实现机制，然后学习 Bootstrap 响应式栅格系统，并进一步学习 Bootstrap 框架下的常用组件与插件。

内容结构图

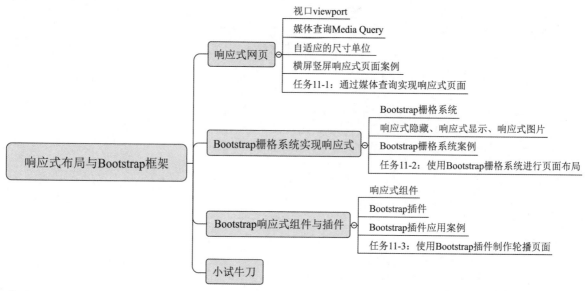

🔭 学习目标

➢ 了解响应式布局的类型和作用；

➢ 理解基于媒体查询的响应式布局的实现机制；

➢ 掌握 Bootstrap 响应式框架下的栅格系统；

➢ 能运用 Bootstrap 框架下的常用响应式组件与插件进行页面重构。

11.1 响应式网页

所谓响应式布局，就是指同一个网页在不同的终端上呈现出不同的显示效果，能根据不同的屏幕宽度、横竖屏、移动端还是 PC 端等选择不同的渲染方式。

Bootstrap 是由 Twitter 推出的 Web 前端开发框架，用于开发响应式布局、移动优先的 Web 项目。Bootstrap 利用其栅格系统，对于不同的屏幕采用不同的类属性。在开发中可以只写一套代码，在手机、平板、PC 端都能使用。Bootstrap 框架还提供了强大的组件与插件，让前端开发更加快速、简单。

响应式布局这一概念最初是由 Ethan Marcotte 提出的，这个概念是为解决移动互联网浏览而诞生的。这一概念回应了用户及其所用设备的需求，版式会根据设备的大小和功能而变化。响应式网页能够兼容多个终端，而不必为每个终端做一个特定的版本。例如，手机可能会以单列视图的形式呈现内容，而同样的内容可能会以双列的形式呈现在平板电脑上。

11.1.1　视口 viewport

在移动设备上进行网页的重构或开发，首先需要理解移动设备上的视口 viewport。移动设备上的 viewport 就是设备的屏幕上能用来显示网页的那一块区域。视口 viewport 不局限于浏览器可视区域的大小，它可能比浏览器的可视区域要大，也可能比浏览器的可视区域要小。在默认情况下，移动设备上的 viewport 都是要大于浏览器可视区域的，这是因为移动设备的分辨率相对于桌面计算机来说都比较小。为了能在移动设备上正常显示那些传统的为桌面浏览器设计的网站，移动端会以桌面端的屏幕宽度呈现页面，然后再调整字体大小将整体内容调整为适合屏幕的大小。一般情况下，移动设备上的浏览器都会把自己默认的 viewport 设为 980 px 或 1 024 px（也可能是其他值，这个由设备自己决定），但带来的后果就是浏览器会出现横向滚动条。为了解决这一问题，需要在 HTML 文档头部加入<meta>标签，使用 viewport 属性指示浏览器如何对网页尺寸和缩放比例进行控制。代码如下：

```
<meta name="viewport" content="width=device-width, initial-scale=1.0">
```

<meta>标签 viewport 属性首先是由苹果公司在其 safari 浏览器中引入的，目的是解决移动设备的 viewport 问题。后来安卓以及其他各大浏览器厂商也都纷纷效仿。在苹果的规范中，meta viewport 有 6 个属性参数，见表 11-1。

表 11-1　meta viewport 的 6 个属性参数

属　性	属性值及功能
width	设置 layout viewport 的宽度，为一个正整数，或字符串"device-width"
initial-scale	设置页面的初始缩放值，为一个数字，可以带小数
minimum-scale	允许用户的最小缩放值，为一个数字，可以带小数
maximum-scale	允许用户的最大缩放值，为一个数字，可以带小数
height	设置 layout viewport 的高度，该属性对用户来说并不重要，很少使用
user-scalable	是否允许用户进行缩放，值为 no 或 yes，no 代表不允许，yes 代表允许

这些属性参数可以同时使用，也可以单独使用或混合使用，多个属性参数同时使用时用逗号隔开。设置 width=device-width 可以将宽度指定为设备宽度，但有些设备会横竖屏不分，通通以竖屏的 viewport 宽度为准，所以还需添加 initial-scale=1 解决这一问题。即允许网页完全占用横向宽度，指示浏览器将网页与屏幕宽度的比例设置为 1:1，而不必考虑设备的方向。

11.1.2　媒体查询 Media Query

媒体查询能在不同条件下使用不同的样式，使页面在不同终端设备下达到不同的渲染效果。媒体查询有以下两种使用途径。

1. 使用@media

格式：

```
@media 媒体类型 and (媒体特性){样式列表}
```

媒体查询使用@media 开头，然后指定媒体类型（又称设备类型），随后是指定媒体特性（又称设备特性）。常用的媒体类型列表见表 11-2。

微　课
视口 viewport

微　课
媒体查询
Media Query

表 11-2　常用的媒体类型列表

值	描　　　述
all	用于所有设备，如果没有明确指定媒体类型，那么其默认值为 all
print	用于打印机和打印预览
screen	用于计算机屏幕、平板电脑、智能手机等
speech	应用于屏幕阅读器等发声设备
not	使用关键词 not 排除某种指定的媒体类型
only	only 用来指定某种特定的媒体类型，可以用来排除不支持媒体查询的浏览器

媒体特性的书写方式和样式的书写方式非常相似，主要分为两个部分，第一个部分是特性名称，第二个部分为特性值，两部分之间使用冒号分隔，常用的媒体特性列表见表 11-3。

表 11-3　常用的媒体特性列表

特　　　性	特性值描述
device-height	定义输出设备屏幕分辨率的高度
device-width	定义输出设备屏幕分辨率的宽度
max-device-height	定义输出设备屏幕分辨率的最大高度
max-device-width	定义输出设备屏幕分辨率的最大宽度
min-device-width	定义输出设备屏幕分辨率的最小宽度
min-device-height	定义输出设备屏幕分辨率的最小高度
max-height	定义输出设备中浏览器页面最大可见区域的高度
max-width	定义输出设备中浏览器页面最大可见区域的宽度
min-height	定义输出设备中浏览器页面最小可见区域的高度
min-width	定义输出设备中浏览器页面最小可见区域的宽度
height	定义输出设备中浏览器页面可见区域的高度
width	定义输出设备中浏览器页面可见区域的宽度

最大宽度 max-width 是媒体特性中最常用的特性，其意思是指媒体类型小于或等于指定的宽度时，样式生效。例如，当屏幕小于或等于 480 px 时，页面中的广告区块（.ads）将被隐藏，代码如下：

```
@media screen and (max-width:480px){
    .ads { display:none; }
}
```

最小宽度 min-width 与 max-width 相反，指的是媒体类型大于或等于指定宽度时，样式生效。例如，当屏幕大于或等于 900 px 时，容器.wrapper 的宽度为 980 px。代码如下：

```
@media screen and (min-width:980px){
    .wrapper {width:980px; }
}
```

媒体查询可以使用关键词 and 将多个媒体特性结合在一起。也就是说，一个 Media Query 中可以包含 0 到多个表达式，表达式又可以包含 0 到多个关键字，以及一种媒体类型。例如，当屏幕在 600～900 px 时，body 的背景色渲染为#f5f5f5，代码如下：

```
@media screen and (min-width:600px) and (max-width:900px){
    body {background-color:#f5f5f5;}
}
```

2．在样式表链接中使用 media 属性

媒体查询除了使用@media 之外还可以在样式表链接中使用 media 属性，例如：

```
<link rel="stylesheet" media="only screen and (max-device-width:480px)" href="iphone.css" >
```

上面的代码指的是 iphone.css 样式适用于最大设备宽度为 480 px 的设备，max-device-width 指的是设备的实际分辨率，也就是指可视面积分辨率。

在样式表链接中使用 media 属性可以实现动态加载样式表，例如：

```
<link rel="stylesheet" type="text/css" href="style1.css" media="screen and (min-width:980px)" >
<link rel="stylesheet" type="text/css" href="style2.css" media="screen and (max-width:750px)" >
<link rel="stylesheet" type="text/css" href="style3.css" media="(min-width:750px) and
(max-width:980px)">
```

11.1.3　自适应的尺寸单位

媒体查询主要解决响应式网页在布局方面整体宽度和高度的尺寸问题。在响应式网页中还需要处理字体大小，以及各种元素的尺寸（包括图形、视频的尺寸）能否自适应整体尺寸的问题。元素设置 CSS 尺寸时，要想实现尺寸自适应整体尺寸，就不要以 px 为单位。因为以 px 为单位的元素在不同终端设备上显示效果差别太大。在上节样式表链接中使用 media 属性，针对不同的屏幕尺寸动态加载不同样式表文件可以解决这一问题。但这要为不同整体尺寸的网页写不同的样式表文件，维护起来非常不便，故不推荐使用。最好的解决方法是在样式表中使用自适应尺寸单位，如 vw、vh、百分比、auto、rem 等。

微 课

自适应的尺寸
单位

1. vw 与 vh

vw 与 vh 的全称是 viewport width 和 viewport height，即视口的宽度和高度。vw 是视口宽度的 1/100，vh 是视口高度的 1/100。vw 最大值为 100vw，超过 100vw 按 100vw 计，vh 最大值为 100vh，超过 100vh 按 100vh 计。

与 vw 和 vh 相关的还有两个尺寸单位是 vmin 与 vmax。vmin 是当前 vw 和 vh 中较小的一个值，vmax 是当前 vw 和 vh 中较大的一个值。在进行移动页面开发时，如果使用 vw、wh 设置字体大小，竖屏和横屏状态下显示的字体大小是不一样的。这里就可以用到 vmin 和 vmax。使得文字大小在横竖屏下保持一致。

2. 使用百分比的流式布局

在页面中使用百分比为尺寸单位又称流式布局，百分比是相对于父元素的大小设定的比率。通过盒子的宽度设置成百分比是根据屏幕的宽度进行伸缩，不受固定像素的限制，内容向两侧填充。这样的布局方式是移动 Web 开发使用的常用布局方式。这样的布局可以适配移动端不同的分辨率设备，特别适合于电商网站的布局。

3. em 与 rem

em 尺寸单位在 1.3.1 字体属性中已作详细介绍。虽然 em 是一个相对值，但 em 是相对于父元素大小的变化而变化，是父元素的倍数。面对多层元素嵌套，使用 em 会变得混乱。rem 则解决了这一问题。rem 是 root em，它是相对于根元素 html 元素的 font-size 的相对值。例如，设置根元素 html { font-size: 20px; }，那么 1 rem 就等于 20 px，不受父元素及元素嵌套的影响。如果根元素 html 也使用 rem 为单位，即 rem 作用于根元素，其大小是相对于根元素的默认值。例如：

```
html{font-size:2rem}      /*根元素的大小为默认值 16 px 的 2 倍，即 32 px */
P{ width:2rem}            /*p 的宽度为根元素的大小的 2 倍，即 64 px */
```

如果将根元素的大小恒等于屏幕宽度的固定比例（如 1/100），通过 rem 单位就可以实现基于宽度的等比缩放。

```
html{font-size:1vw  }     /*根元素的大小为屏幕宽度的 1/100*/
P{width:15.625rem}        /*如果屏幕宽度为 640 px，p 元素的实际宽度为 640 px/100*15.625=100 px */
```

4. calc()函数设置响应式字体大小

CSS 的 calc()函数用于动态计算长度值，运算符前后都需要保留一个空格。例如要将 div 元素的宽度设置为父元素宽度减去 10 px，可以用下面的代码：

```
div{width: calc(100% - 10px);}
```

使用 calc()函数结合 rem 和 vw，通过媒体查询可以实现响应式字体大小的设置。最简单的是在根元素中设置字体大小使用 calc()函数，代码如下：

```
html{font-size:calc(1rem + 1vw );}
```

11.1.4 横屏竖屏响应式页面案例

案例 11-1：制作横屏竖屏自适应响应式页面，当浏览器宽度超过 750 px 时，为图 11-1 所示的横向布局，当浏览器宽度小于 750 px 时，为图 11-2 所示的纵向布局。代码如下：

图 11-1　横向布局

图 11-2　纵向布局

```html
<!doctype html>
<html>
    <head>
        <meta charset="utf-8">
        <meta name="viewport" content="width=device-width, initial-scale=1">
        <title>案例11-1</title>
        <style>
            html{ font-size:2vw;}
            #container{position:relative;display:flex; flex-direction:column;}
            header{ width:100%;background:url(banner.jpg) no-repeat;
            background-size:100% 100%;}
            #content{width:100%; display:flex;}
            #left{ background-color:#0F6;}
            #center{ background-color:#CCC; box-sizing:border-box; padding:1rem;}
            #right{ background-color:#FC0;}
            footer{height:10vh; background-color:#66F;}
            #center img{float:left;margin-right:1.8rem;}
            @media screen and (min-width: 750px){
                #container{width:80vw; margin:0 auto; font-size:1.2rem;}
                #content{flex-direction:row;}
                #left{ width:20%;height:70vh; }
                #center{ width:60%;height:70vh;letter-spacing:0.2rem;}
                #right{ width:20%;height:70vh;}
                #center img{width:31.52vw; }
                header{height:13.36vw;}
            }
            @media screen and (max-width: 750px){
                #container{width:100vw;font-size:2.5rem;}
                #content{flex-direction:column;}
                #left{ width:100%;height:15vh; }
                #center{ width:100%;height:50vh;letter-spacing:0.6rem; }
                #right{ width:100%;height:15vh; }
                #center img{width:39.4vw;}
                header{height:16.7vw;}
            }
        </style>
    </head>
```

```
<body>
    <div id="container">
    <header></header>
    <div id="content">
    <div id="left"></div>
    <div id="center">
    <img src="cq3.jpg" alt="横幅">方寸之间，畅游神州。将祖国各地的风光邮票以网页的形式分省展示，
通过邮票介绍各地的旅游资源和风土人情。欢迎来到方寸神游
    </div>
    <div id="right"></div>
    </div>
    <footer></footer>
    </div>
</body>
</html>
```

上面代码中的样式表部分将需要改变的布局及元素样式通过媒体查询呈现，包括以下四个方面。

1. 响应式页面布局

整体布局采用上中下结构，最外层#container 为纵向弹性盒子，其中的弹性项目包括 header 层、#content 层和 footer 层。布局的变化主要体现在#content 层。设置#content 层为弹性盒子，当浏览器宽度超过 750 px 时，#content 层内的项目横向排列；当浏览器宽度小于 750 px 时，#content 层内的项目纵向排列。

2. 插入图片的大小自适应

插入图片的大小为 394 px×221 px，在 HTML 文档中插入时不要在标签属性中设置宽度和高度。当浏览器宽度超过 750 px 时，#container 的宽度为 100 vw，此时图片宽度设置为 39.4 vw；当浏览器宽度小于 750 px 时，#container 的宽度为 80 vw，此时图片宽度设置为 39.4×08=31.52 vw。

3. 背景图的大小自适应

header 元素背景图大小为 1 000 px×167 px，设置背景图的大小为：background-size:100% 100%。为了让 header 元素与背景图的大小保持一致，还要在媒体查询中设置 header 元素的高度， header 元素的宽度为 100%，当#container 的宽度为 100 vw 时，header 元素的宽度也为 100 vw，此时按照背景图的长宽比，header 元素的高度应设置为 16.7 vw；当#container 的宽度为 80 vw 时，header 元素的宽度也为 80 vw，此时按照背景图的长宽比，header 元素的高度应设置为 16.7×0.8=13.36 vw。

4. 文字大小自适应

文字大小尺寸以 rem 为单位，当浏览器宽度超过 750 px 时，文字大小设置为 1.2 rem；当浏览器宽度小于 750 px 时，文字大小设置为 2.5 rem。

11.1.5　任务 11-1：通过媒体查询实现响应式页面

微　课

任务 11-1

1. 任务描述

通过媒体查询实现当浏览器宽度大于 980 px 时，诗歌"黄鹤楼"分四栏显示，如图 11-3 所示；当浏览器宽度在 750～980 px 时，诗歌"黄鹤楼"分三栏显示，如图 11-4 所示；当浏览器宽度小于 750 px 时，诗歌"黄鹤楼"分两栏显示，如图 11-5 所示。

2. 任务要求

要结合分栏布局与媒体查询实现响应式页面的布局；页面所有尺寸包括宽度、高度、字体大小、图像大小、背景图大小都要符合响应式的要求；能够自适应屏幕大小的改变；要在实践中综合运用各种 CSS 样式，完成页面的制作。

图 11-3　浏览器宽度大于 980 px　　图 11-4　浏览器宽度为 750~980 px　　图 11-5　浏览器宽度小于 750 px

3. 任务分析

本任务的根元素 html 字体大小为 1 vw，整体采用 rem 尺寸单位。在头元素中设置 meta viewport 使页面在移动端横向和竖向自适应。meta viewport 属性的 content 参数为 width=device-width, initial-scale=1.0。在 CSS 样式表中用媒体查询设置浏览器宽度大于 980 px 时分 4 栏显示，媒体查询的样式代码为：

```
@media screen and (min-width:980px){}
```

用媒体查询设置浏览器宽度为 750~980 px 时分 3 栏显示，媒体查询的样式代码为：

```
@media screen and (min-width: 750px) and (max-width:980px){}
```

用媒体查询设置浏览器宽度小于 750 px 时分两栏显示，媒体查询的样式代码为：

```
@media screen and (max-width: 750px){}
```

4. 工作过程

步骤 1：站点规划。

（1）新建文件夹作为站点，站点内建立 images 文件夹，将本节素材存放在 images 文件夹中。

（2）新建网页，设置 <title> 为"任务 11-1"，将网页命名为 task11-1.html，保存到站点所在的目录。

步骤 2：建立页面基本结构。

输入诗歌、注解、韵译、评析四部分内容，并在诗歌部分插入图片。参考代码如下：

```
<body>
    <header><img src="images/banner.jpg"></header>
    <div id="container">
        <div id="title">黄鹤楼<br /><span>崔颢</span></div>
        <div id="zw1" class="left">昔人已乘黄鹤去，<br />…烟波江上使人愁。        </div>
        <img src="images/pic1.jpg" class="pic">
        <p class="br1">【注解】<br />…</p>
        <p class="br2">【韵译】<br />…</p>
        <p class="br3">【评析】这首诗是吊古怀乡之佳作。…</p>
    </div>
</body>
```

步骤 3：设置基本样式。

（1）设置根元素 html 字体大小为 1 vw，整体采用 rem 尺寸单位。

（2）在 header 元素中插入横幅图像，图像高度与 header 相同。header 背景用一个小竖条横向平铺。该小竖条是用 Photoshop 从横幅图像中截取高度与横幅图像相同的一小部分。

（3）设置 div#container 的宽度为 80 vw，加上圆角边框，水平居中，上下边界为 3 rem。

（4）设置在诗歌部分插入图片的宽度为 15 rem。

（5）设置诗歌标题、作者的样式。完成设置后的效果如图 11-6 所示，样式表参考代码如下：

```
html{ font-size:1vw;}
body {font-family: "隶书";margin: 0; }
header{background:url(images/bg1.jpg) repeat-x top;
    background-size:100% 100%;height:15rem;}
headerimg{height:15rem;width:35rem;}
```

```
#container{width: 80vw; border: 0.1rem solid #00C; border-radius: 1.5rem; color: #033;
    padding: 1.5rem;margin: 3rem auto;}
.pic{width:15rem;}
#title {padding-top: 3rem; padding-right: 2rem; text-align:center;}
```

图 11-6　页面基本样式

步骤 4：使用 meta viewport 和媒体查询设置浏览器大于 980 px 时分 4 栏显示。

（1）在头部加入 meta viewport 元素，代码如下：

```
<meta name="viewport" content="width=device-width, initial-scale=1">
```

（2）使用媒体查询设置浏览器大于 980 px 时分 4 栏显示，页面所有内容按先后次序分成 4 栏。

（3）设置栏间距为 50 px，栏框线为灰色双线。

（4）分别在"注解""韵译""评析"所在的段落设置段前总是断行。

（5）设置标题、作者、诗歌正文以及"注解""韵译""评析"的文字大小。完成设置后的效果如图 11-3 所示。样式代码如下：

```
#container{column-gap: 4rem;column-rule: 0.3rem double #CCC;    }
@media screen and (min-width:980px){
    #container{column-count:4;font-size:1.3rem;}
    .br1,.br2,.br3{-webkit-column-break-before: always;column-break-before: always;}
    #zw1 {font-size:2rem;}
    #title {font-size: 3rem;}
    #title span{font-size: 2rem;}
}
```

步骤 5：使用媒体查询设置浏览器宽度为 750 ~ 980 px 时分 3 栏显示。

（1）使用媒体查询设置浏览器宽度为 750 ~ 980 px 时分 3 栏显示，页面所有内容按先后次序分成 3 栏。

（2）分别在"注解"和"评析"所在的段落设置段前总是断行。

（3）设置标题、作者、诗歌正文以及"注解""韵译""评析"的文字大小。完成设置后的效果如图 11-4 所示。样式代码如下：

```
@media screen and (min-width: 750px) and (max-width:980px){
    #container{column-count:3; font-size:1.8rem;}
    .br1,.br3{-webkit-column-break-before: always;column-break-before: always;}
    #zw1 {font-size:3rem; }
    #title {font-size: 4rem;}
    #title span{font-size: 3rem;}
}
```

步骤 6：使用媒体查询设置浏览器宽度小于 750 px 时分两栏显示。

（1）使用媒体查询设置浏览器宽度小于 750 px 时分两栏显示，页面所有内容按先后次序分成两栏。

（2）在"注解"所在的段落设置段前总是断行。

（3）设置标题、作者、诗歌正文以及"注解""韵译""评析"的文字大小。完成设置后的效果如图 11-5 所示。样式代码如下：

```
@media screen and (max-width: 750px){
    #container{column-count:2;font-size:2.8rem; }
    .br1{-webkit-column-break-before: always;column-break-before: always;}
    #zw1 {font-size:4rem; }
    #title {font-size: 6rem;}
    #title span{font-size: 4rem;}
}
```

步骤 7：保存文件，完成制作

11.2 Bootstrap 栅格系统实现响应式页面

Bootstrap 框架不但提供了全局的 CSS 设置、定义基本的 HTML 元素样式、可扩展的 class 类，还提供了一套响应式、移动设备优先的流式栅格系统。

11.2.1 Bootstrap 栅格系统

微 课

Bootstrap 栅格系统

使用 Bootstrap 栅格系统制作响应式布局时，不需要通过媒体查询控制页面的宽度，而是通过.container 类或.container-fluid 类进行控制。这两个类都是预定义类。.container 用于固定宽度并支持响应式布局；.container-fluid 类用于 100%宽度，是占据全部视口（viewport）的容器。

栅格系统通过 div.container 内的一系列行（row）与列（column）的组合创建页面布局。针对手机、平板、桌面计算机、大屏幕显示器、特大桌面显示器、超大桌面显示器等现有的终端设备，栅格系统的列元素引入.col-、.col-sm-、.col-md-、.col-lg-、.col-xl-、.col-xxl-等预定义类，使系统随屏幕或视口（viewport）尺寸的增加自动分为最多 12 列。整个栅格布局就是围绕这 12 列的栅格进行组合。表 11-4 列出了栅格系统的使用参数。

表 11-4 栅格系统的使用参数

屏 幕 设 备	所 有 设 备	小屏幕平板	中等屏幕桌面	大 屏 幕	特大桌面显示器	超大桌面显示器
屏幕尺寸		≥576 px	≥768 px	≥992 px	≥1 200 px	≥1 400 px
容器最大宽度	自动	540 px	720 px	960 px	1 140 px	1 320 px
类前缀	.col	.col-sm-	.col-md-	.col-lg-	.col-xl-	.col-xxl-

Bootstrap 栅格系统的行必须包含在 container 类中，然后通过行，在水平方向创建一组列。内容放置于列内，并且，只有列可以作为行的直接子元素。栅格系统通过行 div.row 和诸如 div.col-sm-4 这种预定义的列，可以快速创建栅格布局。列是通过指定 1 ~ 12 的值来表示其跨越的范围。例如，四个等宽的列可以使用四个 div.col-sm-3 来创建；三个等宽的列可以使用三个 div.col-sm-4 来创建；两个等宽的列可以使用两个 div.col-sm-6 来创建。

1. 列组合

列组合就是更改栅格数字来合并列，原则是一行栅格总和数不能超 12。如果不指定栅格数字，那么将按平均宽度进行分配。以下代码按 2 行栅格进行布局，第一行 3 个列的宽度分别是 25%，50%，25%；第二行在计算机桌面端以上的屏幕按 25%,50%,25%分配。代码如下：

```
<div class="container">
    <div class="row">
        <div class="col">均分</div>
        <div class="col-6">占 6 格，即 50%</div>
        <div class="col">均分</div>
    </div>
</div>
```

```
<div class="row">
    <div class="col-md-3">占 3 格，即 25%</div>
    <div class="col-md-6">占 6 格，即 50%</div>
    <div class="col-md-3">占 3 格，即 25%</div>
</div>
</div>
```

列组合的最小设备是.col-sm-*。设置了列组合之后，所设置的屏幕以及之上的所有屏幕都会默认进行列组合，而所设置的屏幕以下的屏幕会以上下堆叠的形式进行排版。

2．列偏移

有的时候，我们不希望相邻的两个列紧靠在一起，这时就可以使用列偏移（offset）功能实现。使用列偏移需要在列元素上添加类名 offset-md-*（其中星号代表要偏移的列组合数），那么具有这个类名的列就会向右偏移。例如，在列元素上添加 offset-md--4，表示该列向右移动 4 个栅格的宽度，代码如下：

```
<div class="container">
    <div class="row">
        <div class="col-md-4">占 4 格</div>
        <div class="col-md-4 offset-md -4">占 4 格，同时右移 4 格距离</div>
    </div>
</div>
```

使用 offset-md-*对列进行向右偏移时，要保证列与偏移列的总数不超过 12，否则会导致断行。

3．列嵌套

栅格系统的结构是行元素里面包含列元素，而列元素内又可以嵌套行元素。例如，以下代码中创建了两列布局，其中第一列内嵌套了另外两个包含 1 列的行元素。

```
<div class="row">
    <div class="col-8">
        <div class="row"><div class="col-12">1</div></div>
        <div class="row"><div class="col-12">2</div></div>
    </div>
    <div class="col-4">3</div>
</div>
```

4．栅格系统下的内外边距

在第 2 章中已经学习了 Bootstrap 下的盒子模型。结合栅格系统，Bootstrap 盒子模型的内外边距可以随设备屏幕进行响应式设置。表 11-5 列出了各种屏幕下内外边距的预定义类，其中*号为 0 ~ 5，如 p-lg-0、mt-md-3 等。

表 11-5　各种屏幕下内外边距的预定义类

边　距	类　名	小屏幕平板	中等屏幕桌面	大　屏　幕	特大桌面显示器	超大桌面显示器
内边距	p	p-sm-*	p-md-*	p-lg-*	p-xl-*	p-xxl-*
上内边距	pt	pt-sm-*	pt-md-*	pt-lg-*	pt-xl-*	pt-xxl-*
左右内边距	px	px-sm-*	px-md-*	px-lg-*	px-xl-*	px-xxl-*
上下内边距	py	py-sm-*	py-md-*	py-lg-*	py-xl-*	py-xxl-*
左内边距	pl	pl-sm-*	pl-md-*	pl-lg-*	pl-xl-*	pl-xxl-*
右内边距	pr	pr-sm-*	pr-md-*	pr-lg-*	pr-xl-*	pr-xxl-*
外边距	m	m-sm-*	m-md-*	m-lg-*	m-xl-*	m-xxl-*
上外边距	mt	mt-sm-*	mt-md-*	mt-lg-*	mt-xl-*	mt-xxl-*
下外边距	mb	mb-sm-*	mb-md-*	mb-lg-*	mb-xl-*	mb-xxl-*
左外边距	ml	ml-sm-*	ml-md-*	ml-lg-*	ml-xl-*	ml-xxl-*
右外边距	mr	mr-sm-*	mr-md-*	mr-lg-*	mr-xl-*	mr-xxl-*
左右外边距	mx	mx-sm-*	mx-md-*	mx-lg-*	mx-xl-*	mx-xxl-*
上下外边距	my	my-sm-*	my-md-*	my-lg-*	my-xl-*	my-xxl-*

11.2.2　响应式隐藏、响应式显示、响应式图片

1．响应式隐藏

在 Bootstrap 中，为了更好地适配移动设备，需要对页面中不重要的内容设置元素的显示与隐藏。当在大屏幕中，可以将那些并不重要的组件进行显示，而在小屏幕中，为了节省空间，需要对一些元素进行隐藏。为元素添加.d-none 类，将在所有设备中隐藏该元素，为元素添加类 d-*-none，将为特定尺寸的屏幕进行隐藏元素。例如，d-sm-none，将在小屏幕中隐藏该元素。

2．响应式显示

Bootstrap 默认移动端优先，也就是会从最小的设备开始适配，然后将所有宽度大于该设备的设备也进行适配，当设置了小屏幕隐藏之后，默认小屏幕以及之上的所有屏幕都会默认隐藏。所以需要进行显示操作。为元素添加.d-block 类，将在所有设备中显示该元素。为元素添加.d-*-block 类，将在特定尺寸的屏幕设备中显示该元素。表 11-6 列出常用尺寸响应式显示与隐藏的预定义类组合。

表 11-6　常用尺寸响应式显示与隐藏预定义类组合

类	功 能 描 述
.d-none	全部隐藏
.d-none .d-sm-block	仅在小屏幕移动端上隐藏
.d-sm-none .d-md-block	仅在 sm 上隐藏
.d-md-none .d-lg-block	仅在 md 上隐藏
.d-lg-none .d-xl-block	仅在 lg 上隐藏
.d-xl-none	仅隐藏在 xl 上
.d-block	对所有人可见
.d-block .d-sm-none	仅在小屏幕移动端上可见
.d-none .d-sm-block .d-md-none	仅在 sm 上可见
.d-none .d-md-block .d-lg-none	仅在 md 上可见
.d-none .d-lg-block .d-xl-none	仅在 lg 上可见
.d-none .d-xl-block	仅在 xl 上可见

3．响应式图片

图像有各种各样的尺寸，需要根据屏幕的大小自动适应。在<img>标签中添加.img-fluid 类可以设置响应式图片。例如：

```
<img class="img-fluid" src="img_chania.jpg" alt="Chania">
```

11.2.3　Bootstrap 栅格系统案例

案例 11-2：使用 Bootstrap 栅格系统制作响应式布局，制作效果在不同屏幕宽度下分别如图 11-7 至图 11-10 所示。

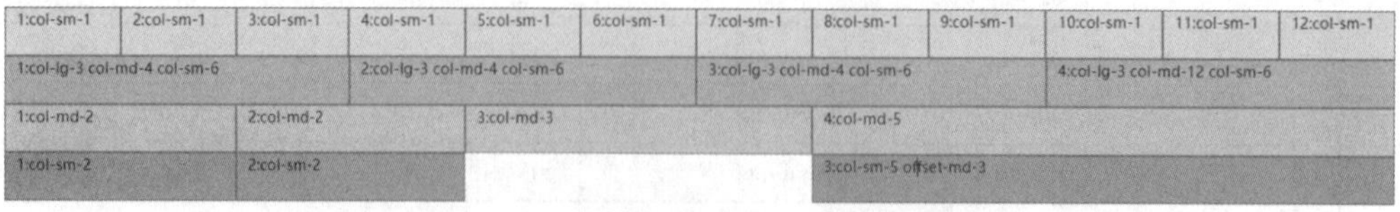

图 11-7　屏幕宽度大于 992 px 的效果

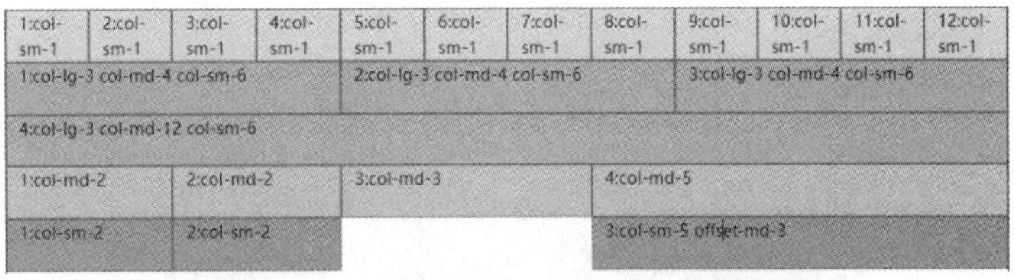

图 11-8 屏幕宽度为 768 ～ 992 px 的效果

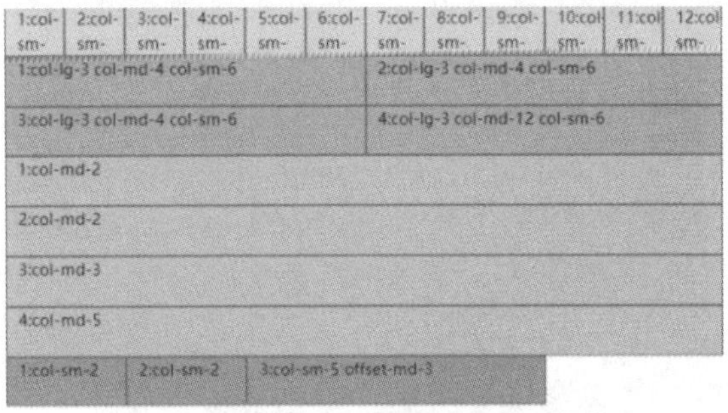

图 11-9 屏幕宽度为 576 ～ 768 px 的效果

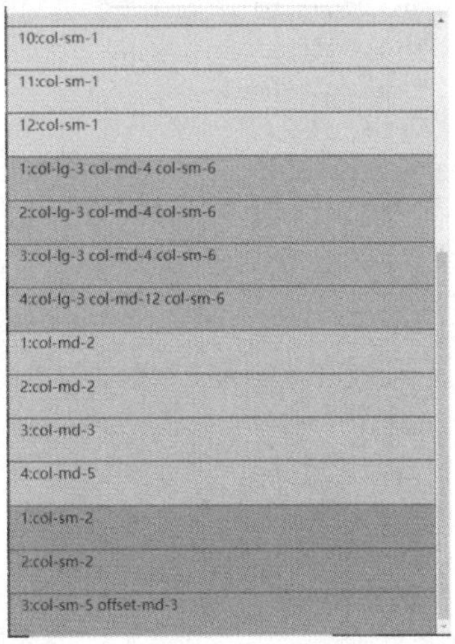

图 11-10 屏幕宽度小于 576 px 的效果

最外层 div.container-fluid 包含 5 个 div.row 行元素。第一行有 12 个 div 列元素，每个 div 列元素使用最小屏幕尺寸 col-sm-1，当屏幕宽度小于 576 px 时，第一行 12 列横向排列，如图 11-10 所示，当屏幕放大到其他尺寸，第一行保持一行 12 列摆放。

第二行 4 个列设置为响应式布局。在屏幕宽度大于 992 px 时，由于 4 个列元素都设置了类.col-lg-3，故呈 1 排 4 列摆放，如图 11-7 所示；当屏幕宽度为 768 ～ 992px 时，前 3 个列元素都设置了类.col-md-4，故一行显示 3 个列元素，第 4 个 div 所在的元素将被作为一个整体另起一行排列，设置第 4 个 div 的类.col-md-12，占据另起的整行，如图 11-8 所示；当屏幕宽度为 576 ～ 768 px 时，由于 4 个列元素都设置了类.col-sm-6，故呈两排两列摆放，如图 11-9 所示；当屏幕宽度小于 576 px 时，4 个列元素呈 4 排 1 列纵向摆放，如图 11-10 所示。

第三行 4 个列采用预定义类.col-md，列的跨越值总和为 12。当屏幕大于 768 px 时，呈现 1 行 4 列摆放，如图 11-7 和图 11-8 所示；当屏幕宽度小于 768 px 时，呈现 4 行 1 列摆放，如图 11-9 和图 11-10 所示。

第四行 4 个列采用预定义类 col-sm-2、col-sm-2、col-sm-5。列的跨越值总和为 9，由于第 3 列使用列偏移 col-md-offset-3，故第 3 列在屏幕大于 768 px 时向右偏移了 3 个列位置，如图 11-7 和图 11-8 所示；在屏幕宽度小于 768 px 时不偏移，如图 11-9 所示；在屏幕宽度小于 576 px 时，3 个列元素呈 3 排 1 列纵向摆放，如图 11-10 所示。本案例参考代码如下：

```
<!doctype html>
<html>
```

```
    <head>
        <meta charset="utf-8">
        <link rel="stylesheet" href="https://cdn.staticfile.org/twitter-bootstrap/5.1.1/css/
bootstrap.min.css">
        <title>案例 11-2</title>
        <style>
            .row div{ border:#09C 1px solid;height:7vh;}
            .container-fluid>div:nth-child(1) div{background-color:#FCC;}
            .container-fluid>div:nth-child(2) div{background-color:#0FF;}
            .container-fluid>div:nth-child(3) div{background-color:#FC0;}
            .container-fluid>div:nth-child(4) div{background-color:#6F3;}
        </style>
    </head>
    <body>
        <div class="container-fluid">
        <div class="row">
            <div class="col-sm-1">1:col-sm-1</div>
            <div class="col-sm-1">2:col-sm-1</div>
            <div class="col-sm-1">3:col-sm-1</div>
            <div class="col-sm-1">4:col-sm-1</div>
            <div class="col-sm-1">5:col-sm-1</div>
            <div class="col-sm-1">6:col-sm-1</div>
            <div class="col-sm-1">7:col-sm-1</div>
            <div class="col-sm-1">8:col-sm-1</div>
            <div class="col-sm-1">9:col-sm-1</div>
            <div class="col-sm-1">10:col-sm-1</div>
            <div class="col-sm-1">11:col-sm-1</div>
            <div class="col-sm-1">12:col-sm-1</div>
        </div>
        <div class="row">
            <div class="col-lg-3 col-md-4 col-sm-6">1:col-lg-3 col-md-4 col-sm-6</div>
            <div class="col-lg-3 col-md-4 col-sm-6">2:col-lg-3 col-md-4 col-sm-6</div>
            <div class="col-lg-3 col-md-4 col-sm-6">3:col-lg-3 col-md-4 col-sm-6</div>
            <div class="col-lg-3 col-md-12 col-sm-6">4:col-lg-3 col-md-12 col-sm-6</div>
        </div>
        <div class="row">
            <div class="col-md-2">1:col-md-2</div>
            <div class="col-md-2">2:col-md-2</div>
            <div class="col-md-3">3:col-md-3</div>
            <div class="col-md-5">4:col-md-5</div>
        </div>
        <div class="row">
            <div class="col-sm-2">1:col-sm-2</div>
            <div class="col-sm-2">2:col-sm-2</div>
            <div class="col-sm-5 offset-md-3">3:col-sm-5 offset-md-3</div>
        </div>
        </div>
    </body>
</html>
```

微 课

任务 11-2

11.2.4 任务 11-2：使用 Bootstrap 栅格系统进行页面布局

1. 任务描述

使用 Bootstrap 栅格系统进行页面布局。页面在计算机桌面端的效果如图 11-11 所示；页面在移动端时，导航和 logo 图标消失，效果如图 11-12 所示。

图 11-11　桌面端效果图

图 11-12　移动端效果图

2. 任务要求

综合运用所学的 Bootstrap 知识完成页面制作；能在实践中运用 Bootstrap 栅格系统进行布局；要掌握响应式显示和隐藏的方法以及 Bootstrap 栅格嵌套的应用。

3. 任务分析

本任务采用 Bootstrap 栅格系统进行布局，页面整体从上到下分为 header 元素、figure 元素、article 元素和 footer 元素。整体布局按桌面端设备预定义类.col-md-*进行定义；需要在移动端保持分列显示的部分采用平板尺寸预定义类.col-sm-*进行定义。

导航使用预定义类组合 d-none d-md-block，即在桌面端显示导航，桌面端宽度以下的设备不显示导航。logo 图标所在的列元素使用预定义类组合 d-none d-lg-block，仅在大屏幕显示器下才显示。

页面在"业界动态"所在的列元素内嵌套了 3 个行元素，每个行元素又包含了下一层列元素，进行了栅格嵌套。嵌套内的列元素的列数量总和仍然为 12。

"业界动态"所在元素的图片设置为响应式图片。标题文字采用组合类 mx-md-5 mx-lg-0，设置水平方向的外边距在桌面端的 size 为 5，在大屏幕显示器下设置为 0。响应式文字通过 html{font-size:calc(1rem + 1vw);}进行设置。

4. 工作过程

步骤 1：站点规划。

（1）新建文件夹作为站点，在站点内建立 images 文件夹，将本节素材存放在 images 文件夹中。

（2）在站点内将 Bootstrap 基本配置文件 bootstrap.min.css 放置在 CSS 文件夹中。

（3）新建网页，设置<title>为"任务 11-2"；将网页命名为 task11-2.html，保存到站点所在的目录。

步骤 2：网页的基本布局。

（1）使用 Bootstrap 栅格布局，在头元素中插入 Bootstrap 基本配置文件，代码如下：

```
<link href="css/bootstrap.min.css" rel="stylesheet" type="text/css" />
```

（2）网页 task1-2.html 从上到下分为 header 元素、figure 元素、article 元素和 footer 元素，除 figure 第 2 个行元素按 sm 尺度分三列布局外，其余按桌面端进行 Bootstrap 布局。

（3）分别在导航和 logo 图标所在的列元素中使用预定义类组合 d-none d-md-block，使导航在桌面端宽度以下的设备不显示；logo 图标所在的列元素使用预定义类组合 d-none d-lg-block，仅在大屏幕显示器下才显示，网页基本代码如下：

```
<body>
    <header>
        <div class="container">
```

```
            <div class="row">
                <div class="col-md-3 d-none d-md-block">导航</div>
                <div class="col-md-5">标题文字</div>
                <div class="col-md-4 d-none d-lg-block">logo 图标</div>
            </div>
        </div>
    </header>
    <figure>
        <div class="container">
            <div class="row">
                <div class="col-md-12">欢迎进入前端时代</div>
            </div>
            <div class="row">
                <div class="col-sm-4">Bootstrap</div>
                <div class="col-sm-4">CSS</div>
                <div class="col-sm-4">JavaScript</div>
            </div>
        </div>
    </figure>
    <article>
        <div class="container">
            <div class="row">
                <div class="col-md-7">最新文章</div>
                <div class="col-md-5">业界动态</div>
            </div>
        </div>
    </article>
    <footer>
        <div class="container">
            <div class="row">
                <div class="col-md-12">页脚</div>
            </div>
        </div>
    </footer>
</body>
```

（4）为方便布局，先预设每一个列元素加上框线，样式代码如下：

```
.row>div{ border:#ccc 1px dashed; }
```

完成之后在桌面端的效果如图 11-13 所示，在谷歌浏览器中按下【F12】键可见移动端效果，如图 11-14 所示，导航和 logo 图标在移动端消失了。

图 11-13　桌面端基本布局效果图

图 11-14　移动端平板基本布局效果图

步骤 3：header 元素的制作。

（1）设置 header 元素的背景，代码如下：

```
header{background:url(images/header-bg.jpg); }
```

（2）在 header 元素内分别建立导航、标题文字和图像 logo。标题文字采用组合类 mx-md-5 mx-lg-0 设置水平方向的外边距在桌面端的 size 为 5，在大屏幕显示器下设置为 0，基本代码如下：

```
<header>
    <div class="container">
        <div class="row">
            <div class="col-md-3 d-none d-md-block">
                <ul class="nav">
                    <li class="item1"><a href="#">home</a></li>
                    <li class="item2"><a href="#">about us</a></li>
                    <li class="item3"><a href="#">articles</a></li>
                    <li class="item4"><a href="#">contact us</a></li>
                    <li class="item5"><a href="#">site map</a></li>
                </ul>
            </div>
            <div class="col-md-5 boxw mx-md-5 mx-lg-0">
                <h1><strong>前端</strong>时代</h1>
                <h2>为您的业务提供新想法</h2>
            </div>
            <div class="col-md-4 d-none d-lg-block">
                <img src="images/big-model.png" alt="logo" >
            </div>
        </div>
    </div>
</header>
```

（3）参照 4.2.3 使用雪碧图技术制作导航的样式，样式代码如下：

```
.nav{list-style:none; padding:0; margin:0;left:60px;top:0;width:200px}
.nav li {display:inline;text-indent:-9999em}
.nav li a {float:left;width:40px;height:350px; }
.nav li.item1 a {background-image:url(images/bigpic.jpg)}
.nav li.item1 a:hover{background-position:-40px 0}
.nav li.item2 a {background-image:url(images/bigpic.jpg);background-position:-80px 0}
.nav li.item2 a:hover{background-position:-120px 0}
.nav li.item3 a {background-image:url(images/bigpic.jpg);background-position:-160px 0}
.nav li.item3 a:hover{background-position:-200px 0}
.nav li.item4 a{background-image:url(images/bigpic.jpg);background-position:-240px 0}
.nav li.item4 a:hover{background-position:-280px 0}
.nav li.item5 a {background-image:url(images/bigpic.jpg);background-position:-320px 0}
.nav li.item5 a:hover{background-position:-360px 0}
```

（4）设置标题文字的样式：在根元素中设置文字大小为默认大小加 1vw，进行响应式文字初始设置。桌面端大屏幕效果如图 11-15 所示，移动端手机效果，如图 11-16 所示。代码如下：

```
html{font-size:calc(1rem + 1vw);}
.boxw {color: #FFF;text-align: center; padding-top:5vw;}
.boxw h1{ font-size:4vw;}
.boxw h2{ font-size:3vw;}
.boxw strong{color:#F90;}
```

图 11-15　header 元素大屏幕桌面端效果图

图 11-16　header 元素手机移动端效果图

步骤 4：figure 元素的制作。

（1）输入 figure 元素的内容，使用预定义类.text-secondary 修饰标题；使用预定义类.text- muted 修饰内容文字，HTML 代码如下：

```
<figure>
    <div class="container">
        <div class="row">
            <div class="col-md-12 text-secondary"><span>欢迎进入</span> 前端时代!</div>
        </div>
        <div class="row">
            <div class="col-sm-4">
                <img src="images/icon1.png" width="85" height="100">
                <div class="text-muted "><h5>关于 Bootstrap</h5>Bootstrap 提供...</div>
            </div>
            <div class="col-sm-4">
                <img src="images/icon2.png" width="85" height="100">
                <div class="text-muted "><h5>关于 CSS3</h5>Bootstrap 自带...</div>
            </div>
            <div class="col-sm-4">
                <img src="images/icon3.png" width="85" height="100">
                <div class="text-muted "><h5>Javascript</h5>Bootstrap 包含...</div>
            </div>
        </div>
    </div>
</figure>
```

（2）设置 figure 元素的背景，样式代码如下：

```
figure{background-color:#F6F6F6; }
```

（3）修改预定义类.text-secondary 和 div.text-muted，设置 figure 元素的文字样式，桌面端效果如图 11-17 所示，在谷歌浏览器中按【F12】键可见移动端效果，如图 11-18 所示，代码如下：

```
.text-secondary{color:#999;font-size:1.3rem; padding-top:2vh;}
.text-secondary span {color: #693;}
div.text-muted {color:#767676;font-size:0.8rem; }
div.text-muted h5{color:#5b990e;font-size:1rem;}
```

图 11-17　figure 元素桌面端效果图

图 11-18　figure 元素端移动平板效果图

步骤 5：article 元素"最新文章"的制作。

（1）输入 article 元素"最新文章"的内容。使用预定义类.text-secondary 修饰标题；使用预定义类.text-success 修饰文章列表，HTML 代码如下：

```
<article>
    <div class="container">
        <div class="row">
            <div class="col-md-7">
                <div class=text-secondary "><span>最新</span>文章</div>
```

```
            <ul class="text-success ">
                <li><a href="#">移动端 H5 页面制作规范</a></li>
                ...
                <li><a href="#">安卓 App 应用在各大应用市场上架方法</a></li>
            </ul>
        </div>
        <div class="col-md-5">业界动态</div>
        </div>
    </div>
</article>
```

（2）修改预定义类.text-success，设置 article 元素"最新文章"的样式，代码如下：

```
.text-success{list-style-image: url(images/arrow1.gif); font-size:1rem;}
.text-success a:link,.text-success a:visited {color: #690; }
.text-success a:hover {color: #999; }
```

步骤 6：article 元素"业界动态"的制作。

（1）在"业界动态"所在的列元素内嵌套 3 个行元素。输入"业界动态"的具体内容。第一行显示标题"业界动态"，采用预定义类.text-secondary；第二行和第三行分为两列，第一列加上图像，采用预定义类.img-fluid 实现响应式大小；第二列加上文字内容，采用预定义类.text-light。代码如下：

```
<article>
    <div class="container">
        <div class="row">
            <div class="col-md-7"><div class="text-secondary"><span>最新</span>文章</div>
                ...
            </div>
            <div class="col-md-5 news">
                <div class="row">
                    <div class="col-md-12 text-secondary"><span>业界</span>动态</div>
                </div>
                <div class="row">
                    <div class="col-sm-3"><img src="images/img1.jpg" class='img-fluid'></div>
                    <div class="col-sm-9">
                        <h4 class="text-light" >June 30, 2021</h4>
                        <a href="#"> CSS 禅意花园: </a><br />
                        <p>激发了 Web 设计师学习掌握 CSS 的热情 </p>
                    </div>
                </div>
                <div class="row">
                    <div class="col-sm-3"><img src="images/img2.jpg" class='img-fluid'></div>
                    <div class="col-sm-9">
                        <h4 class="text-light" >June 14, 2010</h4>
                        <a href="#"> Dave Shea: </a><br />
                        <p>WEB 设计师的主要工作是在前台: 编写...</p>
                    </div>
                </div>
            </div>
        </div>
    </div>
</article>
```

（2）在"业界动态"所在的列元素使用自定义类.news，设置其样式，完成设置后桌面端效果如图 11-19 所示，移动端平板效果如图 11-20 所示，代码如下：

```
.news{background-image: url(images/box-bg.gif);border-radius:2vw;color:#FFF;}
.text-light{font-size:0.7rem;}
.news h4{font-size:1.1rem;}
```

```
.news p{color:#333; font-size:0.7rem;}
.news a:link,news a:visited{color:#fff;}
.news a:hover{color:#060;}
```

图 11-19　添加"业界动态"桌面端效果

图 11-20　添加"业界动态"移动端效果

步骤 7：footer 元素的制作。

（1）输入 footer 元素的内容。

（2）设置 footer 元素的样式，代码如下：

```
footer {height:127px; line-height:127px;
    background: url(images/footer-bg.jpg) repeat-x bottom;color:#CCC;
    text-align: center; box-sizing: border-box; padding-top: 5vw; font-size:1.5vw;}
```

步骤 8：保存文件。

（1）去掉预设在每一个列元素上的框线。

（2）保存文件，完成制作。

11.3　Bootstrap 响应式组件与插件

　　Bootstrap 中包含了丰富的 Web 组件，如按钮、按钮组、导航等。根据这些组件，可以快速搭建一个功能完备的网站。在前面各章，已经分散介绍了其中一些组件的应用。本节将对 Bootstrap 组件作进一步的介绍。

● 微 课

响应式组件

11.3.1　响应式组件

　　Bootstrap 响应式组件能根据屏幕的大小呈现出不同的效果。

1. 响应式表格

　　在 5.1.3 节中已对 Bootstrap 表格进行了介绍，如果在 table 元素外用 div 包裹，该 div 元素使用.table-responsive-*类，则可以创建响应式表格。

　　.table-responsive-sm：在屏幕宽度小于 576 px 时会创建水平滚动条。

　　.table-responsive-md：在屏幕宽度小于 768 px 时会创建水平滚动条。

　　.table-responsive-lg：在屏幕宽度小于 992 px 时会创建水平滚动条。

　　.table-responsive-xl：在屏幕宽度小于 1 200 px 时会创建水平滚动条。

　　.table-responsive-xxl：在屏幕宽度小于 1 400 px 时会创建水平滚动条。

2．响应式表单输入框

在 5.2.5 节中已对 Bootstrap 表单进行了介绍，其中.form-control 类作用于表单元素，宽度设置为 100%。可以在.form-control 输入框中通过添加.form-control-lg 类或.form-control-sm 类设置响应式输入框的大小。还可以使用输入框组，.input-group-sm 类用于设置小的输入框组，.input-group-lg 类用于设置大的输入框组。

3．响应式按钮

Bootstrap 5 可以设置响应式按钮的大小。使用.btn-lg 类设置大按钮，使用.btn-sm 类设置小按钮。此外，还可以使用.btn-group-lg|sm|类设置按钮组的大小。

4．响应式模态框尺寸

在 5.3.2 节中已对 Bootstrap 模态框进行了介绍。定义响应式模态框尺寸可以通过在 div.modal-dialog 元素上添加.modal-sm 类创建一个小模态框，或在 div.modal-dialog 元素上添加.modal-lg 类创建一个大模态框。

5．响应式 flex 类

Bootstrap5 通过 flex 类控制页面的布局。可以根据不同的设备，设置 flex 类，从而实现页面的响应式布局，表 11-6 列出了响应式 flex 类。例如，下面的代码创建了 4 个弹性盒子，在屏幕宽度小于 576 px 时效果如图 11-21 所示，当屏幕宽度为 576～768 px 时效果如图 11-22 所示，在屏幕宽度为 768～992 px 时效果如图 11-23 所示，在屏幕宽度大于 992 px 时效果如图 11-24 所示，代码如下：

```
<span class="d-flex bg-info">d-flex 非响应式弹性盒子</span>
<span class="d-sm-flex bg-success">d-sm-flex: 小屏幕</span>
<span class="d-md-flex bg-danger">d-md-flex: 中屏幕</span>
<span class="d-lg-flex bg-secondary">d-lg-flex: 大屏幕</span>
```

图 11-21　在屏幕宽度小于 576 px 时效果

图 11-22　在屏幕宽度为 576～768 px 时效果

图 11-23　在屏幕宽度为 768～992 px 时效果

图 11-24　在屏幕宽度大于 992 px 时效果

表 11-6　响应式 flex 类

类	功　能　描　述
.d-*-flex	根据不同屏幕设备创建弹性盒子容器
.d-*-inline-flex	根据不同屏幕设备创建行内弹性盒子容器
.flex-*-row	根据不同屏幕设备在水平方向显示弹性子元素
.flex-*-row-reverse	根据不同屏幕设备在水平方向显示弹性子元素，且右对齐
.flex-*-column	根据不同屏幕设备在垂直方向显示弹性子元素
.flex-*-column-reverse	根据不同屏幕设备在垂直方向显示弹性子元素，且方向相反
.justify-content-*-start	根据不同屏幕设备在开始位置显示弹性子元素（左对齐）
.justify-content-*-end	根据不同屏幕设备在尾部显示弹性子元素（右对齐）
.justify-content-*-center	根据不同屏幕设备在 flex 容器中居中显示子元素

类	功 能 描 述
.justify-content-*-between	根据不同屏幕设备使用 between 显示弹性子元素
.justify-content-*-around	根据不同屏幕设备使用 around 显示弹性子元素
.flex-*-fill	根据不同屏幕设备强制等宽
.flex-*-grow-0	不同屏幕设备不设置扩展
.flex-*-grow-1	不同屏幕设备设置扩展
.flex-*-shrink-0	不同屏幕设备不设置收缩
.flex-*-shrink-1	不同屏幕设备设置收缩
.flex-*-nowrap	不同屏幕设备不设置包裹元素
.flex-*-wrap	不同屏幕设备设置包裹元素
.flex-*-wrap-reverse	不同屏幕设备反转包裹元素
.align-content-*-start	根据不同屏幕设备在起始位置堆叠元素
.align-content-*-end	根据不同屏幕设备在结束位置堆叠元素
.align-content-*-center	根据不同屏幕设备在中间位置堆叠元素
.align-content-*-around	根据不同屏幕设备，使用 around 堆叠元素
.align-content-*-stretch	根据不同屏幕设备，通过伸展元素来堆叠
.order-*-0-12	在小屏幕尺寸上修改排序
.align-items-*-start	根据不同屏幕设备，让元素在头部显示在同一行
.align-items-*-end	根据不同屏幕设备，让元素在尾部显示在同一行
.align-items-*-center	根据不同屏幕设备，让元素在中间位置显示在同一行
.align-items-*-baseline	根据不同屏幕设备，让元素在基线上显示在同一行
.align-items-*-stretch	根据不同屏幕设备，让元素延展高度并显示在同一行
.align-self-*-start	根据不同屏幕设备，让单独一个子元素显示在头部
.align-self-*-end	根据不同屏幕设备，让单独一个子元素显示在尾部
.align-self-*-center	根据不同屏幕设备，让单独一个子元素显示在居中位置
.align-self-*-baseline	根据不同屏幕设备，让单独一个子元素显示在基线位置
.align-self-*-stretch	根据不同屏幕设备，延展一个单独子元素

6. Bootstrap5 加载效果

.spinner-border 类可以创建加载中的效果，为一个旋转的圆圈。使用.spinner-grow 类可以创建圆圈闪烁的加载效果。使用 .spinner-border-* 类或 .spinner-grow-* 类可以创建加载效果的大小。例如，下面的代码使用.spinner-border-sm 和.spinner-grow-sm 类创建两种加载效果，效果如图 11-25 所示。

```
<div class="spinner-border spinner-border-sm"></div>
<div class="spinner-grow spinner-grow-sm"></div>
```

图 11-25　旋转加载效果与闪烁加载效果

7. 卡片组件

通过 Bootstrap5 的.card 与.card-body 类可以创建卡片。卡片可以包含头部、内容、底部，效果如图 11-26 所示，代码如下：

```
<div class="card">
    <div class="card-header">头部</div>
```

```
    <div class="card-body">内容</div>
    <div class="card-footer">底部</div>
</div>
```

图 11-26　典型的卡片

在 div.card-body 内可以使用.card-title 类来设置卡片内容的标题；可以使用.card-text 类用于设置卡片内容的文本；可以使用.card-link 类给卡片内容的链接设置颜色。可以给<img>标签添加.card-img-top 类（图片在文字上方）或.card-img-bottom 类（图片在文字下方）设置图片卡片。

11.3.2　Bootstrap 插件

有些组件需要 jQuery 插件才能实现其功能，从而给页面添加更多的互动。这些插件包括：

微　课

Bootstrap 插件

1. 下拉菜单

Bootstrap 下拉菜单使用.dropdown 类指定。可以使用一个按钮 button 元素或超链接 a 元素打开下拉菜单。button 元素或 a 元素需要添加.dropdown-toggle 类和 data-toggle="dropdown"属性。在 div 元素（或项目列表 ul）上添加.dropdown-menu 类设置下拉菜单，然后在下拉菜单选项中添加.dropdown-item 类。例如，单击下拉按钮打开下拉菜单，效果如图 11-27 所示，代码如下：

```
<div class="dropdown">
    <button type="button" class="btn btn-primary dropdown-toggle" data-bs-toggle="dropdown">
下拉菜单按钮
    </button>
    <div class="dropdown-menu">
        <a class="dropdown-item" href="#">链接 1</a>
        <a class="dropdown-item" href="#">链接 2</a>
        <a class="dropdown-item" href="#">链接 3</a>
    </div>
</div>
```

图 11-27　下拉菜单

2. 折叠

.collapse 类用于指定一个折叠元素，单击按钮后会在隐藏与显示之间切换，如图 11-28 所示。

图 11-28　折叠效果

在 a 元素或 button 元素上添加 data-bs-toggle="collapse"属性和 data-bs-target="#id"属性可以控制内容的隐藏与显示。data-bs-target 属性是对应折叠内容的 id，a 元素上可以使用 href 属性代替 data-bs-target 属性，代码如下：

```
<a href="#demo" data-bs-toggle="collapse">折叠标题</a>
<div id="demo" class="collapse">折叠内容</div>
```

3. 导航栏

在 3.3 节中已经介绍了 Bootstrap 导航，下面学习 Bootstrap 导航栏。导航栏相关的预定义类见表 11-7。

表 11-7　导航栏相关的预定义类

类　　名	功　　能
.navbar	在 nav 元素中使用，用于创建一个导航栏。导航栏一般放在页面的顶部
.navbar-expand-*	在 nav 元素中使用，可以创建响应式的导航栏（大屏幕水平铺开，小屏幕垂直堆叠）
.navbar-brand	在 nav 元素内插入图像中使用，常用于高亮显示品牌 Logo
.navbar-toggler	在折叠导航栏按钮元素中使用，与 data-bs-toggle="collapse"属性和 data-target="#thetarget"属性搭配
.navbar-toggler-icon	作用于折叠导航栏按钮内的元素
.collapse navbar-collapse	折叠导航栏上作用于 div，用来包裹导航内容（链接）

1）响应式导航栏

nav 元素使用.navbar 类创建导航栏后，紧跟着添加.navbar-expand-xxl|xl|lg|md|sm 类，可以创建响应式导航栏（大屏幕水平铺开，小屏幕垂直堆叠）。例如，下面的代码在小屏幕上水平导航栏会切换为垂直的（见图 11-30），当屏幕比 sm 平板大时则呈现水平效果（见图 11-29）。代码如下：

```
<nav class="navbar navbar-expand-sm bg-light">
    <ul class="navbar-nav">
        <li class="nav-item"><a class="nav-link" href="#">链接 1</a></li>
        <li class="nav-item"><a class="nav-link" href="#">链接 2</a></li>
        <li class="nav-item"><a class="nav-link" href="#">链接 3</a></li>
    </ul>
</nav>
```

链接1　链接2　链接3

图 11-29　导航栏水平效果

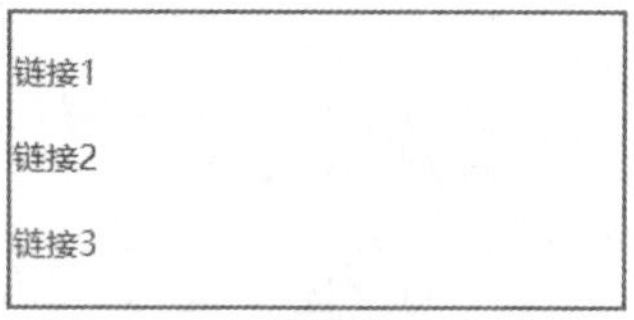

链接1

链接2

链接3

图 11-30　导航栏垂直效果

如果将上面的代码删除 nav 元素的 navbar-expand-sm 类，将只能创建垂直导航栏。

2）图片自适应导航栏

在 nav 元素内插入图像，使用.navbar-brand 类设置图片自适应导航栏，常用于高亮显示品牌 Logo。例如在上面的代码中，在 nav 元素下插入 a 元素，设置 a 元素使用 navbar-brand 类，在 a 元素内的图像能自适应导航栏进行排列，效果如图 11-31 所示。

图 11-31　使用.navbar-brand 类设置 Logo 的效果

3）折叠导航栏

所谓折叠导航栏就是在小屏幕上通过单击按钮显示导航选项。这就需要额外添加一个按钮。在按钮上添加 class="navbar-toggler"类以及 data-bs-toggle="collapse"与 data-target="#thetarget"属性。然后在设置了 class="collapse navbar-collapse"类的 div 上包裹导航内容（链接），div 元素上的 id 匹配按钮 data-bs-target 指定的 id。例如，将以上代码改为折叠导航栏，在小屏幕下导航栏收缩，效果如图 11-32 所示。单击按钮，显示垂直导航栏，效果如图 11-33 所示，代码如下：

```
<nav class="navbar navbar-expand-md bg-light navbar-light">
    <a class="navbar-brand" href="#"><img src="南斗星.gif" alt="logo" style="width:20%;">
</a>
    <button class="navbar-toggler" data-bs-toggle="collapse" data-bs-target="#tt">
```

```
      <span class="navbar-toggler-icon"></span>
    </button>
    <div class="collapse navbar-collapse" id="tt">
      <ul class="navbar-nav">
          <!--导航链接-->…
      </ul>
    </div>
</nav>
```

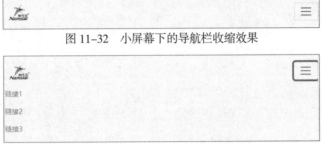

图 11-32　小屏幕下的导航栏收缩效果

图 11-33　小屏幕下的导航栏展开效果

4）固定导航栏

导航栏可以固定在页面顶部或者底部。在 nav 元素中使用.fixed-top 类实现导航栏固定在页面顶部；在 nav 元素中使用.fixed-bottom 类设置导航栏固定在页面底部。

4．轮播

轮播是循环的幻灯片，如图 11-34 至图 11-36 所示，页面会在这三个图片间自动循环播放。轮播组件包含指示符、轮播图片和左右切换按钮三部分。

图 11-34　轮播图 1　　　图 11-35　轮播图 2　　　图 11-36　轮播图 3

轮播所使用的预定义类列表见表 11-8。

表 11-8　轮播所使用的预定义类

类　名	功　能
.carouse	在 div 元素中使用.carousel 类可以创建轮播，与.slide 类搭配可添加切换图片的过渡和动画效果
.carousel-indicators	为轮播添加一个指示符，就是轮播图底下的一个个小点，轮播的过程可以显示目前是第几张图
.carousel-inner	添加要切换的图片
.carousel-item	指定每个图片的内容
.carousel-caption	可以在每个 div.carousel-item 内添加<div class="carousel-caption">来设置轮播图片的描述文本
.carousel-control-prev	添加左侧按钮，单击会返回上一张
.carousel-control-next	添加右侧按钮，单击会切换到下一张
.carousel-control-prev-icon	与.carousel-control-prev 一起使用，设置左侧的按钮
.carousel-control-next-icon	与.carousel-control-next 一起使用，设置右侧的按钮

一个典型的轮播代码如下：

```html
<div id="demo" class="carousel slide" data-bs-ride="carousel">
    <!-- 指示符 -->
    <div class="carousel-indicators">
        <button type="button" data-bs-target="#demo" data-bs-slide-to="0" class="active"></button>
        <button type="button" data-bs-target="#demo" data-bs-slide-to="1"></button>
        <button type="button" data-bs-target="#demo" data-bs-slide-to="2"></button>
    </div>
    <!-- 轮播图片 -->
    <div class="carousel-inner">
        <div class="carousel-item active">
            <img src="images/16.jpg" class="d-block" style="width:100%">
        </div>
        <div class="carousel-item">
            <img src="images/22.jpg" class="d-block" style="width:100%">是大学生
        </div>
        <div class="carousel-item">
            <img src="images/23.jpg" class="d-block" style="width:100%">
        </div>
    </div>
    <!-- 左右切换按钮 -->
    <button class="carousel-control-prev" type="button" data-bs-target="#demo" data-bs-slide="prev">
        <span class="carousel-control-prev-icon"></span>
    </button>
    <button class="carousel-control-next" type="button" data-bs-target="#demo" data-bs-slide="next">
        <span class="carousel-control-next-icon"></span>
    </button>
</div>
```

5. 滚动监听

滚动监听（Scrollspy）插件会根据滚动条的位置自动更新对应的导航目标。下面为典型的滚动监听实例：当页面滚动到指定内容时（如内容 2），会将导航栏相应的链接（标题 2）自动加亮，代码如下：

```html
<body data-bs-spy="scroll" data-bs-target=".navbar" data-bs-offset="50">
    <nav class="navbar navbar-expand-sm bg-dark navbar-dark fixed-top">
    <ul class="navbar-nav">
    <li><a href="#section1">链接 1</a></li>
    <li><a href="#section2">链接 2</a></li>
        ...
    </nav>
    <div id="section1"><h1>内容 1</h1><p>…</p></div>
    <div id="section2"><h1>内容 2</h1><p>…</p></div>
    ...
</body>
```

监听的元素通常是 body，需添加 data-bs-spy="scroll"属性和 data-bs-target 属性，data-bs-target 属性的值为导航栏的 id 或 class（.navbar）。可滚动项元素上的 id 必须匹配导航栏上的链接选项。可选项 data-bs-offset 属性用于计算滚动位置时，距离顶部的偏移像素。默认值为 10 px。此外，还要把使用 data-spy="scroll"的元素设置为相对定位，即将其 position 属性设置为 relative 才能起作用。

6. 提示框

提示框在鼠标移动到元素上显示，鼠标移动到元素外就消失，效果如图 11-37 所示。

通过向元素添加 data-bs-toggle="tooltip"属性创建提示框。title 属性的内容为提示框显示的内容。提示框要写在 JavaScript 的初始化代码中，然后在指定的元素上调用 tooltip()方法，代码如下：

```
<button type="button" class="btn btn-primary" data-bs-toggle="tooltip" title="显示提示内容!">
    鼠标经过
</button>
<script>
    var tooltipTriggerList = [].slice.call(document.querySelectorAll('[data-bs-toggle=
"tooltip"]'))
    var tooltipList = tooltipTriggerList.map(function (tooltipTriggerEl) {
      return new bootstrap.Tooltip(tooltipTriggerEl)
    })
</script>
```

7. 弹出框

弹出框在鼠标单击到元素后显示，如图 11-38 所示。

图 11-37　鼠标移动到元素上显示提示框　　　　　图 11-38　鼠标单击元素时显示弹出框

通过向元素添加 data-bs-toggle="popover" 属性创建弹出框。title 属性的内容为弹出框的标题，data-bs-content 属性显示了弹出框的文本内容。弹出框要写在 JavaScript 的初始化代码中，代码如下：

```
<button type="button" class="btn btn-primary" data-bs-toggle="popover" title="弹出框标题"
data-bs-content="弹出框内容">点击</button>
<script>
    var popoverTriggerList = [].slice.call(document.querySelectorAll('[data-bs-toggle="popover"]'))
    var popoverList = popoverTriggerList.map(function (popoverTriggerEl) {
      return new bootstrap.Popover(popoverTriggerEl)
    })
</script>
```

11.3.3　Bootstrap 插件应用案例

案例 11-3：在页面中插入三张图片，对应顶部导航栏上的标题链接。三张图片用 div 包裹，分别设置 div 的 id 为 s1、s2、s3。将顶部导航栏的标题链接分别链接到 s1、s2、s3 上，单击顶部导航栏上的链接会相应滚动显示的图片。

微课 ●┈┈┈┈┈

Bootstrap 插件应用案例

设置滚动监听，在页面 <body> 标签中添加 data-bs-spy="scroll" 属性和 data-bs-target 属性。data-bs-target 属性值与顶部导航栏的 class 值匹配，为 .navbar。当页面滚动到第一张照片时，导航栏第一个标题链接加亮显示，如图 11-39 所示；当页面滚动到第二张照片时，导航栏第二个标题链接加亮显示，如图 11-40 所示；当页面滚动到第三张照片时，导航栏第三个标题链接加亮显示，在如图 11-41 所示。

图 11-39　第一张照片的效果

图 11-40　第二张照片的效果

图 11-41　第三张照片的效果

导航栏有两个，分别在顶部位置和底部位置固定不动。在顶部导航栏的 nav 元素中添加.fixed-top 类进行顶部固定；在底部导航栏的 nav 元素中添加.fixed-bottom 类进行底部固定。由于顶部和底部固定导航栏的存在，会遮挡页面主体的部分空间，所以要在样式表中设置 body 的样式为上下内边距 padding 为 50 px。代码如下：

```
<head>
    <title>案例 11-3</title>
    <meta charset="utf-8">
    <meta name="viewport" content="width=device-width, initial-scale=1">
    <link href=" css/bootstrap.min.css" rel="stylesheet">
    <style>
        body{ padding-top:50px;padding-bottom:50px;}
        .tt{padding:80px 30px;}
    </style>
    <script src="js/bootstrap.bundle.min.js">
    </script>
</head>
<body data-bs-spy="scroll" data-bs-target=".navbar" data-bs-offset="50">
    <nav class="navbar navbar-expand-sm bg-dark navbar-dark fixed-top">
        <div class="container-fluid">
            <ul class="navbar-nav">
            <li class="nav-item">
              <a class="nav-link" href="#s1">梧桐山</a>
            </li>
            <li class="nav-item">
              <a class="nav-link" href="#s2">年保玉则</a>
            </li>
            <li class="nav-item">
              <a class="nav-link" href="#s3">青海湖</a>
            </li>
        </ul>
    </div>
    </nav>
    <div id="s1" class="container-fluid bg-success text-white tt">
        <img src="任务/images/t1.jpg" width="100%">
    </div>
    <div id="s2" class="container-fluid bg-warning tt">
        <img src="任务/images/11.jpg" width="100%"></div>
    <div id="s3" class="container-fluid bg-secondary text-white tt">
        <img src="任务/images/21.jpg" width="100%"></div>
    <div class="navbar navbar-expand-sm bg-dark navbar-dark fixed-bottom">
        <div class="container-fluid">
            <ul class="navbar-nav">
```

```
        <li class="nav-item">
            <a class="nav-link" href="#">首页</a>
        </li>
        <li class="nav-item">
            <a class="nav-link" href="#">行摄天涯</a>
        </li>
    </ul>
  </div>
 </div>
</body>
```

11.3.4　任务 11-3：使用 Bootstrap 插件制作轮播页面

1. 任务描述

使用 Bootstrap 插件制作轮播页面，页面主体的三张照片自动循环播放，在小屏幕终端会将头部导航隐藏，效果如图 11-42 所示。单击右上角的按钮，可以展开导航，如图 11-43 所示。导航有下拉菜单，展开下拉菜单，效果如图 4-44 所示。页面在计算机桌面端的效果如图 11-45 所示。

任务 11-3

图 11-42　小屏幕终端下的轮播效果

图 11-43　小屏幕终端下的导航栏　　　　　　图 11-44　小屏幕终端下展开的导航栏下拉菜单

图 11-45　桌面端的效果

2．任务要求

综合运用所学的 Bootstrap 知识完成页面制作；掌握响应式网页的制作技巧；能在实践中运用 Bootstrap 插件完成幻灯片轮播、导航栏、卡片等组件的制作。

3．任务分析

页面由导航栏和卡片两部分组件构成。导航栏 nav#navbar 通过添加 .fixed-top 类固定在页面顶部，通过 .navbar-expand-sm 类实现响应式布局，即大屏幕水平铺开，小屏幕垂直堆叠。导航栏包含 logo 图片、导航链接和搜索表单三部分。logo 图片用 .navbar-brand 类实现自适应。导航链接和搜索表单使用折叠插件实现屏幕响应。导航栏"精彩四川"中加入下拉菜单，使用下拉菜单插件，在列表项 li 元素内插入<hr>标签，并使用 .dropdown-divider 类，给菜单列表加上分隔线。

在卡片组件的内容区添加轮播插件，把 div.card-body 元素用轮播插件代码代替；在每个 div.carousel-item 元素内添加 div.carousel-caption，设置轮播图片的描述文本。

4．工作过程

步骤 1：站点规划。

（1）新建文件夹作为站点，在站点内建立 images 文件夹，将本节素材存放在 images 文件夹中。

（2）在站点内将 Bootstrap 基本配置文件 bootstrap.min.css、jquery.min.js、bootstrap.min.js 分别放置在 css 文件夹和 js 文件夹中。

（3）新建网页，设置<title>为"任务 11-3"；在头元素中插入 Bootstrap 基本配置文件；将网页命名为 task11-3.html，保存到站点所在的目录。

步骤 2：导航栏的制作。

（1）在 HTML 文档中添加导航栏插件代码。代码中 nav 元素使用了预定义类 class="navbar navbar-expand-sm bg-light navbar-light fixed-top"，创建了响应式导航栏，并固定在页面顶部。

（2）修改导航栏链接的文字内容。

（3）在 nav 元素下面插入图像 logo.gif，宽度为 20%；用 a 元素将图像包裹；a 元素用预定义类 .navbar-brand，这样插入的图像将在导航栏右侧高亮显示，并自适应屏幕大小。

（4）在 nav 元素内插入表单，包含文本框和按钮两个元素，完成后的效果如图 11-46 所示。

图 11-46　导航栏效果

（5）在 nav 元素内添加折叠导航栏按钮的代码。在按钮元素 button 上使用预定义类 class="navbar-toggler"以及 data-bs-toggle="collapse"与 data-target="#thetarget"属性；按钮内包含 span 元素，使用 .navbar-toggler-icon 类，显示出三条横线的按钮样式。

（6）在内部样式表中设置自定义类 .button_position，并作用在折叠按钮元素 button 上，让按钮稍微向左平移，代码如下：

```
.button_position{position:relative;left:-5%;}
```

（7）将导航栏需要折叠的部分（导航链接 ul 与导航上的表单 form）用一个 div 包裹；设置该 div 元素使用预定义类 class="collapse navbar-collapse"，div 元素上的 id 匹配按钮 data-target 的属性值，即#thetarget。代码如下：

```
<nav class="navbar navbar-expand-sm bg-light navbar-light fixed-top">
    <a class="navbar-brand" href="#"><img src="images/logo.gif" alt="logo" width="20%"></a>
    <button class="navbar-toggler button_position" data-bs-toggle="collapse" data-bs-target=
"#collapsibleNavbar"><span class="navbar-toggler-icon"></span>
    </button>
    <div class="collapse navbar-collapse" id="collapsibleNavbar">
        <ul class="navbar-nav">
            <li class="nav-item"><a class="nav-link" href="#">大美青海</a></li>
```

```
            <li class="nav-item"><a class="nav-link" href="#">精彩四川</a></li>
            <li class="nav-item"><a class="nav-link" href="#">彩云之南</a></li>
        </ul>
        <form class="d-flex">
            <input class="form-control me-2" type="text" placeholder="Search">
            <button class="btn btn-primary" type="button">Search</button>
        </form>
    </div>
</nav>
```

步骤 3：导航栏"精彩四川"中使用下拉菜单。

（1）为"精彩四川"所在的列表项 li 元素添加 dropdown 类。

（2）为"精彩四川"所在的 a 元素添加 dropdown-toggle 类和 data-toggle="dropdown"属性。

（3）插入项目列表 ul 制作菜单。

（4）在项目列表 ul 上添加.dropdown-menu 类，设置下拉菜单。

（5）在列表项 li 元素的<a>标签中添加.dropdown-item 类。

（6）在列表项 li 元素内插入<hr>标签，并使用.dropdown-divider 类加上分隔线，效果如图 11-47 所示，代码如下：

```
<li class="nav-item dropdown">
    <a class="nav-link dropdown-toggle" href="#" id="navbardrop" data-bs-toggle="dropdown">
        精彩四川
    </a>
    <ul class="dropdown-menu shadow">
        <li><a class="dropdown-item" href="#">九寨沟</a></li>
        <li><hr class="dropdown-divider"></li>
        <li><a class="dropdown-item" href="#">亚丁</a></li>
        <li><a class="dropdown-item" href="#">稻城</a></li>
    </ul>
</li>
```

图 11-47　导航栏中使用下拉菜单

步骤 4：插入卡片组件。

（1）在 HTML 页面 body 中插入卡片组件，代码如下：

```
<div class="card">
    <div class="card-header">行摄天涯</div>
    <div class="card-body"></div>
    <div class="card-footer">旅游相册</div>
</div>
```

（2）由于顶部固定导航栏的存在，会遮挡页面主体的部分空间，所以在样式表中设置 body 的样式为上内边距 padding 为 70 px。样式代码如下：

```
body{ padding-top:70px;}
```

步骤 5：加入轮播图片。

（1）把 div.card-body 元素用轮播插件代码代替。

（2）在每个 div.carousel-item 元素内添加 div.carousel-caption，设置轮播图片的描述文本。代码如下：

```
<div id="demo" class="card-body carousel slide" data-bs-ride="carousel">
    <!-- 指示符 -->
    <div class="carousel-indicators">
        <button type="button" data-bs-target="#demo" data-bs-slide-to="0" class="active">
</button>
```

```
            <button type="button" data-bs-target="#demo" data-bs-slide-to="1"></button>
            <button type="button" data-bs-target="#demo" data-bs-slide-to="2"></button>
        </div>
        <!-- 轮播图片 -->
        <div class="carousel-inner">
            <div class="carousel-item active">
                <img src="images/11.jpg" class="d-block tt">
                <div class="carousel-caption">
                    <h3>年保玉则</h3>
                    <p>年宝玉则与四川阿坝县接壤，是川甘青三省结合部著名的神山</p>
                </div>
            </div>
            <div class="carousel-item">
                <img src="images/12.jpg" class="d-block tt">
                <div class="carousel-caption">
                    <h3>稻城</h3>
                    <p>稻城青杨林：位于从稻城县城前往亚丁的途中</p>
                </div>
            </div>
            <div class="carousel-item">
                <img src="images/17.jpg" class="d-block tt">
                <div class="carousel-caption">
                    <h3>亚丁</h3>
                    <p>亚丁牛奶海：位于央迈勇神山脚下</p>
                </div>
            </div>
        </div>
        <!-- 左右切换按钮 -->
    <button class="carousel-control-prev" type="button" data-bs-target="#demo" data-bs-slide=
"prev"><span class="carousel-control-prev-icon"></span></button>
    <button class="carousel-control-next" type="button" data-bs-target="#demo" data-bs-slide=
"next"><span class="carousel-control-next-icon"></span></button>
    </div>
```

步骤6：保存文件，完成制作。

11.4 小 试 牛 刀

使用 Bootstrap 卡片组件制作图 11-48 所示的手风琴折叠相册效果。单击卡片中的照片标题，会打开标题所对应的卡片内容，同时把其他卡片的照片收缩。

图 11-48 手风琴折叠相册效果

参考步骤：

步骤 1：站点规划。

（1）新建文件夹作为站点。

（2）新建网页，设置<title>为"小试牛刀 11"；将网页命名为 ex11-0.html，保存到站点所在的目录。

步骤 2：添加卡片组件。

（1）在页面中添加一个卡片组件，只取 div.card-header 和 div.card-body 两部分。

（2）在 div.card-header 中插入 a 元素，使用 btn 类转为按钮样式，输入标题"华山东峰"。

（3）在 div.card-body 中插入华山东峰的图像 images/23.jpg，宽度为 100%。

步骤 3：添加卡片组件的折叠效果。

（1）在 div.card-body 元素上设置 id 为 collapse1。

（2）在 div.card-body 元素上添加.collapse 和.show 两个类。

（3）在 div.card-header 内的 a 元素上添加 data-bs-toggle="collapse"属性，并且链接到#collapse1，就完成了单个卡片组件的折叠。

（4）复制 div.card，修改 div.card-body 的 id 为 collapse2，修改 div.card-header 内的 a 元素的链接为#collapse2，修改标题为"玉龙雪山"，修改插入的图像为 images/16.jpg，完成第二个折叠卡片的制作。

（5）再复制 div.card，修改 div.card-body 的 id 为 collapse3，修改 div.card-header 内的 a 元素的链接为#collapse3，修改标题为"华山西峰"，修改插入的图像为 images/22.jpg，完成第三个折叠卡片的制作。

步骤 4：组合三个折叠卡片。

（1）在三个 div.card 的外面插入一个 div 元素进行包裹，使用 Bootstrap 预定义类.accordion。

（2）在每个卡片的 div.card-body 元素上添加 data-bs-parent="#accordion"属性，就完成了三个折叠卡片的组合。

步骤 5：保存文件，完成制作。

小　　结

本章首先介绍了响应式布局的基本理念和实现机制，在学习过程中要了解视口的基本概念，充分理解媒体查询的实现途径，掌握响应式网页常用的尺寸单位。响应式网页实现的途径有很多，Bootstrap 是较为流行的前端开发框架，要掌握 Bootstrap 栅格系统实现响应式的方法。要能根据具体情况灵活使用 Bootstrap 响应式组件和插件，做到举一反三，不断积累制作经验。

思考与练习

1. 举例说明什么是响应式网页。

2. 什么是媒体查询？媒体查询的作用是什么？如何实现？

3. 尺寸单位 em 与 rem 有何异同？

4. 什么是 Bootstrap 栅格系统？

5. 比较 jQuery UI、jQuery mobile 和 Bootstrap 插件各自的特点。

参 考 文 献

[1] 刘瑞新，张兵义，罗东华.Web 前端开发实例教程：HTML5+JavaScript+jQuery [M]. 北京：清华大学出版社，2018.

[2] 张波.Web 前端开发与应用教程：HTML5+CSS3+JavaScript [M]. 北京：机械工业出版社，2019.

[3] 陈承欢.JavaScript +jQuery 网页特效设计任务驱动教程[M]. 北京：人民邮电出版社，2019.

[4] 胡军，刘伯成，管春.Web 前端开发案例教程：HTML5+CSS3+JavaScript+JQuery+Bootstrap 响应式开发[M]. 北京：人民邮电出版社，2020.

[5] 薛晓霞，王晓红.Web 前端设计基础[M]. 北京：清华大学出版社，2020.

[6] 吴丰.HTML5+CSS3 Web 前端设计基础教程[M].2 版.北京：人民邮电出版社，2020.

[7] 孙俏.Web 前端开发[M]. 北京：高等教育出版社，2021.

[8] 卢守东.jQuery 程序设计实例教程[M]. 北京：清华大学出版社，2021.

[9] 刘荣英.Bootstrap 前端开发[M]. 北京：清华大学出版社，2021.

[10] 黑马程序员.Bootstrap 响应式 Web 开发[M]. 北京：人民邮电出版社，2021.